国家科技支撑计划（课题编号：2012BAJ03B05）资助

建筑用塑料模板

中国建筑股份有限公司　组织编写

蒋立红　屈　建　等编著

中国建筑工业出版社

图书在版编目（CIP）数据

建筑用塑料模板/中国建筑股份有限公司组织编写；
蒋立红，屈建等编著. —北京：中国建筑工业出版社，
2017.1
ISBN 978-7-112-20262-1

Ⅰ. ①建… Ⅱ. ①中… ②蒋… ③屈… Ⅲ. ①建
筑材料-塑料模板-研究 Ⅳ. ①TU755.2

中国版本图书馆 CIP 数据核字（2016）第 317219 号

责任编辑：郑淮兵　马　彦
责任设计：李志立
责任校对：王宇枢　李美娜

建筑用塑料模板
中国建筑股份有限公司　组织编写
蒋立红　屈　建　等编著

*
中国建筑工业出版社出版、发行（北京海淀三里河路9号）
各地新华书店、建筑书店经销
霸州市顺浩图文科技发展有限公司制版
北京云浩印刷有限责任公司印刷
*
开本：787×1092毫米　1/16　印张：15　字数：373千字
2017年1月第一版　　2017年1月第一次印刷
定价：**40.00**元
ISBN 978-7-112-20262-1
（29529）

编 委 会

主　编：蒋立红　屈　建

编委会：于震平　贾汝锋　张其荣　关　双　杨少林

　　　　陈晓东　张平平　孙　涛　于　光　张卫东

　　　　谭立新　何昌杰　傅炎朝　廖　飞

前　　言

近年来，作为新兴绿色建材，塑料模板进入了高速发展阶段。塑料模板是一种可回收再利用材料，作为一种循环经济，具有可持续发展的特性。此外，塑料模板能够有效降低建筑施工领域资源与能源的消耗，提高施工效率，对于促进绿色建造技术的进步具有非常重大的现实意义。然而业内多数人士对其并未有深入了解，在生产、应用过程中难以较为稳妥、全面地展开工作。有鉴于此，笔者寻访业内专家、相关行业从业人员，展开调研工作，汇集相关资料，撰写本书，以飨需者。

本书旨在对塑料模板的材料学特点、加工工艺及原理、性能特点、应用方法、使用环境等方面进行系统的介绍，希望能够为塑料模板产业链各方提供帮助，让研发、设计、生产方面更加了解塑料模板施工环境特点及使用要求；让施工、推广、管理方面更加准确把握产品特点、特性，更加有效地对塑料模板加以利用。希望能够以此书为纽带，联络塑料模板生态产业链各方，促进业内外交流，使更多的业内人士更加全面、深入地了解塑料模板的特性，以便于该类产品更加广泛地应用于建筑施工领域，为绿色建造的发展与进步提供助力。

本书首先介绍了塑料模板发展的概况，在随后的2～5章根据材质的不同分别讲述了聚氯乙烯、聚丙烯、玻璃钢、木塑材料生产塑料模板的相关情况，然后在第6～9章对塑料模板淘汰检验标准现状、行业标准解读、塑料模板回收再利用现状和未来发展方向四个方面的内容展开研究。

本书编撰过程中得到了大量业内专家、从业人员口头或者书面的指导，同时参考了大量生产厂家、施工现场、科技文献等方面的资料，在此表示衷心的感谢。由于个人水平所限，文中未尽之处、纰漏之处，还请海涵、批评与指正。

目　　录

第 1 章 概　　论

建筑模板是土木工程中浇灌混凝土构件的主要施工工具。无论是现场浇灌还是预制厂都必须采用模板，所以模板工程是混凝土和钢筋混凝土建筑工程中一项量大面广的施工工艺。

在混凝土结构工程的费用中（包括混凝土工程、钢筋工程、模板工程以及相应的脚手架搭设等费用），模板工程所占的费用，一般约为混凝土结构工程费用的 30％以上。据日本的资料介绍，现浇混凝土工程劳动量中，混凝土工程约占 8％～10％，钢筋工程约占 30％～35％，而模板工程约占到 50％[1]。由此可见，在混凝土结构工程中，模板工程所需的劳动量要比混凝土工程或钢筋工程大得多。由于模板工程要完成一系列的工作，即模板和支撑系统的配板设计、模板的计算、模板的安装和拆除、模板的维修和保管以及模板的运输等。其中模板的安装和拆除所占的劳动量最多，而这些工作仍然大量地采用手工操作。寻求模板工程的合理化，减少模板工程费用，节省大量劳动力，是降低混凝土结构工程费用的重要途径[2]。

1.1　建筑模板的发展历程

1.1.1　建筑模板的定义

建筑模板是一种临时性支护结构，按设计要求制作，使混凝土结构、构件按规定的位置、几何尺寸成型，保持其正确位置，并承受混凝土结构施工过程中的水平荷载（混凝土的侧压力）和竖向荷载（建筑模板自重、材料结构和施工荷载）。模板工程，是保证混凝土工程质量与施工安全、加快施工进度和降低工程成本[3]重要环节。

现浇混凝土结构工程施工用的建筑模板结构，主要由面板、支撑结构和连接件三部分组成。面板是直接接触新浇混凝土的承力板，包含面板和所连系的肋条；支撑结构则是支承面板、混凝土和施工荷载的临时结构，保证建筑模板结构牢固地组合，做到不变形、不破坏，主要包括承托梁、承托桁架、悬臂梁、悬臂桁架、支柱、斜撑与拉条等；连接件是将面板与支撑结构连接成整体的配件。

1.1.2　建筑模板的发展

模板工程是混凝土建筑工程中的一个重要环节，在国内外已有相当长的发展过程。最早使用的混凝土模板是木质散板，根据混凝土的成型结构进行拼装，这种模板拼装拆卸费时费力，拆模后是一堆散板，对材料的损耗很大[4]。

到 20 世纪初，出现了装配式定型木模板，该模板是预先设计的一套有几种不同尺寸的定型模板，通过加工单位进行批量生产而成。施工时，根据混凝土结构预先进行配模设计，现场按配模图纸进行拼装，拆模后可继续周转使用。这种装配式定型木模板应用了很长一段时间，直到现在，一些地方仍在使用。50 年代后半期，法国等国家开始出现了大型模板，通过机械进行模板的安装、拆除和搬动，流水施工，提高了劳动效率，节省劳动力，并大大缩短了施工工期。到了 60 年代，开始出现组合式定型模板。这种模板是在原来的装配式定型模板的基础上改进而来，由于采用模数制设计，通过配套的拼装附件，可以拼装成不同尺寸的大型模板。它既可以一次拼装、多次重复使用，也可以灵活拼装、随时变化拼装模板的尺寸，因此使用范围更广，已经成为目前现浇混凝土工程中最主要的模板形式之一。

我国在 20 世纪 50 年代基本上都使用木散板和定型木模板，到 60 年代初，由于国内木材资源十分短缺，开始以钢代木，发展钢模板。但是，50 年代到 60 年代的 10 多年中，我国模板工程的发展速度十分缓慢[5]。

近几十年，特别是 1979 年组合钢模板研制成功以来，在国家和地方各级建设主管部门的关心和支持下，在广大建筑职工和科技工作人员的共同努力下，中国模板工程技术得到了快速的发展，先后研究开发并推广应用了组合钢模板、大模板、塑料模板、台模、飞模、爬模、滑模等多种形式的模板，其中组合钢模板的研究与应用更是得到了飞速的发展。

1980 年代后，我国建设步伐加快，现浇钢筋混凝土结构得到迅速发展，模板需求量大增。在"以钢代木"方针的指引下，组合钢模板得到很大发展，占现浇钢筋混凝土模板总用量的 70%，人们普遍接受了这种模板。然而，在使用过程中组合钢模板也暴露出了一些缺点，如钢模板块体面积小，装拆效率低，混凝土表面不平，难以达到清水混凝土的要求等。国外使用的模板并非清一色的组合钢模板，更多的是胶合板模板和钢框胶合板模板。而当时我国胶合板产量不大，质量也不太好，使之在工程建设中无法发挥较大的作用。因我国竹材资源丰富，因地制宜地开发出了竹胶板。原建设部在 1994 年印发的建筑业重点推广应用 10 项新技术的文件中，也把钢框竹（木）胶合板模板作为新型模板的主体。当时曾有人宣称钢框胶合板模板为"第三代模板"。到 1995 年，钢框胶合板模板的应用量占到模板应用总量的 10% 左右，但是到了 1997 年以后渐渐开始走下坡路。

目前，一般建筑工程中用得比较多的是木质模板和钢模板，但是在实际工程使用过程中木模板的使用时间和次数很少，且容易损坏，污染环境；钢模板很重，不好切割，不容易造型，接头缝太多，施工效率低。而我国大多数土建工程项目中都存在着现浇混凝土结构，工程中需要大量的模板，因此，寻找可以节约成本、节约资源，且工程适应性比较强、合适的新型建筑工程模板材料成为一种必然选择[6]。

1.1.3　建筑模板的分类

按照不同的分类方式，模板可分为以下类型[7]。

1. 按照模板的使用材料分

（1）木模板

木模板现多指胶合板，有木胶合板和竹胶合板模板两种。胶合板可以单独使用，也可以与木框、金属边框结合使用，这种模板是当前应用最广泛的模板形式之一。

（2）钢模板

钢模板是一种定型的工具式模板，大致可分为小块钢模和大模板两类，可用连接构件拼装成各种形状和尺寸，适用于多种结构形式，具有使用灵活、通用性强等特点。

（3）铝合金模板

铝合金模板与钢模板有许多相似的特点，它的重量比钢模板约轻 1/2，装拆、搬运方便。模板可以采用挤压成形的方式制造，可以得到合理的断面形式。板面经过涂刷处理后或者钝化处理后，不易氧化腐蚀，浇筑混凝土表面平整，但总体造价较高，应用并不普遍。

（4）塑料模板

塑料模板具有表面光滑、易于脱模、重量轻、耐腐蚀性好、回收率高、加工制作简便等特点。此外，它可根据设计要求，用于各种造型混凝土结构或者装饰混凝土结构的成型。为解决塑料模板的强度和价格问题，现已发展有多种材料和性能的塑料模板。

（5）其他模板

除上述应用较广的建筑模板外，还有玻璃钢模板、钢木（竹、塑等）组合模板、铝木（竹、塑）组合模板、装饰性混凝土模板等。

2. 按照模板的施工工艺分[8]

（1）大型模板

这种模板的面积较大，模板上的侧压力由较强的支撑系统来承担，而且模板上带有外脚手架，模板组装、拆除、搬运都比较方便，主要适用于浇灌混凝土墙体。大型模板的施工工艺简单，施工速度快，工程结构整体性好，抗震性能强，可减少装修湿作业，结构工程质量好，机械化施工程度高，具有良好的经济效益。

（2）组合式模板

组合式模板，是由定型模板分段预组装成设计要求的梁、柱、墙、楼板的大型模板，整体吊装就位。这种模板的尺寸用模数制设计，使用范围广泛，可用于墙体、楼板、梁、柱等多种类型的混凝土结构。

（3）爬升模板

爬升模板由大模板、爬升系统和爬升设备三部分组成，以钢筋混凝土墙体为支承点，利用爬升设备自下而上地逐层爬升施工，不需要落地脚手架。这种模板具有滑模和大模板两者的优点，所有墙体模板能像滑模一样，不依赖起吊设备而自行向上爬升，支模形式与大模板相似，能得到大面积支模的效果。主要适用于桥墩、筒仓、烟囱和高层建筑物等形状比较简单、高度较大、墙壁较厚的模板工程。

（4）台模

台模亦称飞模，由台面和支架两部分组成，台面可以调整高度和变换宽度，台面与支架组成一体，可以整体移动和吊运，多次周转，模板装拆、搬运效率高，使用灵活，主要适用于浇灌楼板、平台等混凝土构件。

（5）隧道模板

这种模板是将墙体模板与楼板模板结合起来，可一体浇筑墙体与楼板。这种模板结构内装有调节装置，以调整高度和宽度，有的还装有移动装置，模板脱模后，可以自动向前移动，也可以用卷扬机将模板结构拖拉前进。

（6）悬臂式模板

这是一种单侧支模方法，适用于浇灌大体积混凝土整体结构的周边，对坝堤施工支模最为适宜。

（7）筒模

筒模由模板、角模和紧伸器等组成。随着高层建筑物的大量兴建，电梯井筒模的推广应用发展很快，许多模板公司研制开发了各种形式的筒模。筒模的模板为四面模板，采用大型钢模板或钢框胶合板模板拼装而成。一个工程完成后，模板可以整体拆散，再按工程需要的尺寸重新组装，满足不同尺寸电梯井的施工要求[9]。

1.2 塑料模板的优点

我国建筑工业行业标准中指出：塑料模板，是以热塑性硬质塑料为主要材料，以玻璃纤维、植物纤维、防老化剂、阻燃剂等为辅助材料，经过挤出、模压、注塑等工艺制成的一种用于混凝土结构工程的模板[10]。与塑料模板概念容易混淆的木塑复合材料模板，在美国材料与试验协会标准（ASTM）中定义为"一种主要由木材或者纤维为基础材料与塑料合成的复合材料"。两种模板中主要材料和辅助材料的种类是相反的，这决定了两种模板既存在相同性又存在差异性。而在平常使用中，两种材料均被认为是"塑料模板"。

塑料模板是一种节能型的绿色环保产品，具有优异的抗吸水、耐腐蚀、耐酸碱、耐冲击、耐磨损、重量轻、表面平滑光洁、可加工性好、可回收再生等性能，使其成为了全球建筑施工"以塑代木、以塑代钢、以塑代竹"的理想产品，是模板行业未来的发展方向[11]。

塑料模板周转次数能达到 50 次以上，还能回收再造。温度适应范围大，规格适应性强，可锯、可钻，使用方便。模板表面的平整度、光洁度超过了现有清水混凝土模板的技术要求水平，有阻燃、防腐、抗水及抗化学品腐蚀的功能，有较好的力学性能和电绝缘性能，能满足各种长方体、正方体、L形、U形的建筑支模的要求[12]。

塑料模板和其他模板性能对比，见表 1-1 所列。

高分子塑料模板和其他模板性能对比 表 1-1

性能类别	塑料模板	竹胶模板	木模板	钢模板
阻燃性	阻燃自熄	不阻燃	不阻燃	阻燃
可回收性	100%可回收	不可回收	不可回收	可回收
吸收性	不吸水不变形	吸水变形	吸水变形	生锈变形
脱模过程	容易	适中	适中	难
指定尺寸	可以	不可以	不可以	不可以
耐化学性能	优良	差	差	差
周转次数	30～40	10	6	40

1.2.1 塑料模板的特点

（1）平整光洁。模板拼接严密平整，脱模后混凝土结构表面平整度、光洁度均超过现有清水模板的技术要求水平，不需二次抹灰，省工省料。

（2）轻便易装。重量轻，工艺适应性强，可以锯、刨、钻、钉，可随意组成任何几何形状，满足各种形状建筑支模的需要。

（3）脱模简便。混凝土不沾板面，无需隔离剂，轻松脱模，容易清灰。

（4）稳定耐候。机械强度高，在−20～60℃气温条件下，不收缩、不湿胀、不开裂、不变形、尺寸稳定、耐碱防腐、阻燃防水、拒鼠防虫。

（5）利于养护。模板不吸水，不用特殊养护或保管。

（6）可变性强。种类、形状、规格可根据建筑工程要求定制。

（7）降低成本。周转次数多，平面模不低于 30 次，柱梁模不低于 40 次，使用成本低。

（8）节能环保。边角料和废旧模板全部可以回收再造，零废物排放[13]。

1.2.2 塑料模板的社会环境效益

森林是环保型资源，由于它能释放大量人体必需的氧气，因而可大为改善人的生存环境。同时，它更是天然的"减排"型资源，森林通过光合作用，能大量吸收导致温室效应、污染环境的二氧化碳，每立方米森林蓄积量约能吸收 1.8t 的二氧化碳。所以，保护森林、合理利用森林意义重大。以 2008 年为例，由于我国广泛使用低质、低效木胶合模板造成多用 5000 万 m^3 的原木，这样巨大数量的原木可吸收 9000 万 t 的二氧化碳，即相当于减排 9000 万 t 的二氧化碳。所以，寻找环保型塑料模板替代木质模板意义重大。

另一方面，我们看到的实际情况是我国木胶合板产量持续高速增长，如 1997 年木胶合板年产量为 758.45 万 m^3，到 2007 年发展到 3561.56 万 m^3，10 年内增长了 4.7 倍。为此，每年都要砍掉数以千万亩计的森林资源。更糟糕的是，在这 10 年内，我国木胶合模板的质量也在迅猛下滑，由初期周转使用次数 10～20 次，下滑到 3～5 次，资源有效利用率只有 5％，造成了有 95％的木材资源、生产能源与运输能源的巨大浪费，同时，在施工现场还产生了堆积如山的建筑垃圾需要处理[14]。

我国是世界上木材资源相对短缺的国家，森林覆盖率只相当于世界平均水平的 3/5，人均森林面积不到世界平均水平的 1/4，随着木材消费量的不断增加，供需矛盾日益突出。"加快发展木材节约和代用，对满足市场需求，抑制森林超限额采伐，保持生态平衡，促进森林资源可持续利用，维护我国积极保护自然环境的国际形象，具有重要意义。""提倡、鼓励生产和使用木材代用品，优先采用经济耐用、可循环利用、对环境友好的绿色木材代用材料及其制品，减少木材的不合理消费。"

现在，低碳经济发展模式已成为全球共识。我国作为排放大国，政府明确了减排目标，即到 2020 年，我国单位 GDP 二氧化碳排放将比 2005 年下降 40％～45％，并将作为约束性标准纳入国民经济和社会发展中长期规划中[14]。

以绿色环保、节材减重、节能减排为设计理念研究开发的塑料模板如果能够全面替代竹木胶合板模板，每年可以节省木材 5500 万 m^3 以上，这样巨大数量的原木可吸收 10000 万 t 的二氧化碳，即相当于减排 10000 万 t 的二氧化碳。除了直接节省的森林资源以外，更是节省了用于加工这些木材的能源、资源等社会财富。而且在塑料模板全面取代竹木胶合板以后，也可消除堆积如山的建筑垃圾，有利于绿色施工、环保工地的发展。此外，还在塑料模板生产过程中采用了节能工艺设计，进一步节能减排。最后，减重设计的节材模板可以明显提高施工效率，降低人工成本和时间成本，回收再利用工艺更是可以大大提高材料的综合利用效率。综上所述，在选材、工艺设计、生产控制、使用及报废再利用过程中全程采用绿色环保、节材节能设计理念进行研发的塑料模板，无论对建筑行业还是对整个社会的可持续发展都具有极为重要的社会意义。

目前，我国正处在大发展、大建设阶段，有资料显示，我国建设规模占世界规模的

44%，约近世界建设规模的一半。我国每年新竣工总建筑面积约 20 亿 m²。建筑业是资源和能源消耗大户，因此，在低碳经济发展形势下的革新，也关系到模板、脚手架应用领域的节能减排。经济建设快速发展的同时，城镇化进程也在加快，这些都给建筑模板工业带来了很大的机会以及广阔的发展空间。数据显示，2012 年建筑业全年总产值约为 13.531 万亿元，较 2011 年增长 16.22%。未来中国城镇化率将提高到 76.1% 以上，可以预见的是，中国建筑业市场极其广阔，市场前景十分巨大，颇具投资价值。具体来说，我国人口基数大，而城镇化人口的不断增多，也增加了对房屋、基础设施等的需求，其中住宅和交通设施的需求最为庞大。同时，国民经济的快速发展，也是建筑业发展的重要原因之一。从模板脚手架方面对建筑行业进行节能减排的改造意义非凡。首先，发展塑料模板脚手架可以大大减少对森林资源的浪费，其次，还可以降低施工成本，一举两得，具有非常现实的经济效益。

1.3 塑料模板的发展历程

1.3.1 国外塑料模板研究状况

在塑料模板技术方面发展比较早的国家有德国、美国、韩国和日本等，他们不断研发和改进塑料模板产品的规格和生产技术，力求达到最好[15]。

1. 德国塑料模板的应用情况

德国从事塑料模板生产和研发的大型模板公司主要有 MEVA 模板公司、HUNNEBEEK 模板公司、NOE 模板公司和 PECA 模板公司。其中，于 1970 年成立的 MEVA 模板公司发展规模较大，长期稳居德国塑料模板行业中龙头老大的位置。该公司早在 2002 年就研发出了一种钢框和塑料模板相结合的产品，得到了厂商和用户的一致好评，也在全世界范围内得到认可、推广和应用。另外一个在国际上具有较大影响力的模板公司是 HUNNEBEEK 公司，在 2003 年开发了一种粘贴塑料板的铝框塑料模板，分为上下两层，上层由耐磨性很强的材料制成，下层是可粘贴质地。在应用过程中，由于这种模板重量轻，所以拆装都很方便，而且还可重复利用达上百次，将环保节能的理念发挥到了极致，也得到了用户的一致认可。德国另外几家大型公司也都研发出不同的塑料模板，而且已经普遍投入使用。

2. 美国塑料模板的应用情况

成立于 1901 年的 SYMONS 模板公司是全球领域中规模较大的模板公司之一，在美国的市场占有率也占有绝对优势。这家公司生产的钢框胶合模板在美国乃至全球国家的建筑工程中都得到大量的应用。而且随着科学技术的发展，近些年来，SYMONS 公司已将塑料建材开发扩展到塑料装饰建材方面，各种质地的塑料衬模如木纹形、石块形、线条形、石料形等品种琳琅满目、应有尽有，而且各种颜色的花纹装饰效果很好，满足了不同顾客的喜好要求，同时也给自家的商品打开了市场。

3. 日本塑料模板的应用现状

日本的 KANAFLEX 集团公司研发了一种轻型塑料模板，最主要的特点就是质量轻，方便施工，节省了施工费用，同时降低了施工人员的工作强度。日本的塑料模板研发技术尚赶不上美国和德国，但是他们在塑料模板的应用方面位居世界前列。日本作为一个岛国，自然地理环境有限，所以他们非常重视可持续发展，任何有利于人类生存和发展的技术，他们都会尝试，一旦证实有效，就会毫不犹豫地投入使用。

从模板材料的发展来看，最早的模板是使用木材制作的。1908 年，美国最早使用钢模板，并且很快传入其他国家。日本在第二次世界大战后由于木材资源短缺从美国引进钢模板，到 1957 年后钢模板得到大量推广应用，优越性越来越显示出来，一些企业开始对钢模板的设计、制作和管理等问题进行了研究，钢模板得到了很快速的发展，至今日本组合式钢模板的拥有量仍达到 1000 多万 m^2。

木胶合板模板在欧美等国很早已开始应用。由于经过酚醛树脂薄膜复合处理的模板具有材质轻、易加工、板面大、可多次重复使用等特点，目前在工业发达国家，木胶合板模板和钢框木胶合板模板已成为应用最广泛的模板形式，其使用面积达到 60% 左右。日本是第二次世界大战后从英国引进的，但由于胶合板模板在胶粘剂及其性能等方面的问题未解决，直到 1965 年后才开始大量应用，并制定了木胶合板模板标准。

20 世纪 60 年代初，美国又研制开发了铝合金模板。70 年代，美国国际房屋有限公司开发了一套用铝合金铸造成型的 ConteCh 铸铝合金模板体系。这种模板具有重量轻、刚度好、使用寿命长、能多次周转使用、模板精度高、表面可带装饰图案等优点，所以在中东、东南亚、美洲、非洲的 50 多个国家和地区得到应用，其不足之处是价格过高。

60 年代中期，日本开始使用 ABS 树脂制作塑料模板，这种模板的特点是表面光滑、易于脱模、耐腐蚀等，还有其他模板不易做到的特点，即它能根据设计要求，形成独特的混凝土形状。但由于强度低、刚度小、价格比较高等缺点而未能大量应用。目前主要用于浇筑密肋楼板的塑料模壳，装饰混凝土表面的塑料衬模以及其他特殊用途的模板。

除此之外，还有采用玻璃钢、耐水纸、橡胶、纺织品等材料制成的模板和骨架。随着新型材料的不断出现，模板将日益向轻质高强方向发展。

1.3.2 国内塑料模板的发展历程

建筑施工工业化水平进一步提高，各种模板体系都有较快的发展，产出了许多与模板相关的科技成果，这不仅提高了施工速度，也在保证施工质量和提高效益方面发挥了重要作用。我国传统的模板材料是木材，20 世纪 50 年代基本上都是使用木质散板和定型木模板，传统的支模方法是就地加工，散拆散支。进入 60 年代，我国建设步伐加快，钢筋混凝土结构的应用得到迅速发展，模板需求量大增，同时我国是木材资源贫乏的国家，木材资源十分短缺，于是在"以钢代木"的号召下，开始发展钢模板。1963 年，原冶金部曾在马鞍山召开钢模板现场鉴定会，对钢模板的加工制作和使用等方面进行了交流和总结。当时钢模板的施工方法和木模板相似，但在随后的 10 多年中，在原建设部和地方各级建设主管部门的关心和支持下，国内不少单位对钢模板的研制和使用做了大量工作，模板工程技术得到了快速的发展，先后研究开发和推广应用了组合钢模板、大模板、塑料模板、爬模、飞模、滑模、台模等多种形式的模板。特别是组合钢模板的研究与应用得到了飞速的发展。到了 20 世纪 80 年代，在面临钢材、木材市场价格增长的情况下，一些部门开始寻求节约能源、钢材和木材的低造价材料来制作模板。不少单位研究和开发了多种人造材料模板，在各地工程中得到了不同程度的应用，取得了一定的效果。虽然这些模板没能得到大量推广应用，但对探索适合中国国情的新型模板，起到了重要作用。增加模板的周转使用次数，减少模板的支拆用工量，是减少模板工程费用、提高工程质量的重要途径，也是推进我国建筑技术进步的一个重要方面。为此，原建设部从"八五"后两年起就将"新型模板与脚手架应用技术"列为我国重点推广的10项新技术之一，成为依靠科技进步振兴建筑业的重要代表。

近30年来我国加快了对塑料建材、包括塑料模板的研究。现在，塑料窗户、塑料型材等产品已经开始投入生产使用，塑料模板也得到迅速发展。有研究数据显示，我国有超过30％的地区开始使用新型塑料建材和塑料模板，有些发展速度较快的省市已经达到了90％。但是同国外相比，我国的塑料模板项目应用普及程度还比较低，生产规模也不大。1983年，由宝钢和上海跃华玻璃厂联合组建的研发团队共同开发了一种"定型组合式增强塑料模板"，这种模板在通过鉴定审核以后开始在小范围内进行定点使用，效果很好，受到施工人员的普遍好评。1994年，常州市建筑科学科研所同东方红塑料厂也联合研制了一种塑料模板，于1995年4月通过鉴定审核，投入使用。这两种塑料模板是我国最早研发的塑料模板，都是以聚丙乙烯为基础材料，再添加其他应用材料组合而成的复合材料。之后，我国又陆续研发了砂塑和木塑复合的塑料模板、强塑PP模板、竹材增强木塑模板和塑料模壳等产品。

近年来，国内塑料建筑模板的发展呈现井喷的现象，涌现出各式各样的塑料模板。现行使用的塑料模板从材料材质分类主要有聚氯乙烯塑料模板、聚丙烯塑料模板以及经过其他材料改性的PVC或PP模板。从模板的结构或构造构型分类，市场销售的塑料模板主要有初期的纯塑料材质模板、后来出现的玻纤改性塑料模板、中空塑料模板、挤出发泡塑料模板、组装式塑料模板以及带肋型塑料模板。

在已有技术中，各种建筑施工工程的建筑楼面和墙体混凝土的浇筑施工通常采用以下几种模板：热塑性共混一次挤出成型的UPVC碳酸钙模板，其耐冲击强度、断裂强度、伸长率、维卡温度都比较低，使用周期仅有8次左右；热塑性共混一次性热挤冷压成型的ABS短玻璃纤维增强模板，其耐冲击强度、断裂、伸长性能比较差，使用周期10次左右。综上所述，目前建筑行业对一种节材型高强轻质塑料模板的需求极为迫切，随着时间的推移，新的塑料模板体系将会不断出现，并且逐步向标准化、专业化方向发展[16]。

1.4 塑料模板的分类

经过多年的发展，塑料模板产品多种多样，根据不同的分类原则，可以分成多种类别，目前主要有按材料分类、按结构分类和按加工成型工艺分类。本章着重介绍前两种分类方式，最后一种分类方式将在随后章节中详细介绍。

1.4.1 按产品基材类别分类

1. PVC 模板

聚氯乙烯（PVC）树脂是由氯乙烯单体聚合而成的热塑性高聚物，是通用塑料中工业化最早、产量第二的塑料品种，具有原料来源广泛、价格低廉、阻燃、耐磨、耐酸碱、绝缘等优良性能，已被广泛应用于工业、农业、建筑业等各行各业。特别是近 10 年来大力推广的塑钢门窗、管材、护墙板、吊顶板、地板、窗台板、踢脚线等早已进入人们的日常生活并迅速普及。为了提高 PVC 的性能，人们围绕 PVC 改性做了大量工作，如 CPE、纳米碳酸钙改性 PVC 应用于塑钢门窗，PVC 与 NBRSO 热塑性弹性体应用于塑钢门窗的密封条，木粉改性 PVC 应用于装饰材料等[17]。

PVC 发泡板材具有质轻、难燃、耐腐、防潮、保温、减振、耐老化、强度高等优良的性能；同木材相似，可钉、刨、铆、钻，并可焊接等。广泛应用于车舰制造、围板、地板、棚板、卧铺、茶桌、板式家具、展览标志牌、门框等，其表面可印刷各种木纹和大理石图案等。该产品用途广泛，是一种新型的建筑材料。

PVC 塑料模板以强度高、耐久性好、周转率高、成型质量好、可回收利用等特点，使其在实际使用成本、辅助成本、工期、环境保护、文明施工方面比胶合板更具优势。

2. PP 模板

以聚丙烯（PP）为基材研发生产的塑料模板产品称为 PP 模板。聚丙烯是以丙烯为单体制得的聚合物，英文缩写为 PP，它有等规、无规和间规三种结构。工业上以等规物为主要成分的聚丙烯也包括丙烯与少量乙烯的无规和嵌段共聚物，统称为聚丙烯树脂。

聚丙烯模板一般有纯 PP 塑料模板、玻纤增强 PP 模板、GMT 塑料模板等类型。纯粹的 PP 材料模板自重较大、热胀冷缩性明显、机械性能较低，在推广应用过程中受限制较多，并没有得到广泛的项目应用。目前市场上常见的 PP 模板多数为采用玻璃纤维增强的产品，以增强模板强度等性能。

玻璃纤维毡增强聚丙烯片材，简称为 GMT 板，属于热塑性复合材料。随着科学技术的发展和人类环境意识不断提高，GMT 板随之而产生，与传统的热固性复合材料相比，其成型周期短，韧性好，密度低，可回收利用，被称为 21 世纪绿色工业材料。

以玻璃纤维增强聚丙烯（GMT）PP 塑料模板为例，分析塑料模板的实际使用情况。该塑料模板具有以下特点：

（1）周转率高，经济实用。该塑料模板可周转使用 50～200 次不等，单次平均价格低廉，并且原材料价格较稳定。该板自身强度高，不易变形，在规范使用的情况下，质量优异的产品可周转使用 300 次左右，如果小心使用妥善保管，还可使用更多次，从而大幅度降低单次使用成本，比竹（木）胶合板模板节省 20% 左右。而木模板随着使用次数的增多表面质量下降，但是 GMT 模板则始终保持完好如初的表面。同时，多次周转使用，还能有效地降低或避免模板多次采购和运输所带来的额外时间和费用。

（2）表面平整光滑，无需隔离剂，混凝土外观光洁。GMT 模板为塑料制品，表面非常平整光滑，不易粘结混凝土，也无需刷隔离剂，用清水擦洗即可。而胶合板使用两三次后，板面质量开始下降，变得粗糙，需刷隔离剂。

（3）模具热压成型，尺寸精密度高。该模板为模具热压成型，外形尺寸长宽度非常准确，个体间偏差小，板与板之间组拼接缝较严密，无需贴胶带，板与板间没有错台。

（4）强度高、稳定性好。该模板强度高，施工中不易被损坏，并且外形尺寸稳定性好，热胀冷缩系数小，不易变形。特别是板边不会像胶合板一样使用后出现湿胀现象，能保证拼缝严密。

（5）可回收再生，残余价值相当可观。该模板为塑料制品，报废后可回收再生，减少环境污染，也可解决胶合板废品处理问题，还可有一定的额外收益，比胶合板残余价值高。

（6）绿色环保。该模板是一种绿色环保的高科技材料，报废可回收再生。符合国家"以塑代木，以塑代钢，以塑代铝"的环保政策，也符合国家节能降耗的要求，因此具有广阔的发展前景。

（7）采光性好。该模板可以加工成半透明的效果，相对于木模板施工现场采光性突出，有利于预防安全事故。封闭房间或地下施工时不用照明设备，这样有助于改善施工作业环境，提高施工效率。混凝土浇筑时，能够观察到混凝土浇筑情况，防止不良施工。

（8）塑料模板可租赁。该塑料模板可采用厂家租赁形式，胶合板只能购买。

（9）塑料模板规格灵活。塑料模板的常用规格为 1820mm×918 mm×14mm，且可根据需求定制。

（10）其缺点是不能随意切割、开洞、打孔。该塑料模板强度高，手动切割较困难，在施工时不能像木模板一样随意切割、裁锯、开洞、打孔，不足整张板的地方需用木模板条补齐，需开洞、打孔的地方需更换木模板。该模板虽然也能切断、开洞，但模板拆模后，无法修复及周转用在下一个工程，所以不宜切割。模板不宜切割的特点，使得施工中可减少面层模板的损耗，降低总成本。

3. 玻璃钢模板

玻璃钢是一种轻型的功能结构材料，它质量轻、强度高、力学性能好、型材密度是建筑钢材的 1/5～1/4，比强度是普通钢材的 15 倍、比刚度与钢材相近；玻璃钢不易破碎，透光率可设计（最高可达 90%），透明玻璃钢密度仅为普通玻璃的 1/2 左右；导热率低、保温隔热性能好；适用温度范围广，构件尺寸稳定、变形小；具有优良的耐化学腐蚀性能，耐候性好；可塑性强，性能具有可设计性。玻璃钢用于建筑工程时，可以同时发挥结构材料、围护材料、采光材料、装饰材料等多重作用，是一种轻质、高强、高效、多功能的新型建材。

玻璃钢在建筑上可用于结构、墙体、屋面及防水、声热绝缘、装饰、门窗等方面，对减轻建筑物自重、提高建筑物实用功能、改革建筑设计、加快施工进度、降低工程造价、提高技术经济性等有应用价值。由于玻璃钢品种众多，材料性能受到原材料种类、成分配比、成型工艺、制品结构、使用条件等多种因素影响，因此并不是所用种类的玻璃钢都同时具备所有建筑材料需要的性能。而且，材料性能的好坏也是对应于特定功能。例如，玻璃钢作为采光材料、门窗框材时，构件变形小，尺寸稳定性好；而作为建筑结构材料，玻璃钢在高强度的长期荷载下的变形则不能忽略。玻璃钢用作结构材料的致命缺陷是防火性差；而用作非结构材料，阻燃自熄型玻璃钢完全能达到墙体的防火要求。

在模板工程应用中，使用玻璃钢制作的模板能够一次性达到通高，而且不易与混凝土相互粘结，所浇筑出的混凝土成品没有横向接缝（只是在竖向上会有一道接缝），特别是圆柱体，浇筑出来圆度比较准确，且表面光滑平整，无气泡和皱纹，无外露纤维和毛刺现象，其密封性、表面平整度是木模和钢模所无法比拟的，而且色泽一致，垂直角度的误差也较小。采用玻璃钢制作圆柱模板只需要在接口处用角钢加螺栓予以固定，之后用钢丝缆风绳的一端拉住柱筋上端，而另一端只需固定在浇筑之后的混凝土楼板上即可，不需另外设置柱箍或是搭设支撑架。玻璃钢模板与木模、钢模相比易加工成型，可以一次性封模，不用接长，而且玻璃钢模板由于质量轻，拆装非常方便，具有便于清洁和维护等特点。因此，使用玻璃钢模板能够明显地减轻劳动强度，提高建筑施工效率，有利于降低工程造价。另外，玻璃钢模板有较强的耐磨性，所以重复利用次数也较多。

4. 木塑模板

木塑复合材料是以聚乙烯、聚丙烯、聚氯乙烯等热塑性塑料及植物纤维粉（如木屑、竹粉、稻壳、秸秆等）为原料，按一定比例混合，并添加特制的助剂，经高混、挤压、成型等工艺制成的一种新型复合材料。其中，热塑性塑料可采用新塑料或工业、生活废弃的各种塑料，而植物纤维粉可采用木材加工的木屑、稻壳粉、麦秆、棉秆等加工而成，因此木塑复合材料的研制和广泛应用有助于减缓塑料废弃物的公害污染，也有助于减少农业废弃物焚烧给环境带来的压力。木塑复合材料的生产和使用不会向周围环境散发危害人类健康的挥发物，材料本身还可以回收进行二次利用，因此它也是一种全新的绿色环保复合材料。

木塑复合材料目前在建筑工业中主要用于非结构材料，如室外铺板、室内地板、门窗型材、围栏、护栏、装饰及板材等木材应用的方面。我国武汉现代工业研究院利用废旧塑料和废木材纤维制成了新型木塑复合仿木装饰线条。门窗型材制造厂是使用 WPC 的另一个市场，木塑异型材在隔热保温、防腐、装饰效果和使用方面都优于传统建材。

随着性能的改进木塑复合材料将逐步推广应用于建筑的结构材料之中。其中，建筑施工用模板的研究尤其值得重视。我国曾开展了聚氯乙烯木塑建筑模板的研究工作。据介绍，使用该种模板具有以下优点：①抗湿性能好、节省用工量；②脱模容易、施工混凝土表面质量好；③耐磨性能好，可反复使用；④重量轻、施工方便；⑤适用于各种建筑施工操作。日本也对木塑复合材料作建筑模板进行研究，并在实际工程中进行了应用推广。其采用废木材和废塑料为主材，产品尺寸为 1820mm×600mm×12mm，重量 12kg。

1.4.2　按产品结构形式分类

1. 实心塑料模板

该类产品主要出现在塑料模板产品发展初期，由纯粹的塑料材料组成实心的板材、型材、异型材。但是纯粹的聚合物材料性能具有较大缺陷，例如：自身重量明显高于竹木胶合板，比较笨重；热胀冷缩性较大，易出现漏浆或起拱现象；机械性能较低，影响施工质量。该类产品并不能满足实际工程需要，不能适应工程应用过程中的复杂施工环境。实际上该类产品属于塑料制品在混凝土施工成型模板领域应用的试验性产品，属于塑料模板行业发展的初级阶段的产品。

在随后的发展过程中，人们对该类塑料模板展开了各种改性工作，如玻纤增强、交联改性、配方改性等，但产品形式仍限于实心类产品。

2. 夹心塑料模板

随着技术的进步，人们逐渐将环保节约、轻量化等设计理念融入塑料模板产品的设计研发工作之中，夹心类塑料模板应运而生。该类产品的结构特点为多层复合产品，主要通过多层共挤出或者多层复合工艺生产，产品结构为具有不同结构的片材或者板材构成产品的不同结构层，呈现出层状叠加结构。该类产品一般由表皮层和芯层构成，表皮层多为纯塑料材质，芯层则选用回收塑料及各种填料；后期研发的产品增设了增强层，该层材料多数选用各种纤维制品（玻纤、植物纤维、各种化纤、金属纤维等）或者金属（钢铁、铝合金）板材（片材）。目前，该类产品中的质量优秀者获得了市场的认可，处于广泛的应用阶段。

3. 中空塑料模板

该类产品主要是采用了轻量化的设计理念，设计生产了具有中空结构的塑料模板。该类产品结构特点是其界面具有一定的中空结构，通过中空结构中的加强肋保证产品的物理机械性能，大量的中空结构显著降低了产品的自重。该类产品在应用过程中并没有形成完整的体系，在工程应用时受到了多种限制，如抗冲击能力较差，易破损；中空结构无保护，易灌浆而增加自重；耐老化性能较差，使用寿命较短。

4. 背楞式塑料模板

背楞式塑料模板，顾名思义，其结构特点在于在平板面板的背面设有加强背楞，其主要目的在于降低面板厚度以降低自重，同时增设背楞以满足工程应用对其力学性能的要求。根据其背楞的表现形式有横向背楞、纵向背楞、十字背楞等，根据产品材料基材种类有PVC、PP、ABS等等。PVC类背楞式塑料模板一般配有专业锁具和（或）配合中空结构；PP背楞式塑料模板主要是一种韩国的GMT材料制备的模板；ABS背楞式塑料模板在最近几年里得到了快速的发展，目前已经成了具有一定体系化的产品。

5. 节材型塑料模板

节材型塑料模板采用了全新的节约材料的理念：①配合早拆体系，提高施工效率，提高单位时间单位质量材料的使用效率，从而达到节约材料的目的；②最大限度增加使用次数，提高单位质量材料总施工面积，节省大量同类产品材料；③降低自重，节约自身加工生产材料；④超高强度，节约支撑系统材料。

1.5　塑料模板的成型方法简介

塑料成型是将各种形态（粉料、粒料、溶液和分散体）的塑料制成所需形状的制品或坯件的过程。成型的方法多达三十几种。塑料制品是以合成树脂和各种添加剂的混合料为原料，采用注射、挤压、压制、浇注等方法制成的。塑料产品在成型的同时，还获得了最终性能，所以塑料的成型是生产的关键工艺。

1.5.1　挤出成型

挤出成型也称为挤压模塑成型或挤塑成型，是借助螺杆的挤压作用，使受热熔化的塑料在压力推动下，强行通过口模而成为具有恒定截面的连续型材的一种成型方法，是高分子材料加工领域中变化繁多、生产率高、适应性强、用途广泛、所占比重最大的成型加工方法。挤出成型工艺适用于绝大多数高分子材料的成型加工。塑料挤出成型亦称挤塑或挤出模塑，几乎能成型所有的热塑性塑料，也可用于热固性塑料，但仅限于酚醛等少数几种热固性塑料，且可挤出的热固性塑料制品种类也很少。塑料挤出的制品有管材、板材、棒材、片材、薄膜、单丝、线缆包裹层、各种异型材以及塑料与其他材料的复合物等。目前约 50% 的热塑性塑料制品是挤出成型的。

挤出成型是借助螺杆或柱塞的挤压作用，使受热熔化的塑料在压力推动下，强行通过口模而成为具有恒定截面的连续型材的一种成型方法。

挤出成型的基本原理：

(1) 塑化：在挤出机内将固体塑料加热并依靠塑料之间的内摩擦热使其成为黏流态物料。

(2) 成型：在挤出机螺杆的旋转推挤作用下，通过具有一定形状的口模，使黏流态物料成为连续的型材。

(3) 定型：用适当的方法，使挤出的连续型材冷却定型为制品。

其工艺流程是：加料—在螺杆中熔融塑化—机头口模挤出—定型—冷却—牵引—切割。

挤出成型的特点：

(1) 连续化，效率高，质量稳定。

(2) 应用范围广。

(3) 设备简单，投资少，见效快。

(4) 生产环境卫生，劳动强度低。

(5) 适用于大批量生产。

按加压方式可分为：连续法和间歇法。连续法一般是采用螺杆挤出工艺。在螺杆挤出中，螺杆物料的塑化、混合、加压、成型是同时进行的，因此整个生产过程是一个连续过程。间歇法则是采用柱塞挤出工艺。由柱塞作往复运动，对物料间歇施压，因此整个生产过程是不连续的。

根据不同的加压方式，或者说加压工艺要求，塑料挤出设备有螺杆挤出机和柱塞式挤出机两大类，这两大类设备的特点如前所述：前者为连续式挤出，后者为间歇式挤出。

螺杆挤出机又可分为单螺杆挤出机和多螺杆挤出机，目前单螺杆挤出机是生产上用得最多的挤出设备，也是最基本的挤出机。而多螺杆挤出机中的双螺杆挤出机近年来发展最快，其应用也逐渐普遍。

柱塞式挤出机是借助柱塞的推挤压力，将事先塑化好的或由挤出机料筒加热塑化的物料从机头口模挤出而成型的。物料挤完后柱塞退回，再进行下一次操作，中间是不连续的，而且挤出机对物料没有搅拌混合作用，故生产上较少采用。但由于柱塞能对物料施加很高的推挤压力，只应用于熔融黏度很大及流动性极差的塑料，如聚四氟乙烯和硬聚氯乙烯管材的挤出成型。

完整的挤出成型设备一般是由挤出机、挤出口模（机头）及冷却定型、牵引、切割等辅助设备组成。普通单螺杆挤出机是使用最多的一类挤出机，但其混炼效果差，不适于加工粉料。单螺杆挤出机除普通挤出机外，还有排气式挤出机和混炼式挤出机。排气式挤出机适于加工吸湿性大或含挥发物成分较多的物料，可以在加工过程中排出水分和挥发物，得到质量较好的制品；混炼式挤出机具有较强的分散、混合效果，可以简化物料在挤出成型前的工序，一次完成混炼和连续挤出制品。双螺杆挤出机进料稳定，挤出量大，混合效果好，可以直接加工硬 PVC 粉料，使之成为制品，也可用于混料，因此其应用范围不断扩大，且有覆盖单螺杆挤出机各用途的趋势。

以挤出为基础，配合发泡、拉伸等技术则发展为挤出—发泡成型和挤出—拉幅成型等。所以说挤出成型是塑料成型最重要的方法。

1. 单螺杆挤出机

单螺杆挤出机的工作原理：热塑性固体物料从料斗加入，在旋转着的螺杆的作用下，通过机筒内壁和螺杆表面的摩擦作用，向前输送和压实。在开始的阶段物料呈固态向前输送，由于机筒外有加热圈，热量通过机筒传导给物料；与此同时，物料在前进运动中，生成摩擦热，使物料沿料筒向前的温度逐渐升高，致使高分子材料从颗粒或粉状的固体转变成熔融的流体状态，熔融的物料被连续不断地输送到螺杆前方，通过过滤网、分流板而进入机头成型，从而使高聚物熔体具有一定的形状；再通过定型、冷却、牵引等辅助作用，就成为一定形状的热塑性制品。物料通过螺杆的挤出包括了输送、熔融及混合三个基本职能。因而要求有相应的三个区段，加料段、压缩段、计量段（又叫均化段）。

单螺杆挤出机的特点是机头处熔融物料的压力较高并且稳定，但混合效率较低，故一般用于混合效率要求不高的型材挤出、造粒等。单螺杆挤出机的结构比较简单，价格不高。

单螺杆挤出机是由传动系统、挤出系统、加热和冷却系统、控制系统等几部分组成。此外，每台挤出机都有一些辅助设备。其中挤出系统是挤出成型的关键部分，对挤出成型的质量和产量起重要作用。挤出系统主要包括加料装置、料筒、螺杆、机头和口模等几个部分（图 1-1）。

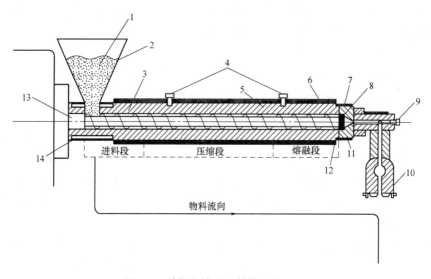

图 1-1　单螺杆挤出机结构示意图

1—树脂；2—料斗；3—硬衬垫；4—热电偶；5—机筒；6—加热装置；7—衬套加热器；
8—多孔板；9—熔体热电偶；10—口模；11—衬套；12—过滤网；13—螺杆；14—冷却夹套

实际上，塑料板、片与薄膜之间是没有严格的界限的，通常把厚度在 0.25m 以下的称为平膜，0.25～1mm 的称为片材，1mm 以上的则称为板材。

塑料板材的生产常用挤出成型工艺，用挤出法生产板材的方法有两种：较老的方法是利用挤管的方法先挤出管子，随即将管子剖开，展平而牵引出板材，此法可用于软板生产。目前，常用狭缝机头直接挤出板材（硬板或软板）。挤板工艺也适用于片材和平膜的挤出（图 1-2）。

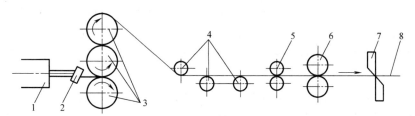

图 1-2 挤板工艺示意图

1—挤出机；2—狭缝机头；3—压光机；4—冷却导辊；5—切边装置；

6—牵引装置；7—切割刀；8—塑料板材

塑料经挤出机从狭缝机头挤出成为板坯后，即经过三辊压光机、切边装置、牵引装置、切割装置等，最后得到塑料板材。

板材挤出的狭缝机头的出料口既宽又薄，塑料熔体由料筒挤入机头，由于流道由圆形变成狭缝形，必须采取措施使熔体沿口模宽度方向有均匀的速度分布，即要使熔体在口模宽度方向上以相同的流速挤出，以保证挤出的板材厚度均匀和表面平整。

压光机的作用是将挤出的板材压光和降温，并准确地调整板材的厚度，故它与压延机的构造原理有点相同，对辊筒的尺寸精度和光洁度要求较高，并能在一定范围内可调速，能与板材挤出相适应。辊筒间距可以调整，以适应挤出板材厚度的控制，压光机与机头的距离应尽量靠近，否则板坯易下垂发皱，光洁度不好，而且在进入压光机前散热降温不利于压光工艺。

从机头出来的板坯温度较高，为防止板材产生内应力而翘曲，应使板材缓慢冷却，要求压光机的辊筒有一定的温度。经压光机定型为一定厚度的板材温度仍较高，故用冷却导辊输送板材，让其进一步冷却，最后成为接近室温的板材。

在牵引装置的前面，有切边装置切去不规则的板边，并将板衬切成规定的宽度。

牵引装置通常是由一对或两对牵引辊组成，每对牵引辊通常又是由一个表面光滑的钢辊和一个具有橡胶表面的钢辊组成，牵引装置一般与压光机同速，能微调，以控制张力。

切割装置用以将板材裁切成规定的长度。

2. 双螺杆挤出机

随着技术的进步，单螺杆挤出机在某些方面已经不能满足制品成型加工的要求，例如用单螺杆挤出机进行填充改性和加玻璃纤维增强改性等，混合分散效果就不理想。另外，单螺杆挤出机尤其不适用于粉状物料的加工。

为了适应聚合物加工中混合工艺的要求，特别是硬聚氯乙烯粉料的加工。双螺杆挤出机自 20 世纪 30 年代后期在意大利开发后，经过半个多世纪的不断改进和完善，得到了很大的发展。在国外，目前双螺杆挤出机已广泛应用于聚合物加工领域，已占全部挤出机总数的 40%。硬聚氯乙烯粒料、管材、异型材、板材几乎都是用双螺杆挤出机加工成型的。作为连续混合机，双螺杆挤出机已广泛用来进行聚合物共混、填充和增强改性，也可进行反应挤出。近 20 年来，高分子材料共混合反应性挤出技术的发展进一步促进了双螺杆挤出机数量和类型的增加。

双螺杆挤出机的工作原理及特点。对于平行啮合同向旋转双螺杆挤出机，当物料由加料口加到一根螺杆上后，在摩擦拖拽下将沿着这根螺杆的螺槽向前输送至楔形区，在这里，物料受到一定压缩。因两根螺杆在楔形区有一大小相等、方向相反的速度梯度，故物料不可能进入啮合区绕同一根螺杆继续前进，而是被另一根螺杆托起并在机筒表面的摩擦拖拽下沿另一根螺杆的螺槽向前输送。当物料前进到上方楔形区时，又重复此过程，只是己在轴线方向移动了一定距离。

双螺杆挤出机尤其是啮合同向双螺杆挤出机的特点是剪切力大、混合效率高，但熔体压力控制不如单螺杆挤出机平稳，故双螺杆挤出机主要用于混合效率要求高的场合，如纤维与塑料熔融复合。双螺杆挤出机结构复杂，价格一般为螺杆直径单螺杆挤出机的数倍。

如果将双螺杆挤出机与单螺杆挤出机串联组合，并与型材辅机组成型材挤出生产线，就能充分发挥各自的优点。即利用双螺杆挤出机混合能力强的优点和单螺杆挤出机机头压力大而稳定的优点。这主要是因为增强组分（纤维、粉末等）与塑料在双螺杆挤出机中能够充分混合均匀，同时，由于物料只有一次受热过程（采用双螺杆挤出机进行复合材料造粒，然后用单螺杆挤出机挤出型材的传统工艺，物料需要两次受热熔融），不仅降低了能耗，而且有利于降低物料的热降解率。

近年来，锥形双螺杆挤出机用于复合型材的挤出成型受到重视，锥形双螺杆挤出机对物料的混合能力强于单螺杆挤出机，而挤出压力比双螺杆挤出机大，可用于直接挤出型材。此外，尚有物料压缩比大的特点，这对于原料堆积密度较低的木塑复合材的挤出加工而言，是突出的优点。然而，锥形双螺杆挤出机的混合效率不及平行双螺杆挤出机，此点在选择具体设备时应予以充分注意。

双螺杆挤出机由传动装置、加料装置、料筒和螺杆等几个部分组成，各部件的作用与单螺杆挤出机相似。与单螺杆挤出机区别之处在于，双螺杆挤出机中有两根平行的螺杆置于"∞"形截面的料筒中（图 1-3）。

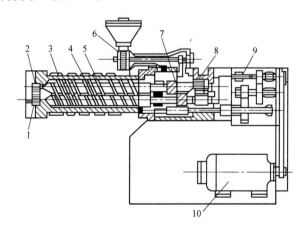

图 1-3　双螺杆挤出机示意图

1—连接器；2—过滤器；3—料筒；4—螺杆；5—加热器；6—加料器；
7—支座；8—上推轴承；9—减速器；10—电动机

3. 其他类型螺杆挤出成型设备

目前出现了一种较为新型的螺杆挤出成型设备，其设备及工艺特点是：将干燥的增强材料（可预先进行表面改性处理）由特殊的喂料器在塑料熔融时连续喂料（或者与塑料粉末混合后一同喂料），增强材料与塑料及助剂（偶联剂、润滑剂、紫外线吸收剂、抗氧剂、热稳定剂等）在双螺杆挤出机的熔融段被充分混合。此时增强材料中的残余水分由真空泵带走。在充分混合并塑化后，混合物在一定压力下从口模挤出，制成型材或板材。这种挤塑可以挤出性能均一的材料。

使用这种加工方式的增强材料需要干燥，以防止复合材料中出现气泡，同时增强纤维的长径比要小，以免在加工时有大量的增强材料交缠成团，影响产品质量，也使设备免受损伤。

在挤出成型加工工艺中，温度、转速和物料在挤出机中的停留时间是主要的工艺参数。如果温度太高，增强材料会降解，其力学强度降低，甚至出现产品烧焦、炭化等现象，从而影响复合材料的质量。

转速和增强材料在挤出机中的停留时间对材料的性能影响很大。如果转速太快，剪切力增大，大量的增强材料被剪断，而且两种材料混合不均匀；如果转速过慢，不仅由于剪切不足而影响物料的混合，而且增强材料在挤塑机中停留时间太长也会加剧原料的热降解，导致产品质量降低。

1.5.2　热压成型

热压成型是塑料加工业中简单、普遍的加工方法，主要是利用加热加工模具后，注入试料，以压力将模型固定于加热板，控制试料的熔融温度及时间，以达融化后冷却、硬化，再取出模型成品即可。

热压成型定义：将裁成一定尺寸和形状的片材，夹在模具的框架上，让其在高弹态的适宜温度下加热软化，片材一边受热、一边延伸，而后凭借施加的压力，使其紧贴模具的型面，取得与型面相仿的型样，经冷却定型和修整后即得制品（图 1-4）。

以木纤维、木刨花或木材碎料和热塑性塑料碎屑为原料，采用热压成型工艺制备木塑复合材料，其工艺过程和主要设备与纤维板、刨花板等人造板的生产是类似的，废旧木材和废旧塑料都

图 1-4　热压成型工艺路线

是适宜的原料。因此，对于现有人造板企业转产热压成型木塑复合材，其设备投资很低，原来的技术和生产经验也具有一定的借鉴作用。

木材纤维等木材原料经偶联剂处理等表面改性及干燥后，与热塑性塑料碎料（必要时进行接枝共聚等表面改性处理，但成本较高）和添加剂混合后铺装成适当厚度，然后依次进行预压、热压成型、冷却定型、裁边等工序得到木塑复合板材。

木材与塑料的复合是在热压阶段实现的，因而对于木塑复合材料而言热压工艺是非常重要的。木塑复合材热压成型工艺的突出优点是对木材原来形态的要求不高，原料来源广泛，适于废旧木材的利用。此外，热压成型木塑复合材产品中木材组分所占的比例可以很高，甚至可以高达 80% 以上。

不过，当塑料用量过低时，应适当添加胶粘剂，否则板材的内结合强度和耐水性等性能将大大降低。由于木材组分的比例高，采用热压成型工艺制造的木塑复合材料产品可以有很好的刚度，这是热压成型工艺的另一个优点。

热压成型工艺目前尚存在的主要问题包括：①生产效率有待提高。由于热塑性塑料在

高温下不具有强度并且易于变形，木塑复合材料热压成型后必须先冷却降温，使板材定型，并具有适当强度后才能卸压，转入下道工序。这样，不仅能耗比传统人造板生产要高，而且加压尤其是冷却所需时间较长，生产效率不高。②易出现粘板问题，可通过使用隔离剂、聚四氟乙烯垫板等方法解决。

1.5.3 其他成型方法

1. 注射成型

注射成型也称注塑成型，是利用注射机将熔化的塑料快速注入模具中，并固化得到各种塑料制品的方法。几乎所有的热塑性塑料（氟塑料除外）均可采用此法，也可用于某些热固性塑料的成型。注射成型占塑料件生产的 30% 左右，它具有能一次成型形状复杂件、尺寸精确、生产率高等优点；但设备和模具费用较高，主要用于大批量塑料件的生产。

注射成型机常用的有柱塞式和螺杆式两种。注射成型原理：将粉粒状原料从料斗加入料筒，柱塞推进时，原料被推入加热区，继而经过分流梭，通过喷嘴将熔融塑料注入模腔中，冷却后开模即得塑料制品。注塑料制件从模腔中取出后通常需进行适当的后处理，以消除塑料制件在成型时产生的应力、稳定尺寸和性能。此外，还有切除毛边和浇口、抛光、表面涂饰等。

2. 压制成型

压制成型（图 1-5）又称压缩成型、压塑型、模压成型等，是将固态的粒料或预制的片料加入模具中，通过加热和加压方法，使其软化熔融，并在压力的作用下充满模腔，固化后得到塑料制件的方法。压制成型主要用于热固性塑料，如酚醛、环氧、有机硅等；也能用于压制热塑性塑料聚

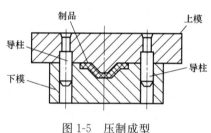

图 1-5 压制成型

四氟乙烯制品和聚氯乙烯（PVC）制品。与注射成型相比，压制成型设备、模具简单，能生产大型制品；但生产周期长、效率低，较难实现自动化，难以生产厚壁制品及形状复杂的制品。

一般压制成型过程可以分为加料、合模、排气、固化和脱模几个阶段。塑料制件脱模后应进行后处理，处理方法与注射成型塑料制件方法相同。

3. 浇铸成型

塑料的浇铸成型类似于金属的铸造成型，即将处于流动状态的高分子材料或单体材料注入特定的模具中，在一定条件下使之反应、固化，并成型得到与模具形腔相一致的塑料制件的加工方法。这种成型方法设备简单，不需加压或稍许加压，对模具强度要求低，生产投资少，可适用于各种尺寸的热塑性和热固性塑料制件。但塑料制件精度低，生产率低，成型周期长。

1.6 影响塑料模板性能的因素

塑料模板制品的质量不仅与原材料、配方相关，也直接受成型设备，如挤出机螺杆的

剪切性能、熔体压力、温度、挤出速度、牵引速度、口模间隙与定型装置模板空隙、冷却水温度等挤出工艺影响和制约。

1.6.1 材料性能因素

1. 分子结构

材料的化学结构中，分子链结构和分子链支化是主要因素和根本因素。化学键和分子间作用力的因素都会影响材料强度，比如氢键和分子极性，芳杂环极性高于脂肪链。分子间作用力越大，材料强度和模量一般越高。比如：PA6 强于硬质 PVC，硬质 PVC 强于 LDPE，因为 PA6 是极性聚合物而且存在氢键，PVC 为极性聚合物，而 LDPE 极性很小。芳香族尼龙强度大于脂肪族尼龙的强度，聚苯醚强度大于脂肪族聚醚强度，因为苯环的引入增大了分子间的作用力，苯环的极性大于脂肪链，苯环直接存在共轭电子效应等。

分子链的支化显著影响材料的力学性能。直链高分子材料一般优于侧链高分子的力学性能，比如主链型的液晶高分子材料，力学性能远远高于侧链型的液晶高分子。原因在于侧链高分子分子间距离增大，分子间作用力减小。由上，可以推断出材料支化后分子间距离增大，相互作用力减小，拉伸强度减小。

交联又是一个可以显著影响材料强度的因素。一般交联程度增加，拉伸强度材料模量增大。但是实际情况比较复杂，有的材料交联增加强度降低（特别是对于结晶聚合物），有时适当增加交联度可以提高材料的断裂伸长率，有时又会降低材料的断裂伸长率。鉴于交联剂含量对材料力学影响结果多样，所以工程师在研究材料交联时需要仔细研究其影响。

2. 材料的分子量

根据经验，分子量增大，材料的拉伸强度冲击强度增大，著名的超高分子量聚乙烯 UHWPE 纤维强度超高。但是，并不是所有材料强度都随分子量增加而增加，而且分子量增长到一定数值时，分子量对强度的影响不明显。分子量影响材料加工流动性明显。

3. 结晶和取向对材料的影响

一般地，结晶度的提高可以改善材料的拉伸强度和模量，包括弯曲强度；但是，降低材料的韧性、冲击强度和断裂伸长率。取向对材料的影响同样重要，主链型液晶高分子取向和侧链型高分子取向情况不一致，使力学性能差异较大。经过取向处理的材料与未处理时力学性能不一致。取向处理后材料的性能产生各向异性，制品机械强度沿取向方向增强。

4. 材料缺陷和应力集中的影响

材料内部的气泡、银纹、裂纹和孔隙等因素往往降低材料的强度，因为这些缺陷往往造成材料在缺陷上产生应力集中，破坏材料的强度。

可以提高强度的因素或方法：

（1）化学结构。增加链刚性的因素一般可以提高聚合物的强度，比如引入芳杂环。适当地交联也可以提高材料硬度，交联剂链长度同样影响材料硬度。

（2）聚合物形态。提高结晶度和取向度可以提高材料强度，但是结晶度过高，抗冲击强度和断裂伸长率降低，即材料变脆。

（3）共聚增强。与"硬"单体共聚可提高材料硬度。

（4）共混增强。与增强材料共混或复合，可提高材料强度。

不利于提高材料强度的因素：

（1）材料应力集中。应力集中是指材料内部应力局部增高的现象，通常是由各种缺陷引起的。这是材料制备过程中常常遇到的问题。

（2）材料出现银纹。聚合物内部由于应力集中，其薄弱部位产生局部塑性形变和取向，进而产生银纹，这也是塑料材料加工成型过程中常见的现象。

（3）材料增塑。与共混增强相反，材料与增塑剂共混时材料强度降低。

（4）填料降低强度。一些惰性填料与材料共混后，"稀释"了基体材料，使材料的强度降低。比如，碳酸钙粉末填充一些材料会导致材料强度降低。

1.6.2　加工因素

影响塑料挤出的工艺因素主要有温度、熔体压力及熔体输送速度[18]。

1. 温度

温度对塑料的挤出及型坯的性能有明显影响。提高挤出机的加热温度会产生以下影响：可以降低熔体黏度，改善熔体的流动性，降低挤出机的功率消耗；可适当提高螺杆转速，而不影响物料的混炼塑化效果；有利于改善最终制品的强度和光亮度；有利于改善最终制品的透明度。但是，熔体温度过高，会使挤出的型坯易产生自重下垂现象，引起型坯纵向壁厚不均；会延长型坯吹胀冷却时间；会加大最终制品的收缩率；会使聚氯乙烯等热敏性塑料降解，使聚碳酸酯等工程塑料的型坯强度明显降低。因此，应遵循以下原则来设定挤出机的加热温度，即在既能挤出光滑而均匀的型坯，又不会使传动系统超载的前提下，为保证型坯有较高的熔体强度，应尽可能采用较低的加工温度。

设定挤出机加热温度时，进料段温度应相对低一些，防止物料堵塞在加料口影响物料的输送；压缩段的温度较高，有利于物料的混炼塑化；挤出段的温度可低于压缩段，而高于进料段，有利于稳定而均匀地向机头供料。

挤出机的加热装置，一般采用电加热器，同时安置风冷机，用以调节挤出机的加热温度。为控制挤出机加热温度的偏差，常采用比例（P）、积分（I）、微分（D）、温控仪。它们的作用分别是：

（1）比例作用。加热电流和温度偏差存在着比例关系，加热电流愈小，温度偏差也愈小。

（2）积分作用。加热电流正比于温度偏差对时间的积分。这样，即使偏差很小，在一定时间后，亦能消除这个静偏差，提高温控系统静态精度。

（3）微分作用。加热电流比例于温度偏差对时间的微分。那么，温度偏差出现愈快，加热电流相应的变化量也愈大，可提高加热系统对外界突然干扰的抵抗能力。

由于这些作用，PID温控仪可使挤出机的温度偏差控制在±1℃的范围内，电能消耗量也相应降低一半左右。

2. 熔体压力

进入机头的熔体应压力均匀。适当提高挤出机内熔体的压力，可使物料混炼均匀，使型坯及最终制品的性能稳定。对于高分子量聚乙烯、高密度聚乙烯与低密度聚乙烯的共混物、用色母料着色的聚合物，足够的熔体压力可使型坯有良好的外观，减少"晶点"和云雾状花纹。但是，因杂物堵塞机头网板，导致熔体压力过高，会增加挤出机负荷而损伤机器，应及时更换、清洗网板，使进入机头的熔体维持稳定的压力。采用熔体流动速率低的树脂，降低挤出机加热温度，提高挤出机螺杆的转速等，都能提高挤出机的熔体压力。

为控制熔体的挤出压力，可在挤出机的出料段安装熔体压力测量仪表。测量熔体压力常用的仪表有机械式测压表、液压式（硅油、硅脂、水银）测压表、气动测压表及电气测压表等。

3. 熔体输送速度

熔体输送速度大，则挤出机的挤出量大。提高熔体的输送速度，可改善型坯的自重下垂现象，增加型坯的壁厚。熔体输送速度随螺杆直径增加而增加，受机头压力的影响较小。提高挤出机螺杆的转速和加热温度，可相应提高熔体的输送速度。但是，当螺杆转速提高到一定数值时，易产生熔体破裂现象。

在塑料挤出过程中，上述三个因素是相互影响的。同时，要求这三个因素的波动性小。若温度、压力、熔体输送速度出现较大波动，不仅型坯的壁厚均匀性、重复性等随之变差，还会使最终制品的力学性能、尺寸稳定性等产生较大差异和性能下降。

1.6.3 其他因素

其他因素包括使用环境温度、施工工法、操作规范及详细管理情况。

参考文献

[1] 毛建斌. 模板早拆体系在施工中的应用和发展 [D]. 天津大学, 2007.

[2] 杨嗣信. 建筑工程模板施工手册 [M]. 北京：中国建筑工业出版社, 1997.

[3] 林英静. 探讨建筑工程模板施工技术 [J]. 《商品与质量》建筑与发展. 2014, 2.

[4] 李全玲. 我国胶合板模板发展方向分析研究 [D]. 天津大学, 2005.

[5] 李显金. 新型建筑模板的研究与应用 [D]. 浙江大学, 2003.

[6] 王大治. 建筑工程混凝土施工中模板的施工与应用 [J]. 科技与生活. 2012, 5：134-135.

[7] 胡世明. 木塑模板复合工艺及性能研究 [D]. 东北林业大学, 2011.

[8] 崔莹华. 复合材料结构模板在部分斜拉桥中的应用研究 [D]. 重庆交通大学, 2009.

[9] 黄鑫. 高层建筑主体结构的工程施工安全研究 [J]. 中小企业管理与科技. 2010, 22：134.

[10] JG/T 418—2013. 塑料模板.

[11] 糜嘉平. 我国塑料模板发展概况及存在主要问题 [J]. 建筑技术. 2012, 43 (8)：681-684.

[12] 李正. 塑料模板的性能及其应用优势 [J]. 技术与市场. 2013, 6：86.

[13] 郑华. 塑料模板的性能及其应用施工技术 [J]. 建筑技术. 2012, 43 (8)：684-686.

[14] 王绍民. 我国建筑模板行业发展的突出问题. 争议与对策建议 [J]. 建筑施工. 2011, 33 (9)：849-853.

[15] 糜嘉平. 国外塑料模板的发展概况 [J]. 施工技术. 2008, 36 (11)：17-18.

[16] 冯嘉. 新型木塑复合材料建筑模板的研究 [D]. 青岛理工大学, 2010.

[17] 胡圣飞. PVC/稻壳粉复合材料结构与性能研究 [D]. 武汉理工大学, 2006.

[18] 申长雨, 陈静波, 刘春太等. 塑料成型加工讲座（第十讲）塑料挤出成型工艺及质量控制 [J]. 工程塑料应用. 1999, 12：014.

第 2 章　PVC 模板

聚氯乙烯英文名称为 PolyVinyl Chloride，简称 PVC，是以氯乙烯为单体制得的聚合物。在工业上，把氯乙烯的均聚物和共聚物统称为聚氯乙烯树脂，是我国第一、世界第二大通用型合成树脂材料[1]。由于具有优异的难燃性、耐磨性、抗化学腐蚀性、综合机械性、制品透明性、电绝缘性及比较容易加工等特点，目前，PVC 已经成为应用领域最为广泛的塑料品种之一，在工业、建筑、农业、日常生活、包装、电力、公用事业等领域均有广泛应用，与聚乙烯（PE）、聚丙烯（PP）、聚苯乙烯（PS）和丙烯腈-丁二烯-苯乙烯共聚物（ABS）统称为五大通用树脂。

氯乙烯的聚合在文献上早有报道，直至 1931 年首次小规模工业生产时仍是一种没有成熟的树脂材料，成型时总是发生分解，暴露于日光下很快变黑，而且非常坚韧，对溶剂也很稳定。PVC 发展的转折点是 1933 年，当时 Semon 发现，用高沸点溶剂和磷酸三甲酚酯与 PVC 加热混合，可制成软聚氯乙烯制品，这种增塑剂的利用大大推动了聚氯乙烯树脂的发展。其后，热稳定剂、润滑剂、加工助剂和冲击改性剂等添加剂的开发，树脂形态的研究，又促进了硬质聚氯乙烯制品的发展和质量的提高。这样，以聚氯乙烯树脂为基材，可以制成从软到硬的多种聚氯乙烯制品。

为了更好地加工和应用 PVC，应对它的合成、结构与性能有一个基本了解。

1. 热稳定性

PVC 树脂在 100℃以上或受到紫外光照射，均会引起降解脱氯化氢（HCl）。在氧或空气存在下，降解速度更快。温度越高，受热时间越长，降解现象越严重。另外，HCl、铁和锌对 PVC 脱 HCl 有催化作用。

PVC 受热分解析出 HCl，形成具有共轭双键的多烯结构：

$$\cdots CH_2-CHCl\cdots_n \longrightarrow \cdots CH = CH\cdots_n + nHCl$$

PVC 脱 HCl 所形成的共轭双键数在 4 个以上时即出现变色，并随共轭双键的增加，PVC 树脂及其制品的色泽由浅变深，即由无色变成淡黄、黄橙、红橙、棕褐及黑色，变色也会影响制品的性能。

PVC 脱 HCl 所显示的不稳定性，是与树脂分子结构中存在某些"弱点"密切相关的。例如，PVC 大分子末端及其内部的双键结构，支链处不稳定的叔氯原子，以及大分子中的含氧基团（碳基）等"活化基团"，脱 HCl 就从这些"弱点"开始。研究表明，在所有查明的基团中，内部的烯丙基氯是最不稳定的（易被取代），依次是叔氯、末端的烯丙基氯、仲氯。

PVC 脱 HCl 反应是一种进行极快的"拉链式"反应。如果不将这种反应终止，不仅 PVC 变色，而且无法加工成有用的制品。因此，PVC 的稳定技术是极为重要的。除从树脂合成着手外，更多的是从整个 PVC 塑料组成的稳定作用入手，在配方设计、原料混合、配料和加工时实现稳定的目的。实际上，这是一种阻止技术，它是在 PVC 中加入一些化学添加剂以阻止 PVC 的降解。所谓添加剂是指用机械方法将其分散或溶解于（通常借助于加热）需要稳定的聚合物体系内的物质，其用量很少，一般在 10%以下。作为 PVC 的稳定剂，既要保持配方原来的色泽，也要保持物理、化学和电性能不变。它应有以下功能：①中和 HCl；②置换不稳定的取代基（如叔氯、烯丙基氯）；③钝化稳定剂的降解产物；④阻断链反应。

2. 溶解性

聚合物在溶剂中的溶解性，可用"相似的溶解相似的"来判定。更精确一点的方法是通过比较聚合物和溶剂的溶度参数：如果聚合物与溶剂的溶度参数极为接近，则聚合物溶于溶剂中；否则，聚合物就不易溶于溶剂中。

PVC 的溶度参数为 $19.8[(J/cm^3)^{1/2}]$，因而它不溶于溶度参数较低的非极性溶剂中，但能溶于环己酮（20.3）、四氢呋喃（19.8）、二氯乙烷（20.1）等溶剂中。与 PVC 溶度参数相近的物质，如邻苯二甲酸二丁酯（DBP 为 18.3）、邻苯二甲酸二辛酯（DOP 为 18.1）、癸二酸二辛酯（DOS 为 17.8）和磷酸三甲苯酯（TCP 为 20.2）等，由于分子量大，在室温下不能溶解 PVC；在升高温度时（约 150℃），分子扩散加快，短时间就溶胀 PVC，甚至溶混而成浓溶液。这些物质由于沸点高、挥发性低，而且能与 PVC 溶混，当其加入 PVC 中时，能降低玻璃化温度而使可塑性增大，称这类物质为增塑剂。

关于增塑机理，一般认为是由于增塑剂的加入，使分子链间的相互作用减弱，表现为玻璃化温度降低。用极性增塑剂对极性聚合物进行增塑时，其玻璃化温度的降低正比例于增塑剂的摩尔分数；对于非极性聚合物的增塑作用，聚合玻璃化温度的降低，正比例于增塑剂的体积分数。实际上，聚合物的增塑效果，往往介于两种情况之间。

3. 熔融特性

硬 PVC 在加工过程中，它的粒子结构将发生重要变化：在较低的加工温度下，由于热和剪切力的作用，颗粒崩解成初级粒子；随着温度的升高，初级粒子会部分被粉碎；当加工温度更高时，初级粒子可全部粉碎，晶体熔化，边界消失，形成三维网络。这一过程称为熔融（Fusion）或凝胶化（Gelation），一般称为"塑化"。

对于 PVC 熔融过程的解释，首先是颗粒破裂而释放出初级粒子，这种粒子受到热、剪切作用而进一步被粉碎，或变形、压实，然后借助分子缠结提供的连接点或借助熔化晶粒冷却时的再结晶将初级粒子连接在一起而形成三维的网络。

PVC 粒子结构的变化必然影响制品性能。例如，随着加工温度的升高，硬 PVC 的强度和刚度逐渐提高而达到最大值，但缺口冲击强度则经过最大值而后下降。PVC 管材的综合性能最佳值是在熔融度为 60%～70% 得到的。

测定熔融度的方法有溶剂法、流变法和差示扫描量热法（DSC）等多种。

（1）溶剂法是基于溶剂（如丙酮、二氯甲烷）对 PVC 的溶胀而不溶解，熔融不良的区域则会产生起毛、脱层或破坏，用以控制生产过程的质量，表征管材的塑化程度和均一性（GB/T 13526—2007），但所鉴别的熔融度不超过 50%。

（2）流变法是根据 PVC 料在不同温度下加工所得"熔体"结构的不同而显示不同的流变行为：在低温（130～170℃）下，PVC 主要表现粒子流动所特有的低黏度和低弹性；而在高温（190～210℃）下，则显示分子网络流动的高黏度和高弹性。在测定前，先将规定配方的 PVC 在不同加工条件（特别是加工温度）下塑炼制得的 PVC 料，在一定温度（130℃或 145℃）和恒定剪切速率（$60s^{-1}$ 或 $100s^{-1}$）下，用长口径（$D=1mm$，$L/D=0.4$）的毛细管流变仪测出"熔融参考曲线"（图 2-1），然后再测定同一配方在加工条件下，流变仪挤出的压力（P^*），按下式算出熔融度：

$$熔融度(\%) = \frac{P^* - P_{min}}{P_{max} - P_{min}} \times 100$$

式中　P_{min}——熔融参考曲线的最低挤出压力；

　　　P_{max}——熔融参考曲线的最大挤出压力；

　　　P^*——试样的挤出压力。

（3）差示扫描量热法（DSC）是以结晶理论为依据，熔融度首先涉及 PVC 微区结构中主结晶的破坏，继之则是少量有序区的发展（或称为后结晶）。如果将加工过的 PVC 料取样再加热，则其后结晶的熔化可用 DSC 检测。典型的 DSC 曲线如图 2-2 所示。

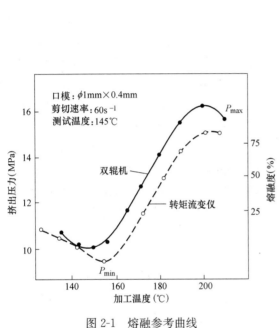

图 2-1　熔融参考曲线

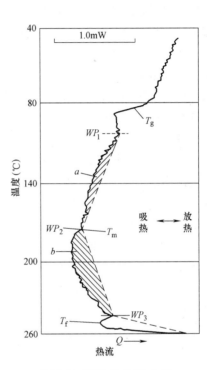

图 2-2　PVC 的 DSC 曲线

熔融度按下式计算：

$$熔融度（\%）=\frac{\Delta H(a)}{\Delta H(a)+\Delta H(b)}\times 100\%$$

式中的 $\Delta H(a)$ 和 $\Delta H(b)$ 是图 2-2 中的焓，其值是由 DSC 曲线求"峰积分"而得到的，因此不需要熔融参考曲线。

聚氯乙烯增塑溶胶（或糊）是 PVC 微细粒子在增塑剂中的分散体，其中还有色料、稳定剂等添加剂。如将 PVC 增塑溶胶加热，由于增塑剂黏度的降低，增塑溶胶的黏度有所下降；继续加热时聚合物粒子溶胀，增塑溶胶的黏度经过最低值又开始上升，直至达到凝胶点。在增塑溶胶工艺上，液相刚好消失而失去流动性的状态称为凝胶化。此时，凝胶的强度很低。当温度继续升高，增塑剂分子开始渗透聚合物链间，直至聚合物溶解在增塑剂中，这时称为熔融。增塑溶胶的凝胶化和熔融特性对制品质量有着重要影响。例如，对于滚塑制品，凝胶化速率决定着制品的质量；对于化学发泡的增塑溶胶，发泡剂的分解温度与增塑溶胶的熔融温度必须协调，才能得到泡孔尺寸和分布合适的发泡结构；对于增塑溶胶产品，熔融温度决定着最终产品所需力学性能的加工温度。

聚氯乙烯的化学稳定性很高，具有良好的可塑性。除少数有机溶剂外，常温下可耐任何浓度的盐酸、90%以下的硫酸、50%～60%的硝酸及 20%以下的烧碱，对于盐类亦相当稳定。PVC 的热稳定性和耐光性较差，在 140℃以上即可开始分解并放出氯化氢（HCl）气体，致使 PVC 变色。PVC 的电绝缘性优良，一般不会燃烧，在火焰上能燃烧并放出 HCl，但离开火焰即自熄，是一种"自熄性"、"难燃性"物质。在所有的塑料中，PVC 可提供最好的阻燃性。基于上述特点，PVC 主要用于生产型材、异型材、管材管件、板材、片材、电缆护套、硬质或软质管、输血器材和薄膜等领域。

PVC 的成型收缩率为 0.6%～1.5%，成型温度为 160～190℃。其主要成型特性包括：①无定型料，吸湿小，流动性差。为了提高流动性，防止产生气泡，塑料可预先干燥。模具浇铸系统宜粗短，浇口截面宜大，不得有死角。模具必须冷却，表面镀铬。②由于其腐蚀性和流动性特点，最好采用专用设备和模具。所有产品应根据需要加入不同种类和数量的助剂。③极易分解，在 200℃下与钢、铜接触更易分解。分解时逸出腐蚀、刺激性气体。④采用螺杆式注射机喷嘴时，孔径宜大，以防死角滞料，最好不带镶件，如有镶件应预热。

聚氯乙烯为白色粉末（结晶度 5%左右），密度为 1.40g/cm³。聚氯乙烯大分子链上的氯原子稳定性较差，其熔融温度与分解温度十分接近。聚氯乙烯在 65～85℃开始软化，当加热至 140℃时开始分解，170℃以上呈熔融状态，180℃时分解加速，氯原子脱出并与其相邻碳原子上的氢原子相结合，生成氯化氢（HCl），氯化氢气体具有高度腐蚀性，且会对聚氯乙烯产生催化分解的作用，因而非改性的聚氯乙烯是很难加工的。要使聚氯乙烯在较高的温度下稳定，具有良好的流动性而利于成型加工并适应使用性能上的需要，必须添加增塑剂、稳定剂、润滑剂等多种助剂。所以，聚氯乙烯塑料的一大特征就是以聚氯乙烯树脂为主、多种组分为辅的复合物，聚氯乙烯助剂是聚氯乙烯塑料必不可少的组成部分。根据加入助剂计量的不同，聚氯乙烯可分为硬质、半硬质、软质聚氯乙烯塑料三种。聚氯乙烯的力学性能取决于聚合物的分子量、增塑剂及填料的含量。未加增塑剂的聚氯乙烯塑料是硬质塑料，加入增塑剂后 PVC 变软，其柔软程度随添加量的增加而增大。通常以增塑剂含量（质量份）来区分软硬塑料，增塑剂含量在 0～10 份（以 100 份聚氯乙烯计）的称为硬质塑料；增塑剂含量在 10～40 份的为半硬质塑料；增塑剂含量在 40 份以上的称为软质塑料。

聚氯乙烯的玻璃化温度 T_g，为 80～85℃，大多数聚氯乙烯塑料的长期使用温度是 −15～55℃，某些特殊配方的长期使用温度可以达到 90℃。在聚氯乙烯中加入不同的增塑剂、稳定剂等助剂可制成各种硬质、软质和透明制品，如板（片）材、管件、单丝、薄膜、鞋、电线、电缆等，以及用于绝缘材料、化工容器、通风管道、电气材料、日用材料等各种制品。其中，聚氯乙烯板（片）材同样具有优良的综合性能、价格相对较为低廉的特点。而且热成型性能突出，是各种塑料板（片）材中热成型性能最好的品种之一。由聚氯乙烯板（片）材可制得物美价廉的各种各样的热成型容器，如杯、盘、碟、盒等。

PVC 制品的焊接可采用各种焊接工艺，但高频焊接最好。热成型加工时加热应充分，加热不充分会导致在热成型时片材开裂。

2.1 PVC 模板的发展历程

2.1.1 国外 PVC 模板的发展历程

目前，PVC 模板主要以发泡类模板为主，世界上早先只有德国莱芬豪舍、意大利欧美巴、奥地利辛辛那提 3 个公司有成熟的 PVC 发泡板材的生产技术及设备，而当时韩国和我国台湾地区则刚刚起步。PVC 发泡板材具有质轻、难燃、耐腐、防潮、保温、减振、耐老化、强度高等优良的性能；同木材相似，可钉、刨、铆、钻，并可焊接等。广泛应用于车舰制造、围板、地板、棚板、卧铺、茶桌、板式家具、展览标志牌、门框等，其表面可印刷各种木纹和大理石图案等。该产品用途广泛，是一种新型的建筑材料[2-5]（表 2-1）。

PVC 发泡板性能 表 2-1

PVC 板材	硬质板	发泡板
密度（g/cm³）	1.35～1.40	0.50～0.90
抗冲击力（kJ/m²）	22	20
肖氏硬度	80	75
维卡软化点（℃）	75～78	70～75
表面状况	光洁	光洁

法国、奥地利、意大利于 20 世纪 70 年代先后开发成功硬质 PVC 微发泡技术。日本、韩国、我国台湾地区也于 80 年代开始推广这种技术。微发泡产品在国际上主要应用于车、船、飞机、建筑物的内部装饰及给水排水管道等。

2.1.2 国内 PVC 模板的发展历程

近年来，硬质 PVC 低发泡挤出制品的研究和开发成为我国塑料加工行业的热点课题之一。从对进口优质产品的组成剖析和配方研究到对硬质 PVC 低发泡挤出制品的工艺配方及制造技术研究等方面做了大量细致的工作。我国的塑料科技人员在消化引进国外先进技术的基础上，研制出全部国产化的设备和技术，产品性能指标达到了国际先进水平。比如：北京建诚机械有限责任公司在国内率先研制成功硬质 PVC 微发泡仿木型材生产线，微发泡型材专用配方及加工工艺技术，在专业微发泡型材模具的设计制造上得到了北京长城模具数控技术公司的鼎力支持，采用该生产线可以加工密度介于 0.45～0.8g/cm³ 的自由发泡和结皮发泡仿木型材制品，这些制品主要包括各类装饰木线、护墙板、地板、家具用棒材、芯层发泡管等；青岛顺德塑料机械有限公司、武昌机械工业股份有限公司以及武汉塑料机械总厂等都向市场推出了各自的 PVC 发泡板生产线[2-5]。

国外于 20 世纪 70 年代开始了这方面的研究，80 年代完成研制工作，90 年代形成了工业生产。目前，美国、德国、日本等国已经具备相当规模的研究、开发与生产能力，我国台湾和韩国发展也比较快，达到了质量好、品种多、应用范围广、成本低、规模大的水平。

90 年代初，我国开始引进国外的硬质 PVC 低发泡板材及芯层发泡复合管材生产线。先后有黑龙江鸡西塑料厂、深圳石化集团塑胶股份有限公司、广州市平安福有限公司以及广东省佛山市南化橡木工程塑料管材板材厂等分别从奥地利、意大利等国引进装置，生产规模均为 2500～3000t/年，可生产宽 1200mm、长 2440mm 厚度不等的 PVC 低发泡板材。当时，由于低发泡 PVC 制品的国产设备还不成熟，而这些企业使用的国外设备引进的时间又比较早，国内原料与之不配套，产品质量波动很大，客观上也限制了该产品的推广应用。近几年，国内陆续建成了一批具有一定规模的硬质 PVC 低发泡制品厂，再加上国产低价位生产线的推出以及国产原料质量的提高，为大力推广这一节能技术奠定了坚实的基础。

1993 年，航天总公司三院与港商合资建立了北京亚航建材有限公司，引进成套设备和生产技术。经过几年的努力，目前北京亚航公司已能生产板厚 3～30mm 的各种 PVC 低发泡板材，其年生产能力为 2000t。板材宽度 1220mm，长度可根据用户要求制作。除了生产板材以外，亚航公司还开发了以这种板材为面，蜂窝体为芯的夹层板，可以用作墙体材料。尽管硬质 PVC 低发泡板材这一新型建材在我国诞生只有短短几年的时间，但是，依靠它优异的性能，必定会在我国建材市场站稳脚跟。由于这种材料在以塑代木、以塑代钢、节约能源、环保方面的贡献，人们会越来越钟情于它，硬质 PVC 低发泡板材正在走进我们的生活。目前，国家将化学建材分为三大类：一是钢塑门窗，二是各种塑料材料，三是室内装饰及多种防火材料。其中，室内装饰主要是 PVC 发泡材料，其应用前景极为广阔[6]。

我国人口众多，森林资源相对贫乏，所以以塑代木是生产发展的必然趋势。以微发泡材料代替木材，每年仅在建筑领域就可节约木材 130 万 m^3。如果把家具包括进去，每年可节约木材 200 多万 m^3，经济和社会效益极其可观[7]。

国内的发泡 PVC 制品主要包括以下几个方面。

（1）硬质 PVC 发泡实心板

硬质 PVC 发泡实心板以前也叫雪弗板、安迪板，从工艺上可分为自由发泡板、结皮发泡板及共挤发泡板等，产品的厚度可在 30mm 以上。该产品发展历史较长，生产技术较成熟，产品出口量占其产量的 70% 以上。为了更好地发展国内市场，行业内相关企业共同研发出了"微结皮"发泡技术，充分结合了自由发泡与结皮发泡的优点，从模具结构及配方工艺等方面进行改进，提高了板材的表面硬度和平整度，降低了板材的密度，从而既提高了板材的质量，又降低了板材的成本，为扩大国内市场打下了基础。

近年来，硬质 PVC 发泡制品企业对硬质 PVC 低发泡建筑模板市场进行了开发，取得了一定的成果。该产品具有防腐、防水、强度高、密度小、可回收等特点，用做建筑模板时具有不需隔离剂、混凝土成型表面质量高、可重复使用等优点，在建筑领域应用取得了很好的效果，因此硬质 PVC 发泡建筑模板市场保持了较快的发展速度。2014 年，住房城乡建设部发布了《塑料模板》JG/T 418—2013 和《建筑塑料复合模板工程技术规程》JGJ/T 352—2014，对硬质 PVC 发泡建筑模板在建筑领域的推广起到了很好的作用。

对于普通的硬质 PVC 发泡实心板，由于其进入门槛较低，生产企业众多，且 80% 的企业产能都低于 5000t/a，产品质量参差不齐，加之国内外竞争日益激烈，不少企业都陷入了低价竞争，部分产品的质量越做越差，最终走向了减产或停产的境地。同时，一些有能力的企业通过技术创新，针对广告板的特殊性将产品的密度降低到 $0.3g/cm^3$ 左右，进而极大地降低了产品的成本，增强了市场竞争力，产量也在不断增加。

高端的硬质 PVC 发泡实心板质量稳定，产品性能优异。前几年受金融危机的影响，该产品持续低迷，近年来国外市场出现明显回升的态势，行业内以出口为主的企业，出口量增速平均在 10% 以上。

（2）硬质 PVC 发泡中空格子板

由于采用了中空结构及内外结皮的发泡技术，硬质 PVC 发泡中空格子板具有光洁、平整的外观及良好的力学性能，同时还具有密度小的优点，可以用于替代木质的门、窗、家具、橱柜、卫浴柜等产品，其国内总产能已经超过了 20 万 t/a。质量较好的硬质 PVC 发泡中空格子板的出口量在快速增长，这主要得益于欧美地区需求量的增长。

（3）室内外装饰用硬质 PVC 发泡材料

由于硬质 PVC 发泡材料不但具有木材的优点，还没有木材易变形、易虫蛀、易燃烧、需要油漆等缺点，目前已经广泛用于室内外装饰、装修等领域，具体产品包括：门框门套、窗框窗套、百叶窗、内墙板、建筑外墙塑料装饰板、装饰线条等。由于该类产品品种多，大部分制品进入门槛较低，技术难度不大，没有严格的质量标准，所以生产该类产品的企业很多。

PVC 发泡板是国外 20 世纪 70 年代开发出的一种新型塑料材料。由于其独特的生产工艺技术，使其具有塑料的优异性能。目前在国外已成为一种成熟的应用材料。广泛应用于建筑、车船制造、家具、装饰装修、广告制作、展览标牌、市容环保、旅游等行业。其中，硬质结皮低发泡聚氯乙烯就是其中的一种性能优异的材料[8]。

对 PVC 塑料制品如果进行一些特别加工工艺处理，会得到一些意想不到的效果，材料性能将得到较大改善。其中硬 PVC 板材，若在配方中加入发泡剂，在一定程度上控制其发泡量，可得到硬质结皮低发泡 PVC，较原制品有质轻、节约原料、材料性能不降低等特点，大大优于普通 PVC 板材[9]。所谓硬质 PVC 低发泡板材是指用特定的树脂、发泡剂、发泡助剂等相配合，经挤出机塑化、压缩、挤出，采用自由发泡工艺或内向发泡工艺（celuka 法）一次成型表层坚硬、内芯发泡的不同规格的制品或半成品，一般发泡倍率小于 5 倍，表层厚度在 $0.3 \sim 1.0mm$ 之间[10]。由于表面结皮，提高了表面硬度，使其具有了木材的外表和手感，因此有人称其为人造木材，也有人称其为木塑板。硬质聚氯乙烯低发泡板材可以根据用户要求，配制成各种颜色，增加观赏性；也可以在表面印上木纹、大理石纹等图案，增强装饰效果，为用户省去了二次装饰的麻烦[11]。其密度、性能、外观、质地均与天然木材极为接近，因此亦称"合成木材"。且防水、防火、防蛀、隔声等性能明显优于天然木材。这种板材保留了 PVC 的一切优良特性。其强度高，拉伸强度在 $10N/mm^2$ 以上，冲击强度 $20kJ/m^2$ 以上，表面邵氏硬度在 65 以上，并有极好的耐腐蚀性，对盐酸、硫酸、硝酸、苛性碱和一般化学药品都具有良好的耐受性[12]。这种材料不会吸湿，水汽、海水都不会使它变形或腐蚀。这种材料不被虫咬，耐气候老化，使用寿命 $40 \sim 50$ 年，还具有优良的电绝缘性能，优良的隔声、隔热性能。防火性能优于一般塑料，具有难燃、自熄的特性[13]。总之，硬质 PVC 低发泡板的性能优于木材。这种板材的二次加工十分方便，既可以像木材一样锯、刨、钻、钉，也可以像一般塑料制品那样胶接、焊接、热弯曲。硬质 PVC 低发泡板材用途非常广泛，完全可以代替木材、胶合板、刨花板在各种场合使用，有时候可以代替金属。它可以用于家具、户外广告、交通标志、各种护栏，还可以做建筑模板。厚度为 3～5mm 的板材特别适合于化学实验室、医院、制药厂、仪表室等洁净场所，性能价格比高，有很强的竞争力[2]。板厚 10mm 以上的硬质 PVC 低发泡板适宜制作商亭、海滩临时用房。用于家庭厨房、卫生间、公共厕所，其使用寿命比木材、铝材或钢材长得多。

2.2　PVC 模板的分类

2.2.1　发泡 PVC 模板

发泡 PVC 模板是指用 PVC 树脂、发泡剂、发泡助剂相配合，经挤出机塑化、压缩、挤出，由特定的发泡工艺而成型的表层坚硬、内芯发泡的不同规格的制品或半成品。由于它的外观、性能、二次加工性等方面与天然木材具有许多相似之处，故有"合成木材"之美称，同时，它还具有物性均匀、方向性小、吸水率低、尺寸稳定、耐腐蚀、耐虫蛀和加工方便等优于木材的特点，因此，近年来得到世界范围内的普遍关注[14,15]。

为了响应工业界提出的进一步减轻高分子材料制品自身的重量，而不降低材料的物理力学性能，使材料不变形的挑战，美国麻省理工学院（MIT）机械系的 Suh 教授等人在 20 世纪 80 年代初研制开发出了微孔发泡聚苯乙烯材料[16]。Suh 等人通过研究高分子材料中的添加剂发现，当添加剂的粒子尺寸在微米级，且小于高分子材料中的临界孔隙尺寸时，能有效地增强材料的性能，因此，Suh 等人认为微米级的泡孔高分子材料基材，应该具有微米级添加剂同样的增强效应，后来的研究证实了这一设想的正确性。

微孔发泡材料指泡孔尺寸小于 $50～100\mu m$，泡孔密度超过 $10^8 g/cm^3$ 的热塑性高分子材料[17]，而最初 Suh 等人[18]对微孔发泡材料的定义为：泡孔尺寸为 $10\mu m$ 或小于该尺寸的任何高分子材料。20 世纪 90 年代中期，Suh 等认为微孔发泡材料为：泡孔尺寸应小于 $10\mu m$，泡孔密度为 $10^9～10^{15} g/cm^3$，密度比原材料下降 5％～95％的材料。对微孔发泡材料定义的变化来自实验室研究和工业化规模生产的差异。美国麻省理工学院对微孔发泡材料的研制和开发最为成功，已转入工业化规模生产。微孔发泡材料的发展史，也是麻省理工学院研制和将该类材料扩大到工业化规模的历史。

微孔发泡高分子材料质量轻，密度可比未发泡的高分子材料小 5％～95％，摆锤冲击强度比未发泡的高分子材料高 5 倍[19]，刚性质量比较之未发泡的高分子材料高 3～5 倍[20]，疲劳寿命比未发泡的高分子材料高 5 倍[21,22]，热稳定性高，介电常数小，热传导性更低[23]。且在微孔发泡材料加工中，由于形成聚合物——饱和气体体系，使得聚合物熔体的加工温度、锁模力和加工周期下降。由于在微孔发泡的高分子材料中均匀分布着极小尺寸的泡孔，这实际起到了一种类似橡胶颗粒增韧塑料的作用，即微孔周围引发大量银纹和剪切带，吸收能量达到增韧的效果，使得微孔发泡材料的许多力学性能明显优于普通发泡和未发泡的材料，因此微孔发泡材料被认为是 21 世纪的新型材料[24]。

微孔发泡高分子材料的制备方法主要有 4 种：热引导相分离法[25]、单体聚合法[26]超临界流体沉淀法[27]和超饱和气体法[28]。麻省理工学院即采用了超饱和气体法制备微孔发泡高分子材料。制备微孔发泡高分子材料的发泡机理为物理发泡。与普通泡沫塑料一样，微孔塑料的成型过程也要经过三个阶段：气泡核的形成、气泡核的膨胀和泡体的固化定型。气泡核形成阶段直接决定泡孔的数量和分布；气泡核的膨胀阶段决定着泡孔的大小、形状及泡体结构；固化定型阶段使已达到膨胀要求的泡体固化定型。但微孔塑料的制造难度比普通泡沫塑料要大得多。这主要表现在：含有气体的塑料熔体在进入挤出口模前必须是均相体系，不能含有气泡，否则气泡成核时气体将优先扩散入已存在的气泡中，影响泡孔尺寸；气泡成核时体系中需要有足够的压力差和足够的降压速度，这样才能得到高密度的泡孔；塑料熔体中气泡成核点必须多于 10^9 个/cm^3，否则即使形成均相体系也可能成不了微孔塑料；气泡成核后应及时控制气泡的膨胀，确保固化定型后的气泡尺寸在 $1\sim$ $10\mu m$ 之间。由于生产难度大，目前国内外微孔塑料还处于基础研究阶段，未能形成工业化生产规模。

微孔发泡是通过在聚合物内引入大量的微孔进行增韧改性的，与纳米粒子和刚性粒子增韧相比，微孔发泡材料的制备工艺更为简单和价廉。用纳米粒子或刚性粒子增韧，存在分散困难的问题，需加入专门的助剂处理纳米粒子或刚性粒子，使加工工艺复杂化，且纳米粒子价格昂贵，聚合物中加入纳米粒子或刚性粒子后，质量增加较大。此种微孔发泡材料不仅改进了聚合物材料的性能，而且提供了一条降低材料成本的新途径。

微孔发泡高分子材料适合作包装材料、飞机和汽车零部件、声音阻尼材料、运动设备、电子电气材料、可织型保温纤维[29]。开孔结构的微孔材料适合用作分离、吸附材料，催化剂载体，药物缓释材料等[30]。微孔发泡材料还适合用于制备薄型（如 $1\sim2mm$）的发泡器件，这种薄型发泡器件用常规的发泡难以制造，这是因为常规的发泡方法会引起泡孔的塌陷。

Trexel 公司现已可生产 PS、PE、PP、刚性 PVC 型材、PCIABS、热塑性弹性体等多种微孔发泡高分子材料，但由于设备正在改造和加工过程中，距离商业应用还有一段距离。日本目前对微孔发泡高分子材料表现出了极大的兴趣，欲购置相应的加工设备进行生产，而我国的高分子材料界（如中国科学院、华南理工大学和华东理工大学)[31]也已进行了部分微孔发泡高分子材料的研制工作，如微孔发泡高分子材料已批准为国家自然科学基金重点项目[32]，预计在不久的将来，微孔发泡高分子材料将在各行各业得到广泛的应用。

2.2.2　中空 PVC 模板

中空 PVC 模板是一种重量轻（空心结构）、无毒、无污染、防水、防振、抗老化、耐腐蚀、颜色丰富的新型材料，相比于纸板结构产品，中空 PVC 模板具有防潮、抗腐蚀、更轻便等优势，可用来代替纸板。相比于注塑产品，中空板具有防振、可灵活设计结构、不需开注塑模具等优势，如图 2-3 所示。

1. 中空 PVC 模板的优点

（1）良好的力学性能。塑料中空板的特殊结构，使其具有韧性好、耐冲击、抗压强度高、缓冲防振、挺硬性高、弯曲性能良好等优良的力学性能。

（2）质轻节材。塑料中空板力学性能优良，若要达到同样的效果，使用塑料中空板耗材少，成本低，重量轻。

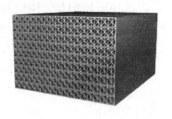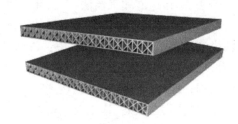

图 2-3　中空 PVC 模板

（3）隔热、隔声。由于塑料中空板的中空结构，使其传热、传声效果明显低于实心板材，具有良好的隔热、隔声效果。

（4）化学性能稳定。塑料中空板可以防水、防潮、防腐蚀、防虫蚀、免熏蒸，与纸板、木板相比具有明显优势。

（5）由于塑料中空板的特殊成型工艺，通过色母粒的调色可以达到任意颜色，而且表面光滑，易于印刷。

（6）环保效果明显。

2. 中空 PVC 板材的其他应用

（1）工业产品包装周转。电子元器件包装周转箱、塑胶件周转箱、箱体隔板刀卡、防静电中空板周转箱、导电中空板周转箱。

（2）箱包手袋托板。箱包衬板、箱包垫板、隔板。

（3）瓶罐产业。玻璃瓶厂垫板、瓶托、罐装产品隔板、罐托、垫板。

（4）机械产业。机器缓冲垫板。

（5）广告行业。PP 中空板展示箱、展示架、广告板、电晕板。

（6）家居装潢。顶棚、格栅、卫生间隔板。

（7）家具行业。茶几垫板、家具装饰板。

（8）农业。各种水果箱、蔬菜包装箱、农药包装箱、食品包装箱、饮料包装箱、温室棚顶。

（9）文体产品。智能黑板、文件袋。

（10）汽车行业。方向盘垫板、车尾隔板、垫板。

（11）电器行业。冰箱洗衣机背板、隔板。

（12）婴儿用品。童车垫板、儿童智能跨栏。

3. 产品优越性

（1）重量轻，强度大，硬度好，抗冲击，耐磨损。

（2）表面平滑、光洁；浇筑成型效果好。

（3）不吸水、不变形、不霉变；在水中长期浸泡不分层，不起泡，板材尺寸稳定，特别适用于房屋建筑等工程。

（4）韧性好，可做变曲面的各种异形模板。

（5）耐酸碱、耐腐蚀，使用和存放均不需做任何防腐处理，不污染混凝土表面。

（6）周转使用次数可达 50 次以上，使用寿命长。

（7）废旧产品可进行回收再加工，充分利用废旧原料，与木模板、竹胶板相比损耗成本低，可以大大降低工程造价。

（8）环保节能、无污染；无任何有毒有害气体排放。

（9）脱模容易，无需刷隔离剂，轻敲模板即可脱落，缩短工时，节省人力，加快工程进度。

（10）易加工，可钉、可锯、可钻，纵、横向可以任意连接组合。

（11）易拆卸，安装拆卸方便、快捷、安全，支撑操作方便，有利于组织施工，可有效加快施工进度。

各类模板的性能对比见表 2-2、表 2-3 所列。

各类模板性能对比（1） 表 2-2

性能	中空塑料建筑模板	竹木模板	钢模板
周转次数	50～100	6～8	200～300
定尺性	可定尺	不可定尺	不可定尺
耐磨性	耐磨	不耐磨	不耐磨
可回收的残余价值	价值高	价值低	价值高
强度	不变形,无需校正,节省施工时间	容易变形,需要校正	较易变形,需要校正
脱膜性	容易	较容易	重量大,需要机械吊装
耐水性	耐水性好,吸水不变形	易吸水、易变形	差
施工性	浇筑混凝土表面光滑平整,无需二次抹灰,减少人工、材料、时间成本,可直接刮涂装饰涂料	浇筑混凝土表面相对粗糙,需二次抹灰,增加了建造成本	介于塑料模板与竹木模板之间
耐酸碱、耐腐蚀性	优良	差	差

各类模板性能对比（2） 表 2-3

性能 \ 模板类型	中空建筑模板	普通塑料模板	木模板	竹胶板
耐磨性	耐磨	耐磨	不耐磨	不耐磨
耐腐蚀性	耐腐蚀	耐腐蚀	不耐腐蚀	不耐腐蚀
韧性	可弯成拱形模板	不可以	不可以	不可以
抗冲击强度	高强度	一般	差	差
吸水后	不吸水不变形	不吸水不变形	易破损变形	易破损变形
顾客定制尺寸	可以	可以	不可以	不可以
脱膜性	自脱膜	自脱膜	刷隔离剂	刷隔离剂
使用后翘曲性	不翘曲	易翘曲	易翘曲	易翘曲
重量(kg/m^2)	6	15	7.2	7.5
回收性	可回收	可回收	不可回收	不可回收
加工性	易加工	较容易	难	难

性能\模板类型	中空建筑模板	普通塑料模板	木模板	竹胶板
环保	无污染	无污染	污染环境	污染环境
使用成本	低	高	高	高
周转次数	50～100	20～30	3～6	6～8

4. 产品安装和使用说明

（1）使用复合材料中空建筑模板相交面铺设用 14mm 厚，剪力墙立模可采用 14～15mm 厚。

（2）木方的间距：

1）相交面的木方间距。木方间距根据楼板混凝土厚度而定，一般情况下，小于 0.15m 厚度的楼板木方间距为 250～300mm。

2）剪力墙的木方间距。木方间距根据墙的高度和厚度调整，以墙高 2800mm、墙厚 300mm 为例，采用 15mm 厚度模板，竖向木方间距为 100～150mm，如果剪力墙、柱子宽度超过 1m 时，必须加固定框。

（3）剪力墙与柱模拼板时不留缝隙，阴角（墙底）部位必须有木方，便于梁、墙、模板连接。剪力墙立模时必须先拼装成整块后吊装，然后再铺平板，这样减轻劳动强度、成型效果好。

（4）给模板钉钉子时离模板边缘距离 15～30mm，钉钉子力度要适中，钉子长度一般以 40～50mm 为宜，不宜太长或太短。

（5）梁底板下的木方必须留出 15mm 的止口，墙板立在木方止口上，这样不会漏浆，又节省墙板材料。

5. 主要技术特点

（1）该中空塑料建筑模板强度高、耐冲击、耐磨损、使用寿命长，周转使用次数可达 30 次以上。

（2）该中空塑料建筑模板可加工性好，可锯、可刨、可钉、可与木模板同时使用。

（3）该中空塑料建筑模板上下表面（光滑面或花纹面）具有不同的使用效果。如使用光滑面，在混凝土浇筑完成拆除模板后其夯体的表面平整光洁，达到饰面及装饰清水要求，不用二次抹灰，省材省时，减少了清洁、保养费用，且混凝土成型后质量稳定，节省工期。特别适合地下室工程、公路铁路的桥梁桥墩等潮湿环境使用；如使用花纹面，则有利于与抹灰层结合。特别是桥梁桥墩使用花纹面既达到饰面及装饰清水要求，又由于花纹面具有特殊的光漫反射作用，避免了强光反射影响驾驶员的视线，起到了安全保护作用。

（4）该中空塑料建筑模板重量轻、支拆模方便、搬运操作劳动强度低、施工效率高、安全可靠，不吸潮、耐腐蚀、耐酸碱，表面平滑、光洁，无需涂刷隔离剂。

（5）该中空塑料建筑模板使用后的废旧板、边角料可循环回收，既节约成本又减少污染。

PVC 模板尺寸规范、变形小、刚度高、承重能力强、耐酸碱、长时间泡水不变形，使建筑结构质量更加稳定。采用新型中空塑料建筑模板系统进行施工的建筑尺寸精度以及混凝土成型合格率均超过国家标准。

PVC模板采用不同的表面处理技术，使得模板双面可以具备光洁面和花纹面的不同功能，施工时使用光洁面时可以达到饰面及装饰清水要求，节省了二次抹灰的成本；使用花纹面时既能达到光洁面的饰面和装饰清水要求，对于需要抹灰的表面层由于花纹的作用又增加了混凝土与抹灰层的结合度，从而减少了抹灰层的厚度，简化了施工难度，组件的拼装与拆卸简易快捷，完全由人工进行且施工技术要求不高，不需依赖任何机械设备，不需刷隔离剂，这在很大程度上提高了施工效率，缩短了施工周期，既降低了人力成本，又节省材料成本。

PVC模板周转次数可达30次以上，与传统的木模板相比可减少12％的工时量，综合成本可降低30％以上，并且明显减少了河砂、木材、水泥等建筑材料的使用量以及建筑垃圾的产生，起到了前所未有的节能减排作用。

目前，我国房屋建筑工程使用的模板大部分都是木模板，2011年木模板的市场规模超过3亿 m^2，需砍伐1600万棵直径30cm以上的大树，即1万 hm^2 森林面积来满足木模板的市场需要，随着建筑工程开发量的不断增加，每年还将以不少于10％的速度递增，如此大量使用木模板既破坏森林资源，使用后的废弃物又造成环境的二次污染。中空塑料建筑模板采用高新技术生产工艺，所有产品的原材料完全利用二次材料生产加工而成，用户使用报废后的模板还可以全部回收再利用，完全绿色环保，有利于绿色建造的进步与发展。

2.2.3　夹芯PVC模板

夹芯PVC模板是指将PVC做成不同的功能层，然后再复合成板，从而达到轻质高强的目的，将夹芯PVC模板分成几个功能层，有表皮层、增强层、中间芯层。

表皮层与混凝土具有较低的亲和性，不会与混凝土发生粘结现象，而可以自动脱模，可以从材质的选择及材料性能改性进行研究；增强层用于提高模板的物理机械性能；中间芯层采用低密度板材，完成塑料模板降低自重的功能。同时，为了便于施工，提高施工效率，该种类的产品还设计成双面等效可用的结构。具体节材型塑料模板结构设计为ABCBA型结构模式，其中A为表皮层，B为胶粘层，C为中间芯层，具体结构如图2-4所示。夹芯PVC模板结构形式有以下几种：ABCBA、ABCCCBA、ABCCBCCBA 等等，

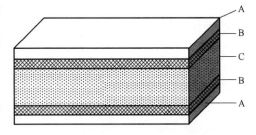

图 2-4　夹芯型 PVC 塑料模板的结构模式

其主要特点为表皮层（A）在外，芯层（C）在内，中间以一定规律分布增强层（B）。

夹芯PVC模板的特点可以概括为：节约材料（节材）、环保节能（环保）、轻质高强、自动脱模、尺寸稳定。

1. 节约材料

具体而言就是能够节约大量社会资源，包含以下几个方面的含义：产品本身使用的材料较少，节约原材料的用量；产品使用次数多，使用时间久，资源利用率高；该产品的使用大大降低了社会上同类产品及辅助材料（支撑体系材料）消耗资源的使用量，从而节约

大量社会资源及成本。这三个方面的含义在高强轻质塑料模板产品的体现可以归结为单位面积质量小；可循环利用次数高；可回收再利用；积极响应国家"以塑代木""以塑代钢"的政策，最大限度替代竹木胶合板和钢模板。

2. 环保节能

目前，环境与能源已经成为越来越多的人所关注的核心话题。本项目产品设计理念之一的环保节能的具体含义即为：在产品的设计、原材料的选取、生产设备选型、生产工艺设计、车间管理、产品应用及回收再利用、产品最终报废等各个环节全部采用保护环境、节约能源的理念进行处理。

3. 轻质高强

顾名思义，即为具有较低的单位面积重量、具有较高的物理机械性能。较低的单位面积重量不仅能够降低模板使用的材料用量，从而达到节约材料的目的，而且还能够降低施工人员的劳动强度，提高施工效率，降低项目施工过程中的人工成本。较高的物理机械性能可以提供更好的施工效果，节约更多的支撑体系使用的材料尤其是木方的用量，为地球多保护一抹绿色。

4. 自动脱模

无需涂刷隔离剂，去除支撑后模板自动脱落。相对于使用隔离剂的模板，成型后混凝土效果更好，可以达到清水混凝土的效果，节省了隔离剂使用量，从而节约了原材料（隔离剂）以及施工成本（隔离剂涂刷工时、二次修补的工序）。

5. 尺寸稳定

使模板可以在较为宽广的温度范围内使用，既可以在寒冷地区应用也可以在炎热地区使用，而不会因为热胀冷缩的原因导致铺设好的模板出现变形或者缝隙，不会因为过冷而变脆，不会因为太热而变软，从而影响混凝土成型效果。

2.2.4　有背楞增强的 PVC 模板

通过注塑机将 PVC 注入设计好的结构的模具里，可以得到各种结构的增强 PVC 模板，如图 2-5 所示。

特点：

（1）质量可靠，成品质量好

浇筑质量高，尺寸精确，平整度、垂直度均大大优于木模和钢模，无需抹灰，给用户节约了可观的成本，同时可以间接增加房间的使用面积。

（2）接缝少，达到清水效果

模板主要规格的长度为 1200mm，这种大建筑塑料模板的应用，缝隙少，同时使用建筑塑料模板施工而成的建筑成品表面平整光洁，达到饰面及清水效果。

图 2-5　有背楞增强的 PVC 模板

（3）强度好，坚固简单，不易爆模

采用先进设计工艺，模板力学结构好，通过国家质量检测，稳定性好，加固简单，支撑材料仍然用圆管即可，不易爆模，提高施工质量。

（4）材质精良

模板具有防水功能，耐潮湿，遇水不胀，不易变形，适合地下室等潮湿环境下工程施工。

（5）组合灵活

模板规格齐全，针对大面积剪力墙，可采用塔吊整体吊装，也可人工拆装。

（6）浇筑方便

可对墙、板、柱进行一体浇筑，也可单独浇筑墙、柱、楼板、楼梯。

（7）省工节材

木模板一般周转 3～5 次，高强度建筑塑料模板在正常使用情况下周转 100 次以上。从而降低使用成本，加快施工进度。

（8）安全可靠，低碳环保

1）施工过程安全

建筑塑料模板材料轻便，易于搬运，施工过程安全系数高，减少了施工现场电锯等高危工具的使用，可有效减少工伤事故发生的概率。

2）施工效率高

施工效率的提高，减少了工人因赶工期而疲劳造成的危险，降低了工程现场管理风险。

3）绿色环保

复合材料的使用，降低了国家木材和钢材的消耗，减少了建筑垃圾的排放，模板用废后，可回收循环利用，增加模板的残余价值，从而减少环境污染，降低对环境的负面影响。

（9）高效便捷

最大规格模板 1200mm×600mm，重量在 12kg 左右，可手工轻松搬运，同时由于整个体系采用手柄进行连接，只需把手柄转动 90° 即可快速装拆，无需熟练的木工，只要普通工人便可操作，因此，可以提高施工功效和降低劳动成本。

2.3 PVC 模板的生产工艺

2.3.1 概述

塑料成型工艺主要包括注射成型、压延成型、传递模塑、挤塑成型、中空吹塑成型、热成型等。

1. 注射成型

注射成型又称为注射模塑或注塑成型，是热塑性塑料制品成型的一种重要方法。除极少数几种热塑性塑料外，几乎所有的热塑性塑料均可用此法成型塑件。注射模塑可成型各种形状、满足众多要求的塑件。注射成型已成功地应用于某些热固性塑件、甚至橡胶制品的工业生产中。

注射成型的过程是，将粒状或粉状塑料从注射机的料斗送入加热的料筒，经加热塑化成熔融状态，由螺杆（或柱塞）施压而通过料筒端部的喷嘴注入低温的、闭合的模具型腔中，经冷却硬化而保持模腔所赋予的形状，开模取出塑件。由于注射成型具有成型周期短，能一次成型外形复杂、尺寸精确、带有金属或非金属嵌件的塑件，对各种塑料均有良好的适应性，生产效率高，易于实现全自动化生产等一系列优点，因而注射成型是一种技术经济先进的成型方法。

塑料注射发泡成型是发泡塑料制品的主要成型方法之一。它的成型工艺及设备和不发泡塑料的注射成型很相似，但机理比较复杂，控制难度比较大。用注射成型法能一次性成型出形状复杂、表面具有精细花纹的泡沫塑料制品，大大简化了制造工序。注射成型的生产过程虽然是间歇式生产，但自动化程度高，可用计算机控制，对成型工艺的控制可以不依赖操作人员的经验，不仅产量高，而且产品的重复性好，产品质量均一，便于控制。

由于普通注塑机存在注射速度慢、背压小和模具缺少排气系统等缺陷，因此发泡注射成型一般需要专用的发泡注塑机。随着注塑发泡材料的发展，发泡注塑机的品种逐渐增多。注射发泡成型机的品种虽多，但它们的基本成型原理和过程相似。

微孔塑料的注射成型过程虽然和普通泡沫塑料相似，但由于其泡孔尺寸非常小、泡孔密度非常大，因而对注射过程的各个阶段要求非常高。微孔注射成型技术（MucellTM）是 Trexel Inc 公司开发的一种新工艺。聚合物物料由料斗加入机筒，通过螺杆的剪切摩擦和加热器的加热使物料熔融为聚合物熔体。高压气瓶中的发泡剂（CO_2 或 N_2）通过计量阀的控制以一定的流速注入机筒内的聚合物熔体中，然后通过螺杆头部的混合元件及静态混合器将气体—聚合物两相混合为气体—聚合物均相体系。随后，通过加热器快速加热，使温度快速升高，从而使气体在聚合物熔体中的溶解度急剧下降，诱导出极大的热力学不稳定性，气体从熔体中析出形成大量的微细气泡核。为了防止机筒内已形成的气泡核长大，机筒内必须保持高压。当型腔充满压缩空气后，螺杆前移，使含有大量微细气泡核的聚合物熔体注入型腔内。由压缩空气所提供的背压可以尽量减少气泡在充模过程中的膨胀。当充模过程结束后，型腔内压力的下降使气泡膨胀，同时模具的冷却作用使泡体固化定型。该技术可用于几乎所有的材料成型。

2. 压延成型

聚氯乙烯热成型容器的性能，主要取决于聚氯乙烯板（片）材的质量高低，和成型工艺条件也有一定的关系。聚氯乙烯板（片）材一般采用压延法或者挤出法制得，目前国内外尤以压延法居多。

（1）工艺路线及设备（以硬质聚氯乙烯片材为例）

PVC 树脂＋助剂→热混合→冷混合→挤出预塑化→开炼塑化→压延→牵引→冷却→切边→卷曲

此条工艺路线的主要设备有热混机、冷混机、挤出机、压延机、卷取机及后续装置。

（2）原料及典型配方

聚氯乙烯板（片）材可以是透明的，也可以是不透明的。在热成型用聚氯乙烯板（片）材中，以透明板（片）材应用较多。聚氯乙烯透明板（片）材常用于制作食品及药物包装用热成型容器，这时除具有良好的物理机械性能之外，还应有良好的卫生性能，应符合有关国家标准的要求。

3. 挤出成型

聚氯乙烯挤出板（片）材根据增塑剂用量的多少，可分为硬片和软片两个品种。用于热成型加工的主要以硬片为主。聚氯乙烯挤出硬片分为普通级和无毒级两种，可通过热成型等二次加工形式制成各种制品。普通硬片可用于工业产品包装、室内装饰、制作广告等。无毒硬片主要用于食品、医药和医疗器械包装。

此条工艺路线的主要设备有高速捏合机、低速捏合机、挤出机、三辊压光机、卷取机及后续装置。

（1）生产工艺流程

PVC树脂＋助剂→高速捏合→低速捏合→塑化挤出→机头定型→三辊压光→冷却→切边→卷曲→制品

（2）生产工艺

1）捏合。将树脂和各种助剂加入高速捏合机捏合 30min 左右，转速在 1000～1500r/min，然后排放到低速捏合机充分搅拌，转速在 1000～2000r/min，时间约在 30min。

2）塑化挤出。经过捏合、冷却后的物料通过挤出机的加热、混炼、挤压成为黏流态的物料。挤出机各段温度应控制在 125～140℃；连接器温度控制在 140～145℃，挤出机螺杆转速应随机调节。

3）机头。生产板（片）材的机头主要是扁平式机头，扁平机头的设计关键是使机头在整个宽度上物料流速相等，这样才能获得厚度均匀、表面平整的板（片）材。机头温度应控制在 170～175℃。

4）三辊压光。三辊压光机由同心的上、中、下三根辊组成。挤出机挤出的板（片）材型坯通过三辊压光机压光、压平并初步冷却，然后进入冷却辊在空气中进行充分冷却，即得制品。三辊压光机温度应控制在 80～90℃，线速度应与挤出机挤出速度一致，尽量避免拉伸。

5）牵引。牵引机一般由两根辊组成，其作用是将板（片）材均匀牵引至切断装置，防止三辊处积料，并防止板（片）材弯曲。一般情况下，下辊为主动辊（钢辊），上辊为被动辊（橡胶辊）。牵引机的线速度比三辊压光机的线速度稍快，以保持一定的张力，但过快时，板（片）材会产生较大的内应力，影响二次加工产品的质量。

4. 模压成型

泡沫塑料模压成型是成型高发泡塑料制品的主要成型方法之一，广泛应用于日用品、包装和建筑等方面。泡沫塑料的模压成型工艺过程比较简单，比较容易控制，可分为一步法和二步法两类。一步法是指：将含有发泡剂的塑料直接放入模腔加热加压，进行发泡成型过程，一次性成型出发泡的塑料模压制品。二步法是指：将含有发泡剂的塑料经过预发泡处理，称之为预发泡塑料，然后放入模腔进行加热加压发泡成型过程。由于一步法模压成型操作方便、生产效率高，现在模压成型基本采用一步法成型。

PVC泡沫塑料的一步法模压成型主要用于软质PVC泡沫塑料。虽然现在有被效率更高、质量更好的注塑成型法代替的趋势，但由于我国大量的中小型企业设备更新较快，聚氯乙烯泡沫塑料一步法模压成型仍得到相当多的应用，并得到不断的改进提高。

5. 挤出发泡成型

挤出成型属于连续性生产方法，所以具有很高的生产率，并且易于实现自动化。高速、高效的泡沫塑料挤出成型制品不仅应用日益广泛，而且价格上也占优势，成为发泡塑料成型加工的主要方法之一。

　　PVC 挤出发泡成型工艺有自由发泡工艺、向内发泡工艺（又称 Celuka 法）、受限自由发泡工艺和共挤出工艺。前三种工艺生产的成品都或多或少存在一些缺点，表层强度和光洁度都不高，其原因是芯层和表层的物料都是采用含有发泡剂的同一配方，通过控制冷却速度的方法，使表层不发泡，效果不是太好。而共挤出工艺采用两台挤出机共挤，表层挤出为 PVC 树脂，芯层采用低发泡配方，这样生产出来的制品表面具有 PVC 的强度和光洁度，又可减少物料的用量和原料成本，使这种工艺更具有竞争力。

　　PVC 微泡塑料克服了普通 PVC 泡沫塑料力学性能劣化的缺点，又能保持泡沫塑料的优点。由此，PVC 微泡成型方法得到了不断发展。第一代微孔塑料的连续挤出工艺及设备是由 C. B. Park 等人于 1995 年开发出来。随后 Trexel 公司经过十年的努力，开发出比较完善的微孔塑料连续挤出成型设备及工艺。聚合物粒料或粉料从料斗口进入单螺杆挤出机进行塑化，将发泡剂（CO_2 或 N_2）从单螺杆挤出机熔融段中部注入，通过混合和扩散使其溶解得到聚合物熔体—气体均相体系，然后通过改变体系的压力或温度使其在特殊机头内成核、膨胀、冷却固化成型。

　　瞿金平将电磁振动力场引入到微孔发泡过程，为 PVC 微孔塑料连续挤出成型提供了新的思路和新的研究方向，研究发现：振动力场可以加强聚合物和气体的混合，可以降低泡孔尺寸、提高泡孔密度、改善制品性能。下面将详细介绍 PVC 的挤出成型原理。

　　（1）PVC 低发泡挤出成型工艺原理

　　硬质聚氯乙烯（PVC）低发泡挤出制品主要采用化学发泡剂生产。聚合物熔体挤出口模前，发泡剂及其分解气体以溶于熔体的形态存在：挤出口模后，熔体压力下降，温度降低，使溶入熔体的气体处于过饱和状态，发生相分离，形成大量微泡孔而发泡。

　　根据上述机理，共有四种不同的低发泡挤出成型工艺——自由发泡工艺、向内发泡工艺（又称 Celuka 法）、受限自由发泡工艺和共挤出工艺。

　　1）自由发泡

　　它是把含有发泡剂的配合混料，经螺杆塑化后从口模挤出，挤出物自由发泡膨胀，而后经冷却、定型获得制品，泡孔均布在制品整个横截面内。这种方法的优点是工艺简便，适合于生产厚度为 2～6mm、几何形状简单、表面无光泽的制品。

　　2）向内发泡

　　它是采用一个特殊的、内有型芯的口模，使塑化的料束分流。挤出物离开口模后直接进入定型模，并立即在制品表面强制冷却形成皮层，以控制制品表面不发泡，此发泡过程发生在挤出物芯部。利用向内发泡工艺可以获得表面坚硬的发泡制品，通过控制冷却强度，可生产皮层厚度在 0.1～10mm、壁厚大于 6mm 的制品。用这种方法生产的形状复杂的型材具有密度低、硬度高和表面光滑的特点。

　　3）受限自由发泡

　　它是结合前两种发泡工艺的优点而发展起来的新工艺。含气熔体从口模挤出后先自由发泡（与自由发泡工艺相同），而后，膨胀的熔体很快被导入尺寸与口模相近的定型模中（与向内发泡工艺相同），强制冷却定型。这一过程既允许熔体自由发泡，又限制泡孔无约束地自由胀大。限制发泡的结果使制品不发泡皮层厚度加大，芯部泡孔尺寸减小，泡孔结构均匀细密，制品表面质量优良，力学性能提高。

　　4）共挤出工艺

它是采用两台挤出机分别挤出不发泡表层和发泡芯层的物料，经共挤出成型。可根据需要调整两层物料的品种和配方，使制品达到标准所要求的密度和尺寸。共挤出工艺的优点是结皮层和发泡倍率容易控制，制品的外观和内在质量都较前三种方法要高。

（2）PVC发泡材料的成型机理

一般来说，任何发泡工艺，泡孔的形成均可分为三个阶段，分别为：气泡核的形成，即成核；气泡核的膨胀生长；气泡的稳定固化过程。整个发泡过程中，成核、气泡的膨胀生长、气泡的固定都是在较短的时间内完成的，这些过程都在不稳定的气液相并存体系中进行，气泡可能膨胀或塌陷，其影响因素很多，有些因素相互作用，因此其发泡成型的机理比较复杂。

发泡成型的过程大概分为以下几个阶段：

1）气泡核形成阶段。在合成树脂中加入化学发泡剂或气体，当加温或降压时，就会生出气体而形成泡沫，当气体在熔体或溶液中超过其饱和限度而形成过饱和溶液时，气体就会从熔体中逸出而形成气泡。在一定的温度和压力下，溶解度系数的减小将引起溶解的气体浓度降低，放出的过量气体形成气泡。

2）气泡核膨胀生长。在发泡过程中，泡孔增长速率是由泡孔内部压力的增长速率和泡孔率的变形能力决定的。在气泡形成之后，由于气泡内气体的压力与半径成反比，气泡越小，内部的压力越高，并通过成核作用增加了气泡的数量，加上气泡的膨胀扩大了泡沫的增长。促进泡沫增长的因素主要是溶解气体的增加、温度的升高、气体的膨胀和气泡的合并。

3）气泡的稳定固化。当然，如果泡孔增长过程在某一阶段未被中断的话，一些泡孔可以增长到非常大，使形成泡孔壁的材料达到破裂极限，最后所有泡孔会相互串通，使整个泡沫结构瘫塌，或会出现所有的气体从泡孔中缓慢地扩散到大气中的现象，泡沫中气体的压力逐渐地衰减，那么泡孔会渐渐地变小并消失。

因此，在泡沫形成过程中控制泡孔的增长率和稳定性是非常重要的。这可以通过使聚合物母体发生突然固化或使母体变形性逐渐地降低来完成。许多稳定泡沫的方法，是通过降低其表面张力，减少气体扩散作用，使泡沫稳定。比如，在发泡过程中，通过对物料的冷却或树脂的交联都能提高塑料液体的黏度，达到稳定泡沫的目的。

（3）发泡成型的成型机理

气泡核的形成。所谓气泡核就是指原泡，也就是气体分子最初聚集的地方。塑料发泡过程的初始阶段是在塑料熔体或液体中形成大量的气泡核，然后使气泡核膨胀成发泡体。

在高聚物的分子结构中存在压力为零的自由空间，不同的高聚物具有不同大小的自由空间。有些高聚物具有较大的自由空间，可以容纳某些发泡剂的渗入。一般来说，要同时具备以上两个条件才能形成气泡核。

Han[23]等提供了分子架理论的依据，他们以聚苯乙烯为对象，研究了其分子结构。从聚苯乙烯的可压缩性推断出其分子架中存在着自由体积，其内压为零。温度低于T_g时，自由体积约占13%，戊烷能够进入这些空间的最大量为6.5%～8.5%。

A. Ringr. 和 H. A. Wright 支持上面的论点，用实验证明戊烷在PS中的饱和容量是8%～8.25%，这一数据与上面的推论很接近。

根据分子架理论，形成气泡核必须满足以下条件：

① 作为泡沫塑料基体的聚合物，其分子架中应有足够量的自由空间，以供聚集足够量的发泡剂，形成气泡核。

② 发泡剂一般采用低沸点的有机液体，在一定条件下能渗入聚合物分子架的自由空间中，并受到较大的作用力，使其不易挥发散发。另外，还要求发泡剂的沸点必须低于聚合物的软化点。因此，低沸点的有机液体虽然不少，但真正适宜作发泡剂的并不多。

③ 聚集在聚合物分子架中的低沸点发泡剂，其分子在不停地进行扩散运动。因此，含有低沸点发泡剂的聚合物不应在空气环境中长时间存放。

1）气泡核的形成过程

所谓气泡核是指高聚物泡体中的大量原始微泡，即气体在高聚物中最初以气相聚集的地方。对不同的高聚物，其聚集的过程也不同，根据形成机理把发泡成核过程归纳为以下三种类型。

第一，气液相混合直接形成气泡核。此类气泡核的形成过程是通过气液相直接混合而成。气体和树脂溶液在经过充分混合后，除部分气体溶解入树脂溶液，其余部分气体以气相分散聚集在液体中即形成气泡核。热固性泡沫塑料大多采用此法进行发泡成型过程。

第二，利用高聚物分子中的自由体积为成核点。Fox 和 Flory 认为高聚物分子中存在自由体积，不同的高聚物具有不同的自由体积。将发泡剂（物理发泡剂）压送进入高聚物的自由体积中，再通过升温降压的方法，使自由体积中的发泡剂气化膨胀形成气泡核。聚苯乙烯（PS）常采用此法制成 EPS，EPS 是 PS 高发泡模制品的原材料。此外，20 世纪 80 年代中期出现的微孔塑料也是采用此类成核机理形成气泡核的。

第三，利用高聚物熔体中的低势能点为气泡成核点。R. H. Hansen，W. M. Martin，C. J. Benning 等学者提出热点成核理论，其要点是在塑料熔体中必须同时存在大量均布的热点和过饱和气体，才能在熔体中形成大量气泡核。目前在发泡成型中常采用的成核方法是加入成核剂，此类成核机理与热点成核机理实质是一样的。热点能成核，是因为聚合物分子中热点处的势能低，因此不稳定的过饱和气体容易由此处析出，而加成核剂是改变了成核剂与聚合物熔体界面间的能量，使过饱和气体容易由此离析而形成气泡核。总的讲，在聚合物熔体中要形成大量气泡核必须有两个条件：一个是足够量的过饱和气体，另一个是在熔体中存在大量的低势能点。熔体中的低势能点是可以通过各种途径来得到的，而常用的是加入成核剂。

以上三种成核机理都有各自运用的范围，第一种适用于热固性塑料；第二种适用于分子中具有较大自由体积，并有相应发泡剂能渗入的高聚物，采用此法较多的是 PS、PE，其他如 PC、PVC、PET 均已用此法制成微孔泡沫塑料；第三种适用范围很广，因为人们可以通过各种途径改变气体在溶体中的过饱和能量和溶体中各点的势能，因此很有发展前景。

2）气泡的膨胀过程

气泡的膨胀阶段紧接在气泡核的形成之后，两个阶段很难断然分开，气泡膨胀的后期，聚合物熔体的温度逐渐下降，黏性逐渐上升，随后固化。所以膨胀阶段与固化阶段也是很难断然分隔的，它们都是相互协同进行的。

气泡的膨胀程度主要受泡体的黏弹性和膨胀力控制，黏弹性取决于原材料的性能和所采用的工艺条件。而膨胀力主要受气泡内压和高聚物中的气体分子向气泡内扩散速度的控制，扩散速度快，泡体膨胀的速度也快。另一方面，高的扩散速度并不一定能得到高发泡倍数的泡体，因为泡体的发泡倍数除了受气体扩散速度控制外，还受泡体材料的物性参数和流变性能的影响。因此，要得到高发泡倍数的泡体，材料要有适宜的黏弹性、足够的拉伸强度，膨胀速度要与材料的松弛速度相适应。有些学者提出一些描述气泡膨胀行为的数学模型，其假设的条件太多，太复杂，但作为定性分析的依据还是非常有价值的，如田森平等提出气泡长大的细胞模型，能比较真实地反映聚合物熔体中群集气泡同时膨胀中的相互关系，在工程中有一定的指导作用。

3）泡体的固化定型

塑料泡体的固化过程主要由基体树脂的黏弹性控制，树脂的黏弹性逐渐上升，使泡体逐渐失去流动性而固化定型。任何一个气液相共存的体系，多数是不稳定的，已经形成的气泡，可以继续膨胀，也可能合并、塌陷、破裂。为了使已达到膨胀倍数的泡体结构固化定型，选择合适的固化时机和提高固化速度是非常重要的。过早或过迟开始固化、固化速度太慢都不利于提高膨胀的效果。

热固性塑料的固化机理与热塑性是不同的，热固性塑料的发泡过程是与树脂的反应过程同时并进的，树脂溶液的黏弹性由树脂的反应程度控制，反应结束，泡体的固化过程也就结束，因此要控制固化速度就必须控制树脂的反应速度，而反应速度与材料配方有关，与所采用的工艺条件有关。热塑性泡沫塑料的固化过程是纯物理的过程，主要由树脂温度控制其黏弹性。一般都采用冷却的方法使塑料熔体的黏度上升，直到固化定型。为了加快热塑性泡体的固化速度，必须提高冷却速率，而热固性塑料为加速固化反应，有时还要加热。

塑料发泡成型一般都要经过以上三个阶段，每个阶段的成型机理不同，主要影响作用也不同。气泡核的形成阶段对泡体中泡孔密度和分布情况起着决定性的作用，因此是控制泡体性能和质量的关键阶段。泡体的几何形状和结构，如泡孔的大小、开闭孔、泡孔的形状和分布是由膨胀阶段的条件决定的。膨胀率能否达到预期的要求，与泡体的固化过程密切相关。由于发泡成型各个阶段存在不同的机理和要求，因此在研究分析发泡成型机理和影响因素时，必须分阶段展开针对性研究，进行综合考虑，才能制定成型定型的最佳方案。

（4）影响发泡效果的因素

PVC 结皮发泡材料的挤出加工工艺条件要比常规的 UPVC 管材或型材加工条件苛刻得多。结皮发泡挤出工艺的关键就是使发泡剂的分解、成核，气泡的成长及气泡的固定等系列过程与 PVC 树脂的熔融塑化及成型过程相适应[35]。

1）发泡剂

泡沫塑料是由气体在塑料熔体中膨胀而形成的，气体的产生可以采用物理发泡或化学发泡的方法。但物理发泡设备比较复杂，目前 PVC 发泡过程尚没有较成熟的物理发泡技术，因此 PVC 低发泡材料均用化学发泡方法。

化学发泡剂按其结构可分为有机发泡剂和无机发泡剂两大类，适用于 PVC 材料的无机发泡剂有 $NaHCO_3$ 或 $(NH_4)_2CO_3$（有时与弱有机酸如柠檬酸化合起作用）。$NaHCO_3$ 发泡剂的分解属吸热反应，且分解速度慢，使挤出物离开模头时表面很快冷却，有助于形成有密实表面的结构泡沫，但用碳酸氢钠作发泡剂得到的泡沫塑料大多是粗孔结构。有机发泡剂的种类甚多，在制备低发泡板材时通常用偶氮二甲酰胺（AC 发泡剂），它可以使产品有微细的泡沫结构和稍有点纹理的表面，有时会与 $NaHCO_3$ 组合使用。

2）挤出温度的影响

PVC 结皮发泡材料的挤出加工温度与普通 PVC 挤出加工温度不同。在均化段为防止发泡剂过早分解宜采用较低的温度；在压缩段和计量段为使大量的发泡剂分解使塑化的 PVC 熔体有效地溶解气体，宜采用较高的温度；在口模处为防止发泡过度必须适当降低温度，同时温度的降低对保持机头内的压力分布也有好处。研究发现，适合 PVC 结皮发泡材料挤出加工的温度为，加热一区：150～155℃；加热二区：165～170℃；加热三区：170～175℃；加热四区：185～195℃；机头：172～176℃；口模：162～166℃。

3）挤出机

根据低发泡 PVC 板材生产工艺要求，在选择挤出机时，一方面要考虑树脂混合均匀，成型达到熔融温度，同时还要注意 PVC 树脂不能受到过分剪切；另一方面还应保证在计量段内所具有的压力比发泡的气体压力高，以防止发泡剂在螺槽内过早发泡，使加工条件恶化。

单、双螺杆挤出机都可用于低发泡 PVC 板材的挤出加工。较典型用于低发泡板材挤出的单螺杆挤出机螺杆螺槽深度为渐变形式，压缩比为 2.6～2.8，长径比为 24～30。

4）发泡剂滞留时间的影响

物料在挤出机筒和口模内滞留的时间受体系物料性能和送料速度的影响。对于特定的配方体系，则取决于送料速度。如滞留时间太短，发泡剂分解不够，最终制品的密度太大；滞留时间太长，则容易造成发泡过度，产品的力学性能下降。实验表明，在一定的螺杆转速范围内，提高转速使熔体压力升高，对发泡过程有利。

5）挤出压力和模具结构的影响

挤出压力控制是发泡成败的关键。螺杆转速、熔体温度及模具内流道的长短和压缩比对挤出压力都有影响，增大挤出压力对减小泡孔直径、增加气泡数量有积极作用。

在模具的设计中，模腔与鱼雷头设计应满足特定的压缩比要求，以保证物料不会过度发泡；定型模的口模尺寸与模头的口模尺寸应保持一致，以保证表皮在快速冷却下形成光滑密实的皮层结构，而芯部由于压力降低和较慢的冷却形成发泡的核层结构。

依据经验，挤出低发泡 PVC 的模压缩比应为 3～8。发泡物的相对密度与口模的压缩比有关，压缩比越大，物料出模后的膨胀效应也越大，物料的相对密度也就小。由于机头内压力很高，应充分考虑机头的强度及机头连接件与口模之间连接螺栓的强度。

口模截面的设计应考虑不要使流道截面发生骤变，口模内的压力特别是平直段压力尽量保持均匀，不要发生压力的突变，否则使物料由于压力突然降低而提前发泡，从而改变熔体的流动性，影响制品的最终质量。为确保熔融物料的畅通无阻，流道应设计成流线型，不应存在任何死角，否则滞料区会造成焦料现象。此外，与非发泡制品相比较，低发泡产品由于离模膨胀很大，除了 Barus 效应外，还有发泡剂的分解和发泡的作用，因此模唇的设计需要在实际生产中不断修正。

影响 PVC 低发泡板质量的主要挤出工艺参数有挤出温度、压力及滞留时间等[33]。

1）挤出温度

通常情况下，发泡聚氯乙烯的气泡形成大体可分为 3 个阶段：气泡核的形成、气泡的增长以及气泡的固定。化学发泡剂在熔融物料中发生化学反应产生的气体，就会形成气—液（熔体）溶液。随着生成气体的增多，熔体达到气—液饱和状态后，这时气体就会在熔体中形成气泡核，这个过程称为成核作用。挤出温度较低时，含气体的熔体由于混合不均、成核少以及分散不均匀而形成大气泡，发泡密度大。当温度升高到一定值时，物料混合均匀，塑化良好，气体在熔体内溶解度增大，且成核数量增多，因而获得孔径小、密度小的发泡体。当温度继续升高，由于物料的弹性降低，熔体强度下降，泡孔可因互相穿通而变大以及气体由熔体中向外部表面扩散而使发泡体密度增加。当温度超过一定值时，挤出熔体由于不能承受内部气体膨胀力很快坍塌，实心板断面气孔减少，密度增大。因此，挤出温度在一定范围内和一定条件下存在最佳值。

2）挤出压力

挤出压力对实心板的质量影响较大，熔压过高或过低均会影响实心板的尺寸均匀性，生产中需控制合适的熔压以达到实心板尺寸均匀。在合理范围内随着挤出压力的增加，泡孔尺寸变小，泡孔数量增加，PVC 低发泡实心板断面细密。

3）滞留时间

物料在挤出机内的滞留时间不同，发泡质量也会发生很大变化。发泡剂的分解程度和离开口模时熔体中气体与核的比例有很大关系，在短时间内，发泡剂分解程度较低，相应的气体和核的比例较小，但成核速率却较大，也就是制品的密度较大。若滞留时间过长，会引起发泡剂提前分解，影响成核结果，泡孔数量减少，气体和核的比例变得很大，形成成核不足的发泡板。

2.3.2 发泡 PVC 模板生产工艺

目前，世界上有许多挤出成型发泡制品的工艺方法，如莱芬豪舍（Reifenhouser）工艺法、塞路卡（Celuka）工艺法、巴斯夫（BASF）工艺法、阿姆赛尔（Armocel）工艺法等。本书主要介绍塞路卡工艺，对生产 PVC 低发泡实心板的原理、生产设备、模具、配方与工艺等进行系统的探讨[33]。

PVC 低发泡实心板是以聚氯乙烯为主要原料，添加适量的发泡剂、加工助剂、稳定剂等辅助原料，通过混料、挤出成型成半成品，经进一步处理后生产出成品。混料包括冷混和热混两步。将 PVC 树脂和各种辅料称量后放入热混锅中搅拌均匀，然后自动放入冷混锅中搅拌冷却。物料冷混完毕后经筛分机筛分后存放。粉末状的物料从挤出线上的料斗进入挤出机后，随着不断地前移及挤出过程中所发生的温度变化，物料慢慢从固态转化为黏流态，发泡剂开始分解。由于挤出机及模具内的压力非常高，发泡剂分解放出的气体在高压下溶入 PVC 熔体中，当熔体被挤出模具后，由于熔体突然失去压力，溶解在熔体中的气体迅速膨胀发泡，这时立刻进入定型套冷却定型，然后再进入水箱进一步冷却，经过牵引机后切割为一定长度的产品。

1. 生产原料

（1）基本配方

制备 PVC 低发泡板材的基本配方见表 2-4 所列，以此配方，在其他助剂用量一定的条件下，改变某种配方中某种成分的用量，制备出 PVC 制品，通过研究物料的流变性能和制品的物性，从而确定出最优的加工工艺参数和配方。

发泡 PVC 板材基本配方　　　　　　　　　　　　表 2-4

原料	用量（份）
PVC	100
发泡剂	0.5～1.5
稳定剂	4～7
填充剂	5～15
润滑剂	1～3
改性剂	3～6
发泡调节剂	6～10

（2）PVC 发泡板材配方的设计要求[34]

1）稳定剂

硬 PVC 塑料流动性差，塑化温度接近降解温度。PVC 是热的不良导体，其热扩散系数，仅是玻璃的一半左右，要达到黏流温度，需要较长的时间。如果考虑废料回收和利用，受热时间将会更长，就更有必要加入较多的热稳定剂，从降低发泡剂的分解温度的角度，应多加入以铅盐为主、硬脂酸钡和硬脂酸锌为辅的稳定剂，建议用量为 10～12 份左右较为适宜。

2）着色剂

彩色板中尽量不使用易溶于水、乙醇和有机溶剂的染料，因其耐热、耐光、耐迁移性差，应使用耐热、耐光、耐迁移性好的无机颜料，在这 3 个指标中应适用耐热性 3 级以上，耐迁移性 4 级以上，耐光性 5 级以上的材料，并应采用复合着色剂，用时要考虑加入助剂颜色对产品加工工艺及性能的影响。

3）发泡剂

比较常见的是选用二氯二溴甲烷与氯甲烷的混合气体作为发泡剂，与 PVC 熔体混合均匀，经挤出发泡成型，可制得具有阻燃性、耐溶剂性、外观良好、高发泡倍数、高独立气泡率、高压缩强度、高隔热性的发泡体，而使用化学发泡剂如吸热型发泡剂（BIH）、放热型发泡剂（AC）等也均可以达到以上的效果，但 AC 发泡剂的量一般控制在 0.6 份左右。

4）成核剂

生产 PVC 发泡板材配方中加入的填料和颜料不仅可以控制制品外观质量、降低成本，而且在发泡过程中起到了成核剂作用。所以加入的填料和颜料的粒度不能太粗，一般添加的起成核作用的助剂为 $CaCO_3$、滑石粉、TiO_2、$BaSO_4$ 等。

5）$Mg(OH)_2$

由于 $Mg(OH)_2$、$Al(OH)_3$ 性能软，在物料混炼、成型加工中对设备麻烦较少，而且 $Mg(OH)_2$ 热分解温度高，在混炼和成型加工温度下不致产生热分解而影响制品的质量。因此 $Mg(OH)_2$ 作阻燃消烟性填料。据文献介绍，最好是用球形 $Mg(OH)_2$ 粒子，粒径 2～5 μm，比表面积（BET）2cm/g 以下的，其用量对聚烯烃来说在 90%～130%，为了提高 $Mg(OH)_2$ 与基本树脂的均匀混合性、分散性、流动性等，可预先用硬脂酸钠、月桂酸钠等进行表面处理，表面活性剂的加入量为处理量的 4%，新近开发成功的纤维级

$Mg(OH)_2$，不但可以阻燃、消烟，还具有一定的增强作用。

6）AS共聚

构成AS共聚物必要成分的不饱和腈可用丙烯腈或甲基丙烯酸甲酯，也可以丙烯为主含甲基丙烯腈共聚物，另一必要成分是苯乙烯。为了提高AS共聚物与PVC的渗和性，可使用碳数1~8烷基组成的烷基丙烯酸酯或烷基丙烯酸甲酸作为共聚单体，在AS共聚物的组成中，需要不饱和腈单体10%~24%。芳香族乙烯单体（苯乙烯）30%~76%，可能共聚的单体成分0~30%，该共聚物的分子质量也需要在特定范围内。此分子质量的指标可用液体黏度表示，在25℃，10%的甲乙酮溶液中黏度要为（0.003~0.02）Pa·s，最好为（0.004~0.010）Pa·s适宜配比，对PVC系聚合物25%~75%，AS共聚物75%~25%的范围较合适。

7）活性叶蜡石填料

理想的填料可以降低成本，具有增进其优良性能和赋予其功能的作用。目前，在塑料中使用最广泛的优质填料是轻质$CaCO_3$，这种填料价格适中，强度较小，在加工成型过程中对设备磨损小，热尺寸稳定性良好，但不足之处是吸油率高（23~61mL/100g），耐磨蚀性、特别是耐酸性差，通过偶联活化处理的叶蜡石，具有优异的分散性和与树脂的相溶性，耐热吸油率低。硬质PVC发泡板材生产时，加入15%的活性叶蜡石，产品的加工成型性能良好，机械力学性能提高，特别是耐化学腐蚀及加热尺寸稳定性有明显改善，同时每吨制品原料成本可降低500元左右。

8）其他添加剂

在上述体系中，可添加润滑剂高级脂肪酸酯、紫外线吸收剂、耐光剂、抗氧剂等。

2. 生产设备

PVC低发泡实心板挤出机采用锥形双螺杆挤出机，生产线包括挤出机，挤出模头，成型定型装置，牵引、切割、收取等装置[33]。

（1）挤出机

专门用于PVC低发泡实心板制品生产的挤出机应具有以下特点：

①挤出机传动系统动力要足够，和相应的挤出量相匹配；②挤出机螺杆长径比要足够大，能建立较高的稳定的挤出压力；③挤出机必须能产生足够的熔体压力，以防止提前发泡；④挤出机螺杆混合塑化性能要求较高，以保证树脂和各种助剂混合均匀，塑化良好；⑤挤出系统要耐磨，耐腐蚀；⑥挤出机的温度控制系统精度要高于普通挤出机的；⑦挤出机的传动要稳定，转动波动要小于普通挤出机的。

挤出机型号有小90和小110型。本文介绍PVC的挤出机为小110型，其主要工艺参数：螺杆直径110mm，长径比（L/D）25.3∶1，螺杆转数0~25r/min，生产能力400kg/h，驱动电机功率58kW，加热功率27kW。

（2）辅机

辅机包括定型台、牵引机、切割机。

（3）挤出模具

一般情况下PVC低发泡实心板的模具包括模头、定型套和水箱三部分。定型套和定型水箱的结构原理与硬质PVC型材的很相似。

对于PVC低发泡实心板挤出模头，在模头设计时要有足够的压力以防止塑料熔体在模腔内发泡。如果挤出物在模腔内发泡，将会产生不均匀的泡孔结构和粗糙的表面，甚至不能正常成型。

熔融物料通过衣架式分流系统，在模头内经历以下几个阶段。

1）分流段熔体在分流锥模座组成的流道中被挤压成扩张形状，聚合物处于高压区，剪切速率和流速被提高。

2）过渡段熔体通过过渡段，缓解或部分消除熔体在分流段产生的流速和流向的不稳定性。

3）压缩段熔体被缓慢缩小的流道压缩至预成型流道，在一定的压缩比的作用下，聚合物熔体分子间隙变小，密度提高，同时产生的流动阻力加大了熔体的压力。

4）成型段因定型套与模头距离很近，熔融物料在离开模具的很短时间内，夹裹气体进入设定的发泡空间区和定型套中。此时熔体内残留的未分解的发泡剂继续分解并放出热量，使熔体的黏度局部下降，表面张力变小，气体膨胀，并形成气泡，达到一定尺寸的气泡经过冷却被固定下来。制品内外表层由于受芯模和定型套的急剧冷却作用，气泡来不及长到较大尺寸就被固定，形成密度较高的光洁的内外表面。

在成型段同时配置了油温控制器，用来控制熔融物料进入定型套时熔体温度，以保证实心板断面泡孔致密。同时模唇上下间距可调，使同一套模具可生产不同厚度的产品。

3. 生产工艺

（1）PVC 模板的工艺流程

工艺路线见图 2-6。

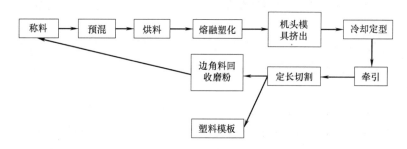

图 2-6　PVC 模板的加工流程图

物料的体积一般应占混合室总容积的 50%～75%。混合机应该从低速搅拌转换成高速搅拌，借助于高速搅拌引起的摩擦，可使树脂粉体快速升温至 105℃左右，以排除夹带的水分和挥发分。设备顶盖的排气口应适当排气，以防止水分在盖内冷凝。然后，加入内润滑剂让树脂先吸收，再加入其他组分，搅拌混合至料温达到 115～120℃时，立即将物料卸入冷混机中，在搅拌下进行冷却。冷却设备中也不应该有冷凝气雾滴出现。通常每批料的高速搅拌混合时间大约需要 10～15min。时间的长短最终由混合料的最终温度来判定。

硬质 PVC 配方的组分很多，加料顺序应该是严格合理的。所选择的加料顺序应有助于主机作用的发挥，避免助剂的不良协同效应，还要有利于提高分散的速度。加料顺序如下：

1）将 PVC 树脂，稳定剂加到混合室中。

2）在 80℃、高转速下，将加工改性剂、内润滑剂、颜料以及抗冲改性剂加到料中。

3）在 100℃左右加入蜡类。

4）在 110℃左右加入填料。

5）在 110～120℃排出物料，送入低速搅拌的冷混机中。

6）冷混至料温 40℃左右排出。

将配方中所需原料（增塑剂、钙粉、阻燃剂除外）按比例称好，在高速搅拌机中混合，增塑剂配合高搅以计量的方式均匀加入，体系超过 100℃时将钙粉、阻燃剂加入混合，120℃时转入冷混，低于 40℃时出锅。

（2）基体树脂的选择

基料树脂的选择尤为重要，它对板材的性能起到至关重要的作用，它应满足四点：满足板材的强度、弹性等力学性能要求；多层制品需满足两层料的相容性（黏结性）的要求；满足环保要求；满足产品的经济性要求。

目前，塑料的常用种类有 40 余种，分成通用塑料、工程塑料和功能性塑料三大类，从产品的应用领域和经济角度考虑，我们首选通用塑料。在这里，聚乙烯 PE、聚丙烯 PP、聚苯乙烯 PS、聚氯乙烯 PVC 都可以做成柔软板材，尤其是聚丙烯和聚氯乙烯都非常适用于制成性能良好的软板和硬板。对纯粹的材料而言，经过对比，无论是拉伸强度、弯曲强度，还是冲击强度，PVC 材料都比 PP 要好，而且耐腐蚀、阻燃比 PP 好，尤其是 PVC 材料经济性较之 PP 材料存在较大优势，所以用它作板材更好，虽然在加工性、耐候性、耐冷性、耐热性上不如 PP，但可以通过添加助剂和改性剂来改善。见表 2-5 所列。

PVC 发泡材料与其他板材的性质对比　　　　　　　　　表 2-5

项目	发泡 PVC	低发泡 PE	低发泡 PS	普通杉木
密度（g/cm³）	0.65	0.54	0.46	0.55
拉伸强度（MPa）	18	9.2	9.2	
弯曲强度（MPa）	45	12	20	
冲击强度（MPa）	5.5		1.5	
热变形温度（℃）	69	40	60	
吸水率（%）	9.5			24.1
耐拔钉力（N/cm²）	100			31

选择 PVC 的另一个重要原因是：我国近几年大力发展 PVC 原料的生产，在云南新建了年产 10 万 t PVC 的项目，在新疆建设了 120 万 t 聚氯乙烯联合化工项目，齐鲁石化等多个企业也在通过挖潜提高 PVC 的产量，使我国成为 PVC 产量世界第一，大大降低了 PVC 制品的原材料价格，这为板材项目创造了一个很好的经济环境。

在 PVC 的生产中有悬浮法、本体法、乳液法之分，不同方法制造的 PVC 的性能及应用领域也不同。悬浮法生产的疏松型 PVC 原料比较适用于 PVC 板材的生产。在该种 PVC 中，按分子量的高低又分成了 SG1～SG8 的八种牌号，根据其使用范围和经验，初步选定用低分子量的 SG7、SG8 来作为发泡板层的主料，这两种原料的 K 值在 56～62 之间。根据实验显示：在此范围内的 PVC 的发泡效果和力学性能最好，见表 2-6 所列。

不同 K 值 PVC 树脂的对比　　　　　　　　　　　　　　　表 2-6

PVC 的 K 值	发泡及泡孔结构	加工性能	力学性能
<56	差	容易	差
56~62	优秀	容易	好
>62	差	难	优秀

经过两种基本树脂的挤出实验发现：PVC 的 SG7 型料比 SG8 型料发泡效果及力学性能更好，由此确定以 SG7 型 PVC 树脂为硬层基料[33]。

由于 PVC 树脂在温度较高时容易发生降解，在挤出过程中，其熔体的塑化温度必须略低于发泡剂的分解温度，并且能对料筒喂料方向的熔体密封，防止部分发泡剂分解产生的气体逸出，并在发泡剂开始大量分解前，在料筒内形成足够的料压，促使气体溶入熔体，防止提前发泡；而 PVC 平均聚合度越低，熔融塑化所需的加工温度越低。另外，对于 PVC 树脂的选择，对其在熔融状态下的弹性要求有利于气泡核的产生和气泡的膨胀。因此，PVC 低发泡实心板选择平均聚合度为 700~800（K 值在 55~68）的悬浮聚合的PVC 树脂。

（3）发泡剂

实践表明，偶氮二甲酰胺（AC）发泡剂及复合发泡剂均可用于 PVC 低发泡实心板的生产。其中，AC 发泡剂属于有机发泡剂，分解温度约为 220℃，分解放出的气体主要为氮气、二氧化碳、氨气等。复合化学发泡剂的主要成分为碳酸氢钠、AC。AC 为主发泡剂，碳酸氢钠为辅发泡剂。碳酸氢钠的分解温度为 100~140℃复合发泡剂放出的气体主要为氮气、水蒸气、二氧化碳、氨气等。这两种发泡剂在 PVC 中的相容性和分散性好，发气量大，效率高，其释放出的气体对模具也无腐蚀性，且对 PVC 的热稳定性不会产生明显的影响。

在其他原料不变的情况下，使用复合发泡剂生产的实心板具有较厚的结皮层，但断面泡孔尺寸较大；而使用 AC 发泡剂时，实心板的结皮层相对复合发泡剂薄，但断面泡孔细密。因此，一般情况下对于不同要求的产品需选择不同的发泡剂。

发泡剂的用量将影响制品的密度。在其他条件不变的情况下，发泡剂用量增加，相对密度会减少。当制品密度控制在 0.8~1.0g/cm³ 时，AC 发泡剂的用量需控制在 0.1~0.2份，复合发泡剂用量需控制在 1.0~1.5 份。

（4）稳定剂

在 PVC 塑料加工成型的温度条件下，当加热到一定温度时 PVC 就会被引发降解，发生降解后的高聚物分子产生自由基，其化学活性可促使其他聚合物分子发生降解而使聚合物变质。稳定剂的作用是提高聚合物的裂解温度或去除活性中心，终止降解作用。随着复配技术的进步，目前稳定剂常与润滑剂复配成复合稳定剂。PVC 低发泡实心板所用稳定剂一般情况下为复合稳定剂，有时会根据生产配方需要额外加入少许内润滑剂或外润滑剂。从实践来看，铅盐复合稳定剂和钙锌复合稳定剂均能达到上述效果，但根据其对加工工艺及产品质量的影响，加入量也有所差异，钙锌复合稳定剂加入量为 6~8 份，铅盐复合稳定剂为 5~7 份。

（5）其他助剂

加工助剂是 CPE（氯化聚乙烯）或 ACR（丙烯酸酯类）类冲击改性剂。ACR 加工助剂可有效提高塑化速率，降低塑化温度，防止熔体破裂，提高流动性。ACR 具有显著提高熔体强度和熔体伸长率的作用。PVC 低发泡实心板采用 ACR 作为加工助剂有助于型材牵引，并能提高制品的耐老化性能，加入量为 6～10 份。

填料在 PVC 发泡成型中起重要作用，它不仅使制品的价格大大降低，而且又是发泡成核剂。轻质活性碳酸钙既作为成核剂，又作为填料，要求粒径小，加入量为 5～10 份。

颜料的选择要求感光不褪色，耐候性好，同时必须考虑是否与其他组分，如发泡剂、稳定剂、润滑剂发生作用。如生产白色制品一般选择钛白粉（二氧化钛）、增白剂等颜料；生产黄色制品一般选用氧化铁棕、氧化铁黄等颜料。一般情况下，根据色差需要添加不同量的颜料。

4. 配方对产品性能的影响

（1）发泡剂（AC）对泡孔结构及密度的影响

发泡剂偶氮二甲酰胺（AC）具有发气量大、价廉、分解物无毒、无臭、不污染，在聚合物熔体中易分散的优点，是国内应用领域最广、产耗量最大的化学发泡剂。偶氮二甲酰胺分解时气相占 36 ％（重量），其中 N 为 65 ％，CO 为 32 ％，CO_2 为 3 ％，与其他有机发泡剂相比，可获得 220mL/g 的高发气量，且分解温度与 PVC 的加工温度相匹配。

PVC 的发泡成型温度为 170℃左右，因此加工时需加入活化引发剂来降低 AC 原粉的分解温度，以使其分解温度在 PVC 的加工温度范围之内。PVC 发泡塑料模板的生产一般可以直接使用复配好的 PVC 专用的发泡剂，其分解温度与所选配方体系的加工温度范围十分匹配。

发泡剂的用量会直接影响制品的密度，进而影响产品的成本，而且还会影响体系的加工工艺。通常情况下，在挤出发泡配方中添加一定量的发泡调节剂以促进 PVC 熔融、塑化，提高发泡体的强度及延伸性能，制得泡孔均匀细小、独立性好、密度较低的发泡制品。此外，适当地加入一些无机填料如钛白粉、碳酸钙、二氧化硅等，不但能降低原料成本，还能起到发泡成核剂的作用，对加工成型，控制、改善泡孔质量，提高发泡制品的强度均有一定的好处。

由于目前对硬层配方体系的研究比较多，而且相对来说比较成熟，所以本章节仅讨论 AC 的用量对发泡结构的影响。

（2）发泡剂用量对泡孔结构的影响

在既定的工艺条件下，其他组分及参数保持不变，将发泡剂 AC 的用量从 0 份、0.1 份、0.3 份、0.5 份，依次增加，观察发泡剂的用量对软层发泡效果的影响，用扫描电镜拍摄其断面，观察泡孔的内部结构。结果如图 2-7 所示。

由图 2-7 可以看出，AC 为 0.1 份时，形成的泡孔比较规则，泡孔的尺寸彼此十分接近，泡孔的分布也比较均匀，发泡效果最好。AC 为 0.3 份时，形成的泡孔尺寸虽然比较接近，但形状很不规则。AC 为 0.5 份时，泡孔的形状也很不规则，孔洞很深；而且观察得到的单层片材表面，已有气体逸出所留下的孔洞，说明发泡已过度，对于此配方体系来说，AC 0.5 份已过量。

（3）AC 用量对软层密度的影响

其他组分及工艺保持不变，将发泡剂 AC 用量从 0 份、0.1 份、0.3 份、0.5 份，依

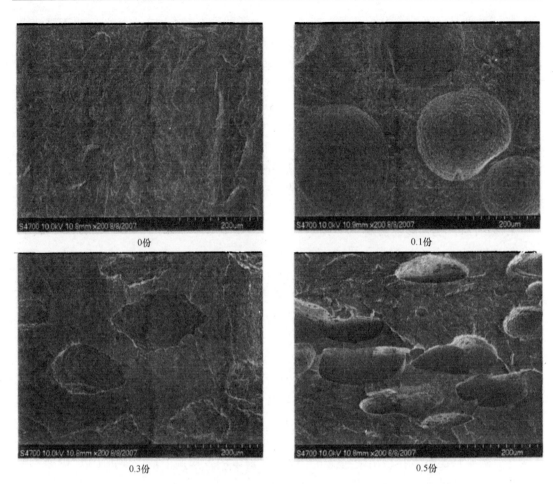

图 2-7　不同 AC 用量下的 SEM 照片

次递增，观察 AC 用量对软层密度和发泡倍率的影响。见表 2-7 所列。

不同 AC 用量下单层密度和发泡倍率　　　　　　　　　　　表 2-7

AC 用量（份）	0	0.1	0.3	0.5
单层密度（g/cm³）	1.15	0.90	0.85	0.86
发泡倍率（倍）	1	1.28	1.35	1.34

由表 2-8 可知，随 AC 用量的增加，单层的密度先降低后增加，0.3 份时最低，为 $0.85g/cm^3$。这是因为：一旦发泡体系内的气泡成核后，只要有足够的气体扩散到成核的泡孔中，泡孔就会继续长大，随着 AC 用量的增加，泡孔逐渐增大，材料的密度也就降低了；但是，成核的泡孔一旦完全长大，再继续增加 AC 的用量，泡孔就会发生聚结或塌陷，泡孔的数量就会减少，以致材料的密度增加。这种现象被称为"气体容量极限"。随 AC 用量的增加，发泡倍率先增加后减小，0.3 份时最大，为 1.35，虽然 AC 用量为 0.3 份时密度最低，为 $0.85g/cm^3$，发泡倍率最高，为 1.35，但结合电镜照片可知，用量 0.3 份时的泡孔结构很差，综合考虑片材密度、发泡倍率以及泡孔的结构，可知所研究配方体系 AC 最佳用量为 0.1 份，此时软面单层密度为 $0.9\ g/cm^3$，发泡倍率为 1.28，而且泡孔

均匀且分布规则。

(4) 加工温度对硬层泡孔结构及密度的影响

温度的高低在很大程度上制约着低发泡型材的性能。挤出温度控制很重要，尤其是机头和口模温度的控制。机头温度是决定发泡制品密度、机械性能的关键因素。一般正常的挤出发泡过程是希望含气熔体在机筒内和机头处不发泡，直到离开机头后，由于环境压力的突然跌落而使溶于熔体的气体处于过饱和状态，发生两相分离而发泡。因此，在机头内，既要保证熔体强度足够低以保持良好的流动性和可发泡性（离开口模后的可发泡性），又要使熔体黏度足够高，以维持机头内熔体处于高压下，使之在机头内不发泡。PVC结皮发泡板相关实验结果表明，机头温度的变化，往往导致发泡制品密度和泡孔结构的差异。口模温度设置偏低，板材表面结皮层较厚，表面光滑度好，但板材密度高。反之，口模温度设置偏高，板材密度降低，但板材表面光滑度相对较差，结皮层变薄。由于挤出生产硬质低发泡PVC板材的关键在于控制泡孔的形成。发泡剂受热分解所产生的气体在机筒内的高压下溶解在熔体中，形成过饱和液。气体呈高度过饱和状态，是一种非稳定状态，易在熔体中形成气泡核。如果挤出物内生成的泡核不足，则形成的气泡就少。因此，在挤出发泡过程中，要求熔体的流变行为、发泡剂的分解与泡核的形成、膨胀相适应，这在很大程度上受挤出温度的控制。因为挤出温度与PVC熔体的黏性、弹性及气体在熔体中的溶解度和扩散速度都有密切联系。

随着口模温度的升高，板材密度逐渐降低，这是因为当口模温度较高时，熔体黏度较低，流动性好，有利于气体在其中膨胀，因此此时熔体可发泡性较好，板材密度低。但当温度高于190℃时，熔体局部易发生热降解，所以将口模温度选取在180～190℃范围内，这样既能保证板材密度较小，又不破坏板材的性能。

在机筒加料段要求输送物料准确，确保AC不能在此段分解，温度应控制在165℃以下；当物料经压缩段逐渐到达均化段时，不但要求物料塑化良好，而且要求AC迅速分解，温度宜控制在185℃左右，温度过高会降低物料的黏度，造成挤出流体波动，质量难以控制。含有发泡气体塑化均匀的物料由均化段流经机头和口模时，若此段温度过高，物料黏度减小，挤出压力随之下降，致使气体过早发泡，并易从表面逸出，发泡型材质量差；而温度过低，机头压力过大，泡孔不易形成。

因此，一般情况下，机头和口模的温度均不应高于机头均化段温度，以160～170℃为宜。总之，在加料段为防止发泡剂过早分解，宜采用较低的温度；在压缩段和计量段为使大量的发泡剂分解，使塑化的PVC熔体有效地溶解气体，宜采用较高的温度；在口模处为防止发泡过度，必须适当降低温度，同时温度的降低对保持机头内的压力分布也有好处。研究发现，最适合的加工温度为：加热一区150～155℃，加热二区165～170℃，加热三区170～175℃，加热四区180～190℃，机头170℃，口模155～165℃。

实验发现，计量段的温度对发泡的效果有着很大的影响。保持其他各段工艺及配方不变，将加工的最高温度，即计量段的温度从170℃、180℃、190℃，依次升高，观察其对硬层发泡效果的影响，用扫描电镜拍摄其断面照片，如图2-8所示。

计量段的温度对发泡剂的发泡效率有很大的影响。温度太低，发泡不充分；温度太高，则造成发泡不稳定，且容易使体系分解。由图2-8可以看出，此硬层配方体系，温度180℃比较合适，泡孔分布比较均匀，且很少有破孔，虽然泡孔不圆，但均是由三辊压光

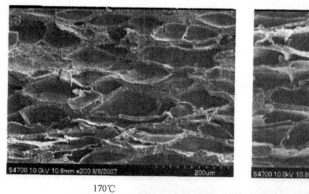
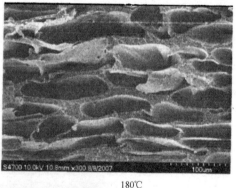

170℃　　　　　　　　　　　　　　　　　　180℃

190℃

图 2-8　不同加工温度下的 SEM 照片

过度造成，调节辊间隙可使效果更好；190℃时发泡过度，破孔很多；170℃下，泡孔没有发起来，且分布不均。

不同加工温度下单层密度和发泡倍率　　　　　　　　　　　　表 2-8

编号	计量段温度(℃)	单层密度(g/cm³)	发泡倍率(倍)
1	170	0.87	1.53
2	180	0.83	1.60
3	190	0.35	3.81

由表 2-8 可知，随计量段温度的升高，硬层单层的密度依次减小，发泡倍率逐渐增大。当计量段温度为 190℃时，单层密度最小，为 $0.35g/cm^3$；发泡倍率最高，为 3.81。但加工时挤出的板材已发黄，说明此温度下物料已分解，发泡已过度。

（5）内压力和释放空间对发泡产品的影响

影响塑料发泡的除了配方的相关物质（基料、助剂等）外，还有工艺条件即：温度、内压力和释放空间等。这四点是发泡的必要条件。要有能发泡和促进发泡的物质、适合的温度、合适的内压力、可释压的空间，才能制备出理想的发泡材料来。上述任何条件未达要求，都不能得到理想的"泡孔结构"。这也正是该系列产品质量控制的难点所在。

通过实验发现，内压力对发泡质量也有直接影响，当机筒内的压力为 0.5～2.5MPa

时，因内压低，物料比较疏松，气泡将提前冲破熔体而释放，效果很差，有关资料和实践证明：当内压力达到12MPa以上时，物料受挤压而紧密，熔体强度增强，可保证气泡无法冲破熔体而胀大，这样在出口处才能使内压急剧下降为0，气泡急剧胀大，获得理想的发泡效果。因此，保证挤出主机建立起正常的内压力是非常必要的。

另外，存在释放空间，物料才会发泡，否则只能"憋"在熔体中发不出来。研究人员发现，在模具处设置一个放大容积的"稳压段"，结果物料运行到此时，因温度合适，内压力合适，恰又有放大的空间，结果物料在模内提前发泡，胀大后更难以挤出，出模后的发泡效果不理想。因此，对发泡物料来说，机内不得有急剧放大的容积。

（6）外润滑剂用量对发泡效果的影响

保持其他组分及加工工艺不变，将所研究配方体系中的石蜡从0份、0.2份、0.3份，依次增加，观察其对泡孔结构、密度以及发泡倍率的影响，用电镜观察片材断面，结果如图2-9所示。

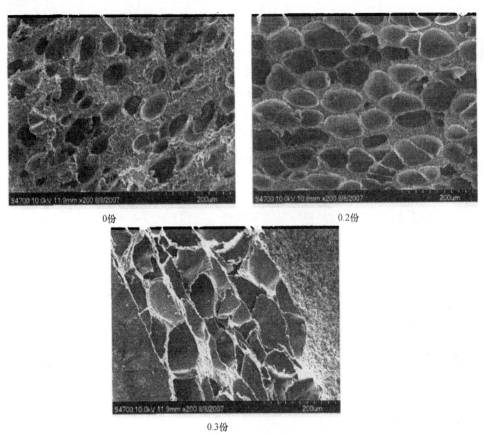

图2-9　不同石蜡用量下的SEM照片

由图2-9可以看出，石蜡为0.2份时，形成的泡孔比较规则，泡孔的尺寸彼此十分接近，泡孔的分布也比较均匀，此体系的发泡效果最好。

由表2-9可知，随着石蜡用量的增加，硬层单层的密度先减小，后增大；发泡倍率先增大，后减小。石蜡为0.2份时，硬层的密度最小，为0.51g/cm³；发泡倍率最高为2.62。结合电镜照片可知，硬层体系石蜡的最佳用量为0.2份。

不同石蜡含量下单层密度和发泡倍率　　　　　　表 2-9

配方	石蜡(份)	单层密度(g/cm³)	发泡倍率(倍)
1	0	0.83	1.59
2	0.2	0.51	2.62
3	0.3	0.57	2.31

2.3.3　中空 PVC 模板成型工艺

1. 概述

自从人类在地球上生存以来，人们就开始为存放粮食、水等必需品探求理想的容器。古代的陶瓷器、木制桶，以及大量的玻璃吹制品都是早期的中空容器，是吹塑技术的雏形。

经过漫长的发展历史以后，于 1851 年出现天然高分子树脂（马来胶）吹制成型资料记载。在 1880 年出现的赛璐珞吹塑成型的记载，介绍了其成型过程是将预成型的赛璐珞管放在金属模具内加热软化吹胀而成。1910～1925 年间，人们用这种吹胀成型的方法，把赛璐珞制成各种玩具。这种成型属于典型的粗放型吹塑成型。

现代吹塑成型始于 1935 年，由 Enoch Fergem 和 William Koptike 一起开发了吹塑制品加工工艺方法，并于 1936 年将这一方法转让给 Hartfo 的 Empire 公司，随后成立了 PI-AX 开发公司。

与此同时，第一台专用吹塑中空成型机于 1936 年诞生。在第二次世界大战中的 1942 年，英国 ICI 公司研制成功了高压法合成聚乙烯的机械设备，并生产出了低密度聚乙烯（LDPE），这使得吹塑成型技术作为工业加工方法被广泛地普及。

1955 年，高密度聚乙烯（HDPE）开始生产并获得应用，使吹塑成型工艺得到很大发展。随着新型树脂的不断出现，带动了吹塑成型工艺和相关吹塑成型设备的发展。

到 20 世纪 70～80 年代，塑料吹塑中空成型设备在技术上已发展到相当高的水平，从挤出成型到注射（塑）成型，从单层到多层，从单模到多模，从对称到不对称……已经形成了一个完整的加工体系。目前，塑料吹塑中空成型设备的自动化程度越来越高，从开环发展到闭环，小时产量从几百个发展到几万个，制品从普通的日常生活用品发展到电子、汽车等行业。

我国吹塑中空成型机的开发起步比较晚，始于 20 世纪六七十年代。经过 40 多年的发展，典型的吹塑成型技术和相关的成型设备，如挤出吹塑、注射吹塑、拉伸吹塑、多层吹塑等中空成型机，均已系列化，并向高速化、自动化方向发展。型坯厚度数字自动控制、自动加热及模内贴标、机上修边和自动检漏，以及满足制品多样化、高功能化、高阻隔性等方面均得到了很大的发展，并正在努力缩短与世界先进水平的吹塑中空成型设备的差距。

塑料中空制品在国民经济各个领域中用途极广，主要用于食品、饮料、化工、农药、医药、化妆品等的包装。进入 20 世纪 80 年代中期，吹塑技术有了很大的发展，其制品扩大到汽车工业用零部件，如保险杠、汽油箱、燃料油罐等。中空吹塑制品已跃居为继挤出、注射成型制品之后，处于第三位的塑料制品。据估计，目前世界上中空制品的生产已占整个塑料制品产量的 15%～20%。以中空容器为例：目前生产的中空容器的最小容量为 1mL，最大容量已达到 10000L，其中以 5～3000mL 的中空容器居多。

由于单一材质的塑料中空制品不能满足商品对包装容器功能的需要，因而多层吹塑中空制品应运而生，如今多层中空制品可达2～9层，其中以2～5层用得比较普遍。

20世纪90年代，引人注目的中空制品是中空夹层深拉伸制品。图2-10（*a*）所示为中空单层深拉伸制品。图2-10（*b*）所示为内是单层、外是双层的深拉伸制品，其典型的例子是塑料手提箱。图2-10（*c*）所示为中空双层深拉伸制品。

近年来，量大面广的瓶类中空制品关键部位的质量有了提高，表现在：

（1）工业用瓶增多，瓶类的颈部、螺纹部分的强度提高。

（2）壁厚均匀，变形小，尺寸稳定。

（3）外壁光滑，一次成型后无需再整飞边，因而使用范围越来越广。

2. 中空PVC模板的生产工艺

中空板的注射成型生产工艺循环程序如下：

闭模—高压低速锁模—注射座前移—熔料注射—保压—入模熔料冷却（此工序时间内同时还有塑化螺杆随注射座后退、螺杆旋转塑化原料）—模内成型熔料冷却固化—开模（同时顶出制品）—闭模（下一个注塑制品循环生产开始）。

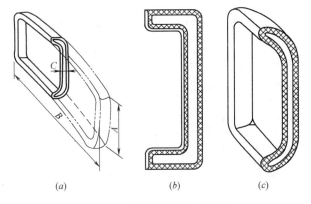

图2-10　中空夹层深拉伸制品
（*a*）单层；（*b*）内是单层外是双层；（*c*）双层

塑料中空板用原料按一次成型塑料制品的用料量，由料斗加入到注塑机的机筒内、转动的螺杆推动原料前移，与此同时原料接收机筒外部的加热。由于原料在机筒内既要受热升温，又要因螺杆上螺纹容积的逐渐缩小而受压缩，再加上不停转动螺杆的螺纹使翻动前移物料间及物料与机筒间的摩擦等多种条件作用，使原料在被推动前移的同时逐渐被塑化成熔融态。至螺杆前端的熔料，由于受喷嘴的阻力而产生反螺杆螺纹推压力，随着螺杆推动熔料前移量的增加，则产生的这个熔料反推压力也逐渐增加，当这个反推压力大于油缸活塞对螺杆的推力和摩擦阻力时（这个阻力即是螺杆的背压力），螺杆开始后退、同时开始料斗的加料计量。螺杆后退的距离大小由一次成型注塑制品的注射料量来决定，由生产前调整好的行程限位开关控制。后退的螺杆碰到行程开关后，则停止转动和后退，完成一次预塑化原料程序。

保压、降温定型达到预先设定的时间后，即制品固体成型完成。注射座被油缸活塞拉动后退，开始螺杆的第二次预塑化，成型模具打开，制品被顶出模腔，完成塑料中空板的注塑全过程。

合模部分完成锁模动作后，注射座被油缸活塞推动前移，直至喷嘴紧靠衬套口；然后注射油缸活塞推动螺杆迅速前移，按熔料进入成型模具中所需要的压力和流动速度，把熔料注入成型模具空腔内。为防止注满成型模具腔内的熔料回料和及时补充熔料冷却固化前的熔料收缩量，完成注射的喷嘴仍然紧靠在衬套口上，而且保持着一定的压力，这个过程称为保压、降温定型。

（1）具体的生产加工过程

1）由于原料在机筒内既要受热升温，又要因螺杆上螺纹容积的逐渐缩小而受压缩，再加上不停转动螺杆的螺纹使翻动前移物料间及物料与机筒间的摩擦等多种条件作用，使原料在被推动前移的同时逐渐被塑化成熔融态。

2）随着螺杆推动熔料前移量的增加，则产生的这个熔料反推压力也逐渐增加，当这个反推压力大于油缸活塞对螺杆的推力和摩擦阻力时，螺杆开始后退、同时开始料斗的加料计量。

3）注射座被油缸活塞拉动后退，开始螺杆的第二次预塑化，成型模具打开，制品被顶出模腔，完成中空板的注塑全过程。

中空板、塑料中空板都是采用注塑成型加工工艺流程及其这 3 大点的制作过程，生产制作而成的。工艺详细、流程严谨、操作严密，使得生产出来的中空板材料具有较高的品质和质量。但在生产加工的过程中，往往会因为一些人为的操作和技术参数的调整，使得塑料中空板生产加工后出现故障和偏差，影响中空板材料的品质和美观。希望加工人员能够注意。

（2）国内中空制品加工方法及应用

中空制品成型加工方法有吹塑成型工艺和滚塑成型工艺。目前，国内的中空制品主要以吹塑成型为主。

按型坯成型的方式，吹塑成型可分为挤出吹塑成型、注射拉伸吹塑成型、注射吹塑成型、共挤出吹塑成型等四种。

1）挤出吹塑成型

挤出吹塑成型工艺主要是原料经过挤出机塑化，输送到储料机头（或连续式机头），经过机头挤出型坯，型坯置于模具中吹胀成制品，然后冷却，取出制品。

目前，国内中空制品 5～1000L 用量最大是挤出吹塑成型工艺。采用的原料主要有 HDPE、PP、ABS、PC 等。主要的产品为各类化工产品包装桶、汽车油箱、汽车通风管件、桌面板等各种工业制品。挤出成型工艺最典型的代表产品是 200L 双 L 环桶。挤出成型中，工艺最复杂、技术难度最大的是双 L 环桶的成型。

国内目前采用挤出成型的设备（简称中空机）主要以国产设备为主。20～1000L 设备中，陕西秦川机械发展股份有限公司（简称秦川发展）的市场占有率 70% 以上。其中生产 200L 双 L 环桶的设备中，秦川发展市场占有率 80% 以上。2002 年，国内 200L 双 L 环桶产量超过 300 万只，消耗 30 万 t 塑料。秦川发展是国内最早开发挤出中空成型设备的厂商，是生产塑料机械、齿轮磨床、加工中心等设备的重工业企业，具有雄厚的研发实力和机械制造能力，在中空吹塑成型工艺方面具有丰富的经验。

挤出成型制品生产企业主要分布在华东（江、浙、沪、鲁）、华南、华北等地。主要的几个生产厂商为：上海浦东龚路塑料容器有限公司、上海帆顺实业公司、江苏吴江市春鑫塑料厂、常州越洋塑料容器有限公司、大连第十三塑料厂、广东佛山市南海区东兴制罐有限公司等。

2）注射拉伸吹塑成型

注射拉伸吹塑为双轴位伸取向吹塑，是一种在聚合物的黏弹态下通过机械方法轴向拉伸瓶坯，用压缩空气径向吹胀瓶坯成型容器的方法，这种成型方法的特点是轴向与径向有相同的拉伸比，可提高吹塑容器的机械性能、阻渗性能、透明性能，减少制品壁厚，这是吹塑成型中制品壁厚最薄的一种工艺。

注射拉伸吹塑主要用于成型 0.2～20L，形状为圆形或椭圆形的容器，例如饮料瓶、纯净水瓶、食用油瓶。这种产品在市场上用量很大，因此要求设备的生产效率高、可靠性好。注拉吹工艺采用的原料主要为 PET、PVC、PP、PEN 等。

注拉吹工艺可分为全自动一步法和全自动二步法。

目前，国内用注拉吹高速工艺生产 PET 瓶的市场容量巨大，每年增幅也很大，PET 瓶的生产设备主要是进口，国内每年用于引进国外 PET 设备的资金至少 15 亿元人民币。

3）注射吹塑成型

注射吹塑工艺过程有三个工位，第一个工位为注射机注射成型瓶坯，第二个工位是瓶坯在吹塑模具中吹胀成型制品，第三个工位为顶出制品。与挤出吹塑工艺类似，注射吹塑径向吹胀比大，轴向吹胀比小。

注射吹塑适用于各种热塑性原料，如：PE、PP、PS、PVC、PC 等，可成型各种形状的容器，产品可替代玻璃瓶，主要用于包装药品、化妆品、食品、日用品、农药等。

注射吹塑工艺目前采用的设备主要为全自动注吹中空成型机。

4）多层共挤中空吹塑

多层共挤出中空塑料成型机是很有发展前途的中空塑料成型机。多层吹塑高阻隔性中空制品必将在中空制品领域内占的比例越来越大。多层吹塑制品不仅在食品包装工业发展很快，而且在化学品、化妆品、医药卫生及其他工业包装方面也迅速增长。

多层共挤出中空塑料成型机在我国挤吹中空塑料成型机领域中是一个薄弱环节。多层共挤出中空制品的发展促进了多层共挤出中空塑料成型机的发展。国际上，近年来多层共挤出中空塑料成型机发展的速度很快，同时技术进步也很快。

国内也有一些品种推出，例如，衡阳华意机械橡塑机有限公司开发的 HYB-75D 三层共挤出双工位模内贴标中空成型机，采用四模头双工位，配备精确的集成 PID 温控系统，各螺杆挤出压力实时检测，自动去飞边，精确的西门子全电脑控制在不影响制品阻透性品质情况下减小中层及内层厚度（0.03～0.05mm），填补了国内空白。陕西秦川塑料机械厂能够生产六层 500L 的共挤出中空塑料成型机，达到德国同类机的水平。

目前多层共挤出中空塑料成型机的研究主要有以下几个方面：研究一定范围的共挤出机头（模头），以满足不同材料、不同层数、机头直径等要求；研究组合包装系统，它能根据不同的原料特制出可能允许的组合数的机头；研究基础机械程序，各种数量模塑工位操作程序及相关设备研究，此外还包括生产速度和制品设计的平台尺寸。

① 多层共挤出机头

机头是多层共挤出中空塑料成型机的心脏和大脑，它的性能应能达到：控制每一层达到最佳状态和完满的圆周及侧向材料分布，能不受材料分布的影响而加工变化广泛的塑料原料和不同的挤出量。螺旋芯棒组合系统，具有高度适应性，多段结构可达七层，满足了特殊制品的需要，加工条件最优，是多层共挤出机头优先采用的系统。多层共挤出机头的流变设计是设计中的关键，要能达到机头性能指标不依赖于生产率和原料分子量分布有关的融体黏度，在低挤出量下具有良好的自清洁功能和高挤出量下的最小剪切热，每一层中具有良好的圆周分布，层组合原料分布均匀，能加工范围较宽的塑料原料、不同挤出量以及不同挤出量比。大型多层共挤出中空塑料成型机采用储料式机头，该结构是主机头在各层机头的上方，配置着同心的环形活塞，把机头与储料腔做成一体，使在低压下能实现型胚的高速挤出。

② 挤出机的适应性及组合

挤出机的适应性及组合是保证多层共挤出中空塑料制品质量的前提。研制者首先必须对所研制多层共挤出中空塑料成型机加工的对象（包括制品、制品各层材料的特性及各层材料之间的粘结性能，增黏剂的特性）作彻底的了解，然后设计适应所需塑化材料对象的挤出机，确定所需要配备挤出机的数量及型式。挤出机应能适应不同流量、不同材料塑化，生产率应比标准的挤出机的生产率要高。螺杆和机筒的结构随着加工物料性质的不同而不同。每个挤出装置都应配置自动控制的定量加料斗，精确控制加料量。德国 Fischer 公司六层共挤出中空塑料成型机，在挤出软、硬 PVC 和 ABS 料时，采用了行星轮挤出螺杆，还设有一段密封的冷却区，使物料低温塑化均匀，输送能力高。

③ 开发产品品种的重点

0.2～1L 的化妆品及家用卫生清洁剂 2～3 层共挤出中空塑料成型机。国际上，化妆品及家用卫生清洁剂基本上采用多层中空塑料容器包装，而我国绝大多数仍采用单层中空塑料容器包装。随着人民生活质量的提高，对化妆品及家用卫生清洁剂中空塑料容器的耐化学性、抗阻透性的要求会越来越高，多层高性能的化妆品及家用卫生清洁剂中空塑料容器会有更大的市场。

4～6 层共挤出汽车油箱中空塑料成型机。多层共挤出中空塑料成型在汽车油箱上具有广泛的发展前途，随着环境保护要求的提高，单层油箱已不能满足环境保护的要求，使用高阻隔性的多层油箱已成为发展趋势，例如，使用 PE/增黏剂/E-VAL/增黏剂/回用料/PE-HD 的六层共挤出油箱。多层共挤出中空成型不但提高了制品的适应性能，而且由于各层材料的合理组合，提高了制品的刚度，降低了制品的重量。美国 90％以上的汽车油箱采用多层共挤出中空塑料成型件，值得我们学习与思考。我国生产多层共挤出汽车油箱的中空塑料成型机主要是进口的，国内生产的设备还在推广应用阶段。

大型多层共挤出中空塑料成型机主要用于生产满足化学品、危险品运输的容器。Mauser 公司推出了双工位三层共挤出中空塑料成型机，该机配备了四台挤出机，用于生产满足危险品运输要求的三层 220L 的大型桶，内层为抗撕裂的 HDPE，外层为抗紫外线层，中间层为高相对分子质量的 HDPE，每小时能生产 80～100 个桶，每个桶重 8.5kg。

④ 多层共挤出成型工艺的研究

我国设备研制单位对多层共挤出成型工艺的研究是一个最薄弱环节。国内的设备研制单位基本上没有专门的成型工艺研究机，注重于设备的研制，忽视成型工艺的研究，影响了设备的研制和推广应用。多层共挤出成型机不同于注塑机，设备研制单位对多层共挤出成型工艺的掌握和熟悉程度，在很大程度上决定了设备的研制和推广应用。我们一定要对此引起足够的重视，在机构、人员配备、财力、设备等方面，给予保证。多层共挤吹塑在吹膜领域应用广泛，目前发达国家包装薄膜的 80％以上采用多层共挤薄膜。多层共挤吹塑主要目的是为了提高容器对 CO_2、O_2 或汽油的阻隔性。其工艺是通过复合机头把几种不同的原料挤出吹制成中空制品，主要产品为：高档汽车燃油箱、毒性较大的农药包装等，层数为 2～6 层不等。

目前国内中空制品加工企业的布局情况调研结果如下：广东、山东、江苏、浙江、上海五省市的塑料加工企业，无论从数量还是从产量上都在全国名列前茅。五省市的塑料加工企业厂家占全国总数约 48%，塑料制品产量占全国总量的 1/3～1/2。

国内中空成型设备的发展情况调研结果如下：国内生产中空成型设备的企业主要有 10 余家，技术水平相差较大，具有研发、制造和技术服务综合实力的企业不多。一些中空设备生产企业技术力量薄弱，不能吃透塑料中空成型工艺，生产的设备及模具不能满足用户使用要求和原料成型工艺要求，生产的制品不合格或不能稳定地生产出合格制品。

陕西秦川机械发展股份有限公司是国内研发实力和机械制造能力都比较强的中空机械生产企业。秦川发展从 20 世纪 80 年代初开始开发中空机，已成为我国最大的中空机制造基地。秦川发展公司的秦川发展技术研究院是国家级技术中心，有 15 个研究所。研究院设有博士后工作流动站，建立有一个国家级 CIMS 中心。公司的机械制造水平在机械行业处于领先地位，具有精密加工、精密测量、精密装配的"三精"优势，在塑料机械方面拥有多项专利技术。

秦川发展的塑料机械经过 30 多年，产品已发展至第五代。第五代产品在机、电、液方面，在对中空成型工艺和模具的研究方面在国内处于领先地位，达到或接近国际同期水平。第五代产品的机械方面采用专利挤出机技术和优化的机头技术；电气方面采用国外著名品牌的高功能 PLC；液压及气动元件采用国外著名品牌产品。秦川发展的自动化控制及成型工艺原理的研究在国内处于领先地位。

2.3.4 夹芯 PVC 模板成型工艺

夹芯 PVC 模板有三层、五层及多层结构：三层结构一般是表皮实心结构，芯层为发泡材料；五层结构模板在表皮与芯层中间增设增强层，增强层材料一般为金属板或者编织物。

表皮层与混凝土具有较低的亲和性，不会与混凝土发生粘结现象，故而可以自动脱模，可以对材质的选择及材料性能改性进行研究；增强层用于提高模板的物理机械性能；中间芯层采用低密度发泡板，完成塑料模板降低自重的功能。

1. 各层材料研究

（1）表皮层（A 层）材料的研究

面层材料为硬质高强塑料材料，设计为可回收利用材料，可采取使用回收废旧 PVC 等废旧塑料作为原料的方案。将废旧塑料回收后通过相应工艺进行分拣，重新造粒，再按照配型重新成型。而且，本产品使用后的废弃物也可以重新加工成型，再次利用。

（2）添加剂以及填料的性能与用量的研究

目前对于废旧塑料的再利用，最常用的填料改性剂以活性粉煤灰为主。主要是使用偶联剂对粉煤灰进行活化以后改性再生利用的塑料产品。偶联剂作为无机填料的表面改性剂，可使粉煤灰粒子较好地分散于再生树脂基体中，使粉煤灰与再生树脂间形成化学键，实现界面偶联作用，使界面粘结力提高。活化粉煤灰对再生树脂的改性机制：偶联剂分子中存在两种不同的基团，一种基团可与无机物表面化学基团反应，形成强固的化学键，即与粉煤灰表面的微量水分形成羟基，进行化学反应而形成强有力的化学键；另一种基团与再生树脂有很好的相容性，能与其长链进行物理缠绕，从而把两种性质不同的材料牢固地结合起来，形成网状结构，增加相互间的键合力，提高再生建筑模板的力学性能。此外，碳酸钙也是较为常见的添加剂。

（3）增强层（B层）材料的研究

目前，增强层材料主要为纤维材料和金属材料。纤维材料目前有多种纤维可供利用，如钢纤维、玻璃纤维、Kevlar 纤维、硅酸铝纤维、Aramid 纤维、碳纤维、铜纤维、钛酸钾纤维、云母纤维、尼龙纤维、剑麻纤维等，为开展混杂纤维复合材料提供了广泛的原料选择。

金属材料主要集中于铝合金材料和钢板材料。为改善金属材料与胶粘剂的粘结效果，需要对金属材料展开表面改性研究。而金属材料的选择，其膨胀系数与塑料材料的一致性也将成为重要选择要素。

（4）中间芯层材料的选择

中间芯层材料的选择标准为使用密度低的材料或者尽量降低所选取的材料的密度，研究结果表明，本身密度较低的材料要么成本很高要么物理机械强度太低，所以芯层材料宜选取降低选择材料的密度的技术路线进行研究。目前，技术比较成熟的用于降低材料密度的方法为：研制发泡材料，将气体充入材料内部。

本层材料 PVC 等废旧塑料回收再利用的再生塑料，采用科学设计的发泡工艺，制备相应的泡沫板材。

泡沫塑料根据泡体结构可以分为自由发泡塑料和结构发泡塑料。结构发泡塑料是指表皮层不发泡或少发泡，芯部发泡的泡沫塑料。结构发泡塑料具有不发泡或少发泡的皮层，这不仅使泡体表面光滑平整，而且提高了泡体表面的硬度，其力学性能明显优于自由发泡塑料。因此，结构泡沫塑料使得泡沫塑料的应用更加广泛。

PVC 材料作为合成材料中产量、用量最大的品种之一，具有非常优良的综合性能，如阻燃、绝缘、耐酸碱、耐磨损等，而且成本低廉、原料料充足、废旧产品大部分可回收利用，在日用品、外包装、建筑行业、农业、电子等领域应用广泛。

2. 各层间的复合

热成型复合材料的复合成型工艺要根据材料的匹配情况（塑料—塑料、塑料—纺织品、塑料—纸板）进行选择。它们主要有：粘结法、焊接法、锡钉连接法、热封合、螺栓连接、用销子固定连接[36]。

使用胶粘剂将两个或多个组成部分接合在一起的工艺称为粘结。胶粘剂可以通过商业渠道买到。要胶合的表面必须清洁而且无油脂，如果可能的话，还要粗糙化处理，以提高胶粘剂对粘结表面的浸润性，从而增加粘结强度。对抗粘附的塑料（如 PE、PP、POM），需要经过表面处理。表面处理可以使用退火法除去材料表面静电或者采用化学预处理法。表面处理有机械法（如喷砂、打磨、高压水冲等）、物理法（如放电、辐射、火焰、涂布等）和化学法（如氧化、置换、接枝、交联等）。目前常用的有化学腐蚀、火焰、电晕法。对本身难以粘结又要求粘结强度高的，可采用化学腐蚀法，对一般塑料，经打磨和去油即可粘结。

胶粘剂一般可分为四类：

（1）溶剂胶粘剂。这种胶粘剂凭借其对被粘塑料的溶解能力及粘合过程中的挥发作用，使塑料相互粘结。

（2）溶液胶粘剂。它是溶剂和被粘塑料或与它相似的聚合物所配成的溶液，实质上是改进的溶剂胶粘剂。

（3）活性胶粘剂。它是与被粘物相同或相容的单体、促进剂组成的混合物。它们在粘结后都能于室温或比被粘塑料软化点低的温度下进行完全的聚合。这类胶粘剂凭借价键力和机械结合力使被粘的物料连接在一起。

（4）热熔胶粘剂。它是由基体聚合物、增黏树脂、脂类和抗氧剂混合而成。为改善其粘附性、流动性、耐热或耐寒性，还可适当加入增塑剂、填料和其他低分子物。粘结时将其加热熔融、涂在粘结件的表面，冷却后即固化，使塑料粘结。

各层间的焊接工艺如下：

利用加热熔化使塑料部件进行粘结的作业称为焊接。焊接是制造大型设备、复杂构件不可缺少的，同时可完成修残补缺的任务。在焊接时，可使用塑料焊条或不用焊条。焊接适用于热塑性塑料（除硝酸纤维素外）制件的粘结。一般而言，只有相容的热塑性材料才能焊接。也有一些例外的，如 ABS 与 PMMA 之间。要获得良好的焊接质量，要求热的焊接点在焊接压力下冷却。焊接压力在高焊接温度（由焊接火焰产生）下较低，而在较低的焊接温度下则相对较高。

热成型制件的主要焊接方法有热风焊接、外加热工具焊接、摩擦焊接、高频焊接、超声波焊接和感应焊接等。其中，超声波焊接适合多种情况，不会产生能量传导，而高频焊接只适用于极性热塑性塑料。

（1）热风焊接。压缩空气（或惰性气体）经过焊接枪中的加热器，加热到焊接塑料所需温度的热气流，使塑料焊条熔接在待焊塑料的接口处而使塑料焊合。这种方法称为热风焊接。此法主要用于聚氯乙烯、聚乙烯、聚丙烯等塑料焊接，也可用于聚苯乙烯、ABS、聚碳酸酯等塑料。

（2）高频焊接。高频焊接是利用高频电流将聚合物分子极化使之发生频繁振动、摩擦而产生热能达到焊接的目的。这种方法适用于塑料薄膜、薄板的焊接及塑料的轧花等。高频焊接的设备功率通常为 $0.25\sim6kW$，特殊用途的可达到 $50kW$。一般要求电流频率为 $10\sim70MHz$，国内常用的是 $25\sim40MHz$，根据材料的介电常数 ε 及损耗正切 $\tan\delta$ 与频率 f 的关系和焊件的尺寸加以选择。

对损耗因素大的塑料，如聚氯乙烯、聚酰胺、聚丙烯酸酯、纤维素塑料等适宜用高频焊接方法。对损耗因素小的塑料（如聚乙烯等），如用高频焊接，需将这种材料夹在损耗因素大并在 $120℃$ 下无大变化的材料（称为受感材料）中间，再置于高频电场中，方能达到焊接的目的。或将一层属于受感材料的薄膜或涂料置于非热塑性材料（如棉花）之间或不同材料（如聚氯乙烯和玻璃）之间，也是行之有效的。受感材料有玻璃纸或乙基纤维素等，厚度为 $0.05\sim0.15mm$。高频焊接的焊缝很致密，其强度不小于母体材料的强度。

（3）超声波焊接。超声波焊接也属于热焊接。当超声波被引向待焊的塑料表面时，塑料质点被超声波激发而快速振动（其频率范围 $20\sim40kHz$）产生质点之间的摩擦，由机械功转变为热能，使被焊件的温度升高至熔融而连接。而非焊接表面无摩擦，温度不会升高，因而受不到损伤。

超声波焊接的热量只集中在焊接部分，生产率高、焊接强度大、功率消耗低、材料性能变化小，是一种有效的塑料焊接方法。此外，超声波焊接还可以用于塑料制品和金属嵌件的连接。

（4）感应焊接。将金属嵌件放在被焊接的塑料表面之间，并以适当的压力保护暂时结合在一起，随后将其置于高频磁场内，使金属嵌件因感应生热致使塑料熔化而接合，冷却后即为焊接制品，此法称为感应焊接，是迅速而多样化的焊接方法之一。对有些焊件只需要 1s 的焊接时间，一般焊件需要 3～10s，此法适用于热塑性塑料。金属嵌件可以是冲制的薄片、标准金属嵌件或其他形状的金属件。采用此法都可以得到理想的焊接效果。

（5）摩擦焊接。利用热塑性塑料间摩擦时所产生的摩擦热，使摩擦面发生熔融，在压力作用下使其接合，称为摩擦焊接。此法适用于棒、管或两半球等圆制件的对接。

2.4　PVC 模板的施工工艺

2.4.1　PVC 塑料模板施工工艺

PVC 塑料模板的施工工艺跟普通模板基本一致：首先应组织工人熟悉图纸，按图纸变更柱梁板、翻样会审内容；然后根据工程结构形式、荷载大小、地基土类别、施工设备和材料供应等条件设计模板及其支架，编制模板施工方案；在组合配模后，应进行编号堆放，支模时按编号进行铺设。塑料模板顶板铺设建议采用 15mm 厚，剪力墙板采用 15mm或 17mm 两种，竖向支撑同木模板，加固楞间距如下：

（1）顶板模板支设。次楞间距依据板厚确定，一般施工条件下，小于 150mm 厚楼板次楞间距（中心距）为 200～250mm，施工时可按照混凝土方案自行调整。

（2）剪力墙模板支设。以该工程墙高 2800mm，墙厚 300mm 为例，采用 15mm 模板，竖向次楞间距（中心距）为 150～200mm；采用 17mm 模板，竖向次楞间距（中心距）为 200～250mm。

2.4.2　PVC 塑料模板施工注意事项

PVC 塑料模板的施工方法与木胶合板基本相似，其采用的支撑体系、拆模方法与拆模条件基本相同，但因其自身的材料特性，在施工中应注意以下几个方面：

（1）施工前需排板。PVC 塑料模板可切割，但由于其强度高，切割难度大于胶合板，且在不考虑循环使用的情况下单块塑料板的价格远高于胶合板，所以施工中不建议随意切割，可在施工前通过排板和塑胶（合板）共用的方法解决（图 2-11）。

对于图 2-11 中阴影部分不规则处有两种处理办法：①厂家定做。把不规则板的尺寸、数量统计后报相应厂家，由厂家进行批量制作。②局部替换。采用厚度相同的胶合板等易切割材料补齐。

（2）塑料模板铺设时需留置伸缩缝。由于塑料模板比钢模、木模热胀系数稍大，早晨和晚上铺设塑料模板时必须预留 1mm 左右的伸缩缝（根据当天的温差大小可适当调整），伸缩缝可用透明胶粘贴，中午铺设时不需要留置施工缝。部分用塑料模板施工的墙柱垂直度和水平度超标正是由于未留施工缝导致胀模所致，用 PVC 塑料模板时此点应特别注意。

（3）减少板边 10mm 内开洞或钉钉。PVC 塑料模板施工时注意钉钉和开洞时应距离板边缘不少于10mm，以防止模板边开裂损坏。

（4）长时间电焊施工时，注意避免烧坏模板。塑料模板有防火阻燃功效，不怕明火和电焊渣短时间接触，但长时间电气焊施工时，应在施工区下方设垫板，防止板面破坏。

（5）模板清理要点。PVC塑料模板拆除后应做简单清理，用铲刀和小扫帚即可。清理重点为施工缝处模板，因为施工缝处有两次浇筑混凝土，两次浇筑导致板面下可能有浮浆滞留，不易清理。如清理不掉，可用软毛磨光机打磨，清理后继续使用。

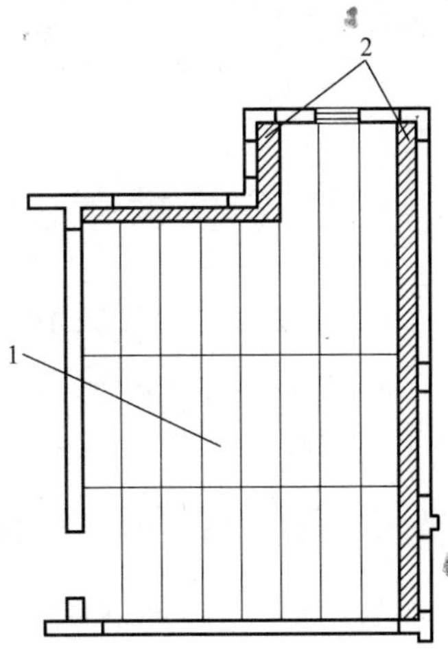

图 2-11 顶板排板示意图
1—规则区；2—不规则区

2.4.3 经济效益分析

PVC塑料模板以其强度高、耐久性好、周转率高、成型质量好、可回收利用等特点使其在实际使用成本、辅助成本、工期、环境保护、文明施工方面比胶合板更具优势。

（1）实际使用成本对比

1）实际使用成本计算公式。反复使用后的实际成本（元/m^2）＝销售价格（元/张）－20（kg/张）×2.5（元/kg，回收价）＝实际购买价（元/张）÷1.674（m^2/张）＝每平方米实际成本（元/张）÷30（反复使用次数）

2）以915mm×1830mm×15mm为例进行比较，具体对比见表2-10。

PVC模板与木模板实际使用成本对比　　　　　　　　表 2-10

类　别	PVC塑料模板	木模板
销售价格(元/张)	260	50
回收价值(元/张)	50	0
实际购买价(元/张)	210	50
成本(元/张)	125	30
使用次数(次)	30	5
实际成本(元/张)	4.18	6

（2）极大降低辅助成本

PVC塑料模板安装时无需隔离剂，拆模方便，拆后清洗堆码容易，这些特点为施工单位节省了辅助材料费用及大量人工费用，如工程控制严格，可实现清水混凝土，节约施工成本。

（3）减少工期成本

预先排板编号，定型定位模块化安装，减少安装时间约5%，拆模方便，与木模板比较，节约工期约5%。

（4）绿色文明环保，社会意义突出

据统计，每年使用2张塑料模板，可减少1m^3树木的砍伐，保护了有限的森林资源，且PVC塑料模板堆放整齐美观，在大力倡导绿色施工、文明施工的今天，具有更好的社会意义。

2.5　PVC 模板存在的问题及建议

从发达国家 PVC 发泡制品的发展历史来看，PVC 发泡制品的配方主要向无铅化发展，生产工艺主要向共挤及微孔发泡发展。结合我国国情及行业发展的实际现状，对硬质 PVC 发泡制品行业提出以下建议[5]。

2.5.1　注重原材料环境保护问题

PVC 制品原材料的环保问题主要在于其稳定剂助剂的选取问题，具体而言就是无铅化助剂体系的推广问题。欧美发达国家塑料制品的禁铅工作早在 20 世纪 90 年代就逐步展开。1990 年，美国消费者产品安全委员会颁布文件，规定进入市场的 PVC 制品的铅含量要小于 $200\mu g/g$；加拿大和南美一些国家也颁布法规，严禁在 PVC 制品中使用铅盐稳定剂；2000 年，欧盟 PVC 行业签署了自愿承担义务协议，给出了明确的禁铅时间表，承诺 2015 年在欧盟内部实现全面禁铅（实际上目前欧盟已经全面禁铅了）。为了顺应国际上 PVC 行业的禁铅潮流，我国近年也陆续采取了一系列的措施限制铅盐稳定剂的使用。2004 年 3 月 18 日，建设部发布了《关于发布建设部推广应用和限制、禁止使用技术的公告》，特别注明住宅 PVC-U 供水管道必须为"非铅盐稳定剂生产"；2006 年 8 月 11 日，《给水用硬聚氯乙烯（PVC-U）管材》GB/T 10002.1—2006 开始实施，明确注明饮水用 PVC-U 管材必须为非铅盐稳定剂生产；2006 年 2 月 28 日，国家七部委联合出台了《电子信息产品污染控制管理办法》，对铅、镉等有毒物质做出了与 RoHS 指令相同的限量规定；2009 年 3 月 1 日开始实施的《聚氯乙烯人造革有害物质限量》GB 21550—2008，限定人造革中可溶性铅含量应不大于 $90mg/kg$，可溶性镉含量应不大于 $75mg/kg$。

目前，我国硬质 PVC 发泡制品热稳定剂用量约为 2.5 万 t/a，但只有 20% 左右为非铅盐稳定剂，铅盐稳定剂的市场份额依然占有绝对的优势地位，非铅盐稳定剂也仅应用于出口到欧美等国的 PVC 发泡制品。因此，在硬质 PVC 发泡制品中实现助剂全面环保化之路任重而道远。一方面，助剂生产企业及制品生产企业应推进无铅化配方的开发及试验，为无铅化打好基础，做好技术储备；另一方面，也应制定相应的法律法规及技术标准来促进无铅化制品的发展。

2.5.2　注重硬质 PVC 发泡塑料模板品质管理

塑料模板是继木胶模板、竹胶模板、钢模板之后第四种建筑模板，是一种节能型绿色环保产品，具有广阔的发展前景。国外早在 20 世纪 90 年代就开始使用塑料模板。而我国在 20 世纪 80 年代才开始研发塑料模板，由于竹胶模板和木胶模板的大量推广应用，以及树脂价格较高等原因，开发塑料模板的单位较少，因而塑料模板的发展速度较慢，直到 90 年代塑料模板的进展也不大。进入 21 世纪后，随着国家大力提倡开发节能、低耗产品，以及我国塑料工业的发展和塑料复合材料的性能改进，各种新型塑料模板也正在不断诞生。目前，各地陆续投入生产塑料模板的企业已有百家左右，开发的产品多种多样，如增强塑料模板、中空塑料模板、低发泡多层结构塑料模板、工程塑料大模板、GMT建筑模板、钢框塑料模板、木塑复合模板等。

经过多年发展，目前我国塑料模板应用较成熟的主要是硬质PVC低发泡模板及增强PP模板。而硬质PVC低发泡模板由于具有更好的性价比及可钉性，且使用方式与竹胶模板和木胶模板一样，可以直接进行代替，所以在近几年得到了突飞猛进的发展。另外，由于塑料模板技术成为住房城乡建设部大力推广的建筑业10项新技术（2010版）之一，塑料建筑模板的开发与应用速度大大加快。因此，生产企业要抓住机会，大力发展、推广硬质PVC低发泡建筑模板。

但是，目前市场上产品质量管理较为混乱，严重危害了产品在市场中的形象，导致用户对该类产品产生严重怀疑，影响了整个产业的发展。行业协会应组织相关单位收集、整理硬质PVC低发泡建筑模板在使用中的相关数据，联合建筑设计单位、建筑施工单位搞好试验检测，为大力推广该产品打好基础。同时，还应将硬质PVC低发泡建筑模板的成功应用经验，联合建设部门进行经验交流，促进该产品的健康、快速发展。

2.5.3　规范行业行为，促进行业发展

随着硬质PVC低发泡制品相关行业标准的正式实施，相关行业协会应加大宣传力度，引导相关企业按照标准要求进行生产，从而提升行业的信誉与影响力，促进行业健康发展。另外，根据行业发展要求，为了提高企业生产技术和产品质量水平，满足市场需求，应对原有的硬质PVC低发泡板材标准进行修订，即《硬质聚氯乙烯低发泡板材自由发泡法》QB/T 2463.1—1999、《硬质聚氯乙烯低发泡板材塞路卡法》QB/T 2463.2—1999、《硬质聚氯乙烯低发泡板材共挤出法》QB/T 2463.3—1999。

2014年中国塑料加工工业协会硬质PVC发泡制品专业委员会已经组织行业内骨干企业，如宝天高科（广东）有限公司、山东博拓塑业股份有限公司、济南海富塑胶有限公司等，成立了标准修订小组，调研讨论标准的修订事宜，同时把修订方案、计划上报全国塑料制品标准化技术委员会，标准修订工作目前正在按程序进行中。

根据中国塑料加工工业协会的要求，以及行业发展需求，相关协会组织需要宣传和发挥硬质PVC发泡制品绿色环保的特性，推进行业技术创新、节能减排工作和循环经济发展。

2.5.4　紧跟国家政策指导，抓住发展机遇，大力发展环保产品

从我国塑料加工业的发展趋势中，可以明显看出硬质PVC发泡制品具有应用领域广泛、市场需求量大的特点，这为硬质PVC发泡制品提供了巨大的发展空间；而PVC原料供应充足、价格低廉和已形成的完整产业链则为硬质PVC发泡制品的发展提供了可靠的基础。因此，硬质PVC发泡制品行业要抓住难得的发展机遇，大力实施产品高端化战略，加快产品升级换代，以市场为导向，深入研究市场需求，在加大现有产品推广力度的基础上，大力开发新产品，拓宽应用领域，要在轻质高强PVC发泡材料制品上下功夫，在汽车、高铁、航空及工业应用领域取得新的突破。同时，业内相关协会或组织应该积极联合一些规模较大的生产企业进行技术改造项目申报，争取国家政策及资金支持。

2.5.5　加强协会建设，提升协会服务质量

塑料模板相关协会应与中国塑料加工工业协会以及中国轻工业联合会密切协作，应充分利用这个资源优势，进一步加强为企业服务的意识，为行业内企业提供全方位的服务，促进硬质 PVC 发泡制品尤其是塑料模板行业健康、持续的发展。可以考虑通过以下一些途径来为企业服务。

（1）组织行业内的骨干企业到上游 PVC 树脂生产企业参观交流，洽谈合作意向，获取优惠的价格。

（2）广泛征集行业内优秀科技创新项目，帮助企业参加中国塑料加工工业协会、中国轻工业联合会以及国家相关部门的科学技术奖励申报。

（3）依据商务部、国务院、国资委于 2009 年 5 月发布的《关于行业信用评价工作有关事项的通知》（商秩字［2009］7 号）要求，根据企业具体情况，推荐、指导企业参与"中国塑料行业企业信用等级评价"，促使行业内企业获得"AAA 信用等级"评价。

（4）根据企业发展需要，指导企业进行建立研发中心的申请材料编制、报批、评审等工作。

（5）组织企业进行先进企业、高新技术企业、名牌产品、重点新产品和战略性创新产品等称号的申报，做好行业品牌建设工作，增强企业竞争力，同时争取获得当地政府的政策支持。

大力促进专业化服务型网站、QQ 群、微信公众号等网络资源平台的建设工作，可以快捷方便地为行业内相关企业服务，也是广大会员交流的平台。为了提高服务质量，应及时对行业技术、业界新闻等栏目进行更新，以大数据技术为支撑，及时主动地对行业新闻进行针对性推送，以便业内人士能及时了解到相关信息，促进行业进步发展；同时，还应利用网站的"产品介绍""推荐产品"及"宣传公告"等栏目为行业单位提供产品宣传服务；此外，还应积极收集国内外相关技术资料，在网站上资源共享，方便业内人士参考借鉴。

参考文献

［1］　林师沛. 塑料配置与成型. 北京：化学工业出版社，2004.

［2］　Ajit K. Roy，John D. Camping. *Development of a portable shear test fixture for low modulus porous（foam）materials* ［J］. *Experimental mechanics*. 2003，43（1）：39-44.

［3］　王献新. PVC 发泡板的发展趋势 ［J］. 新型建筑材料. 1996，10.

［4］　王亚明，申长雨. 我国硬质 PVC 低发泡挤出制品的发展概况 ［J］. 塑料科技. 2000，1：37-40.

［5］　周家华. 2014 年硬质 PVC 发泡制品行业状况及发展建议 ［J］. 聚氯乙烯. 2015，43（3）.

［6］　谭林，崔玉琴，李文进. 硬质 PVC 共挤芯层低发泡成型技术研究 ［J］. 塑料科技. 2005，4：44-45.

［7］　湛丹，周南桥，朱文利等. PVC 微孔塑料的研究进展 ［J］. 塑料，2005，34（2）：36-40.

［8］　李颖，姚丽芹，李静繁. 聚氯乙烯现状分析及展望 ［J］. 中国氯碱. 2006，3：1-3.

［9］　BG Colvin. *An Integrated Approach to Foam Development for Automotive Instrument Panels* ［J］. *Journal of Cellular Plastics*. 1991，27（1）：44.

［10］　Y-S Wang，C-C Kuo. *Development of High Performance Cyanate Esters Foam* ［J］. *How Con-*

cept Becomes Reality. 1991，36：1430-1436.

[11] 苏修军，邹敏. 新型 PVC 自由发泡板的研制 [J]. 工程塑料应用. 2003，31 (10)：39-41.

[12] 许家友. 聚氯乙烯无毒稳定剂及其稳定机理的研究 [D]. 四川大学，2005.

[13] 余浩川，李志君. 改性 PVC 泡沫材料的研究进展 [J]. 热带农业科学. 2006，25 (5)：85-89.

[14] Daniel Klempner, Kurt Charles Frisch. *Handbook of polymeric foams and foam technology* [M]. Hanser Munich etc.，1991.

[15] 张维君，蒋炜明. R-PVC 低发泡挤出技术 [J]. 天津化工. 1999，5：31-33.

[16] J. L. Abot, A. Yasmin, I. M. Daniel. *Impact behavior of sandwich beams with various composite facesheets and balsa wood core* [J]. *ASME APPLIED MECHANICS DIVISION-PUBLICATIONS-AMD*，2001，247：55-70.

[17] S-T Lee, Chul B. Park. *Foam extrusion：principles and practice* [M]. CRC press，2014.

[18] JS. Conlton, NP. SUH. *The Relation between the Foamability of PVC Pastes and the Quality of a PVC Polymer* [J]. *Polym Eng Sci*. 1987，27 (7)：493-498.

[19] Mikael Danielsson, Joachim L. *Grenestedt. Gradient foam core materials for sandwich structures：preparation and characterisation* [J]. *Composites Part A：Applied Science and Manufacturing*. 1998，29 (8)：981-988.

[20] David D Cornell. *Biopolymers in the existing postconsumer plastics recycling stream* [J]. *Journal of Polymers and the Environment*. 2007，15 (4)：295-299.

[21] Ian C. McNeill, Livia Memetea, William J. Cole. *A study of the products of PVC thermal degradation* [J]. *Polymer Degradation and Stability*. 1995，49 (1)：181-191.

[22] PG. Faulkner, JR. Atkinson. *Crack initiation in PVC for subsequent linear elastic fracture mechanics analysis* [J]. *Journal of Applied Polymer Science*. 1971，15 (1)：209-212.

[23] Chang Han. *Multiphase flow in polymer processing*. Elsevier，2012.

[24] Chul B. Park, Daniel F. Baldwin, Nam P. Suh. *Effect of the pressure drop rate on cell nucleation in continuous processing of microcellular polymers* [J]. *Polymer Engineering & Science*. 1995. 35 (5)：432-440.

[25] M. Xanthos, R. Dhavalikar, V. Tan, et al. *Properties and applications of sandwich panels based on PET foams* [J]. *Journal of reinforced plastics and composites*. 2001，20 (9)：786-793.

[26] O. Revjakin, J. Zicans, M. Kalnins, et al. *Properties of compositions based on post-consumer rigid polyurethane foams and low-density thermoplastic resins* [J]. *Polymer international*. 2000，49 (9)：917-920.

[27] 鲁德平，管蓉，刘剑洪. 微孔发泡高分子材料 [J]. 2002.

[28] 傅志红，彭玉成. 微孔塑料物理发泡的成核理论 [J]. 中国塑料. 2000，14 (10)：27-32.

[29] 李开林，彭玉成. 微孔发泡塑料挤出成型中聚合物—气体均相体系形成研究 [J]. 中国塑料. 1998，12 (6)：64-67.

[30] 陈国华. 国外微孔塑料物理发泡研究现状 [J]. 中国塑料. 1998，12 (1)：15-21.

[31] 吕坤. 微孔塑料的制备及其相关理论的研究进展 [J]. 现代塑料加工应用. 2002，14 (4)：53-56.

[32] 方荃，何荣军. 高分子材料的微孔发泡方法 [J]. 胶体与聚合物，2003，21 (4)：40-42.

[33] 季春波. PVC 低发泡实心板挤出成型技术要点 [J]. 上海塑料. 2008，4：35-37.

[34] 倪士民，麻晓雷. PVC 发泡板材的开发与应用 [J]. 化工时刊. 1999，13 (6)：18-20.

[35] 胡永明，张德庆. PVC 低发泡板材的制造技术及工艺 [J]. 新型建筑材料. 1997，11：8-10.

[36] 张治国. 塑料热成型技术问答 [M]. 北京：印刷工业出版社，2005.

第 3 章　PP 模板

3.1　PP 材料学的特点

聚丙烯是以丙烯为单体制得的聚合物，英文缩写为 PP，它有等规、无规和间规三种结构。工业上以等规物为主要成分的聚丙烯也包括丙烯与少量乙烯的无规和嵌段共聚物，统称为聚丙烯树脂[1]。

1954 年，纳塔在齐格勒工作的基础上，在实验室首次合成了等规聚丙烯，并于 1957 年在意大利投产，商品名为 Moplen。其后，许多公司用此技术相继生产。在半个世纪的时间里，聚丙烯已成为发展速度快、产量大、牌号多和用途广泛的合成树脂品种之一。

3.1.1　PP 的结构

1. 立体化学和结晶性

聚丙烯链的可能形式有无规、间规、等规和立体嵌段四种，如图 3-1 所示。

大多数工业聚丙烯是等规物。随催化剂和反应条件的不同，也会有少量无规物、立体嵌段物和更少量的间规聚合物。

用 X 射线对等规聚丙烯进行测定，说明大部分主链具有规则的线形结构。这是由于单体单元以头尾方式相接，在聚合物的不对称碳原子 $\leftarrow CH_2—\overset{\overset{\displaystyle CH_3}{|}}{C^*}H\rightarrow_n$ 具有相同的立体构型。在此情况下，如将链上的碳原子放在一平面内，所有不对称碳原子的甲基必然位于主链的同一侧。但是，由于

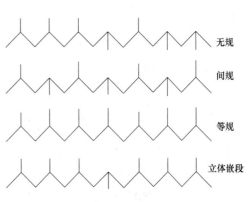

图 3-1　聚丙烯的立构规整性

甲基空间立构的需要，这种平面结构是不可能的。为了适应这种空间的需要，主链螺旋化而成为一种螺旋构型，它的等同周期为 6.5nm，在一个晶胞中相当于三个丙烯单元。这种聚丙烯从稀溶液中结晶，可得到单晶，属单斜晶系。等规聚丙烯的主要结晶形式为 α-型属单斜晶系，计算密度为 $0.936g/cm^3$，熔点 180℃，在热力学上比较稳定。如将熔体快速冷却到低温或冷拉，α-型结晶可得到准晶（或称为非晶相或近晶的排列），它是一种分子（或链段）聚集体，其中个别分子链保持像单斜结晶中那样的螺旋构型，但有序程度达不到一般所说的结晶，密度约 $0.88g/cm^3$，加热则转变成 α-型。此外，还有 β 和 γ 两种形式，两者都有一个三元螺旋链构型。如将熔体骤冷至 100~130℃ 就可得 β-型，属六方晶系，密度为 $0.939g/cm^3$，熔点 145~150℃，加热则转变为 α-型。熔体在高压下结晶则生成 γ-型，属三斜晶系，其熔点较 α-型低 10℃。

聚丙烯从熔融态缓慢冷却可以形成球晶。根据不同的结晶条件，球晶直径可从 $1\mu m$ 到 $100\mu m$。从熔体至少可得到五种球晶：类型 I 和 II 含有 α 结晶变体，在 167℃ 熔融；类型 III 和 IV 是由 β 变体组成，球晶的熔点为 150℃；第 V 种类型是由 γ 变体组成。聚丙烯的结晶速率随结晶温度而变化，在玻璃化温度和熔点之间，温度越高，结晶速率越小，而温

度越低，结晶则难于进行。因此在此温度范围内有一个结晶速度最大的结晶温度，一般在 120～130℃附近。

聚丙烯因其分子的立体规整性而具有一定的结晶能力。由于聚丙烯的某些力学和物理性能与结晶度有关，因此人们总是生产高度等规度聚合物。可是，即使有同样的分子量，由于成型条件不同，结晶度也会变化。骤冷时结晶度低，渐冷时结晶度高。成核剂可提高聚丙烯的结晶度和结晶速率，降低球晶的直径和控制一定形态。因此，可改进透明性，增加屈服强度和冲击强度，缩短成型周期（表 3-1）。

成核剂的种类和特点 表 3-1

种　类	品 种 举 例	特　　点
标准型	滑石粉，苯甲酸钠	价廉实用
透明型	山梨醇亚苄基衍生物，DBS、MDBS、DM-DBS 等	改善透明性、表面光泽等，相容性好，基本无毒，用量 0.2%～0.5%
增强型	有机磷酸盐化合物，如 NA-11、磷酸钠等	熔点高，热稳定性好，提高热变形温度、弹性模量、刚性，用量 0.3%
特殊型（β-型成核剂）	NJstarNU-100，TMB-4 等	提高 β-型晶体含量，提高冲击强度、刚性和热变形温度，用量 0.1%～0.3%

2. 共聚物的结构

对于含少量乙烯的无规共聚物，由于乙烯单体的存在扰乱了丙烯链的规整性，从而降低结晶性、熔点，改进 PP 的缺点而具有较好的低温特性和透明性。在相同乙烯含量下，乙烯在聚合物链中较均匀分布的产品性能较好。嵌段共聚物的聚丙烯链段可以保持结晶性和均聚物的高温性能，聚乙烯和乙丙共聚物的链段可改进低温性能和冲击性能。在文献中，制造不同结构嵌段共聚物的方法有多种方案。一般采用 P-EP 型嵌段共聚合，以提高冲击强度，但没有纯粹的嵌段共聚物，而是聚丙烯-（乙丙无规）嵌段物与 PP 和 PE 的混合物。丙烯嵌段物的冲击强度是随丙烯（P）部分和乙丙（EP）部分的结构与比率而变化的。如 P 部分结构一定，则依赖于 EP 部分的性质和 P 部分与 EP 部分的粘结强度。EP 部分的 T_g 是随 EP 部分乙烯含量而变化的，乙烯含量在 60%时具有最大冲击强度。

3. 分子量及其分布

同其他聚合物一样，聚丙烯具有分子量的多分散性，即它是由分子量不同的同系分子组成的混合物。这种分子量的不均一性，虽然对其化学性能影响很小，但对聚合物的物理、力学及流变性能却有重要影响。

分子量是聚丙烯的基本特性。丙烯的相对分子质量为 42，聚丙烯的相对分子质量为 10^4～10^6。分子量的极限意义：下限是有用的力学性能开始，上限是加工的可能性。聚丙烯的平均分子量，可用渗透压法测定数均分子量（$\overline{M}_n$），光散射法测定重均分子量（$\overline{M}_w$），以及通过测定特性黏度 $[\eta]$ 来计算黏均分子量（$\overline{M}_\eta$）。如用十氢萘作溶剂，在 135℃下测定稀溶液的特性黏度，则可按下式计算黏均分子量：

$$[\eta]=1.0\times10^{-4}\overline{M}_v^{0.80}$$

在工业上，常用熔体指数仪在规定条件（温度 230℃，负荷 2160g，口模 $\phi2.095\times8$）下测得的熔体指数（MI）来粗略地表征分子量，一般，MI 小分子量高，MI 大则分子量低。它与黏均分子量的关系如下：

$$\lg MI = 19.75 - 3.864 \lg \overline{M}_v$$

聚丙烯的熔体指数一般在 $0.2 \sim 100g/10min$ 之间，特殊的可达 $150g/10min$。分子量对聚丙烯大部分性能的影响，与其他常用聚合物的情况不同，虽然分子量会提高熔体黏度和冲击强度，但也使屈服强度、硬度、刚度和软化点降低。一般认为，高分子聚合物不像低分子聚合物那样容易结晶，而结晶度的差别会影响大部分性能。据报道，分子量增加会使脆化点降低（表 3-2）。

MI 对聚丙烯某些性能的影响   表 3-2

性　　能	均聚物			共聚物	
熔体指数(g/10min)	3.0	0.7	0.2	3.0	0.2
拉伸强度(MPa)	34	30	29	28	25
断裂伸长率(%)	350	115	175	40	240
弯曲模量(MPa)	1310	1170	1110	1290	1030
脆化温度(℃)	+15	0	0	-15	-20
维卡软化点(℃)	145~150	148	148	148	147
洛氏硬度,R 标	95	90	90	95	88.5
冲击强度(J)	3.5	34	46	46	57.5

3.1.2 聚丙烯的性能

根据聚丙烯结构的不同，主要品种有均聚物、无规共聚物和嵌段共聚物或抗冲型共聚物，其性能亦有差异，使用时需予以注意。

1. 化学性能和稳定性

同其他烯烃一样，聚丙烯有优越的耐水、溶剂、润滑脂、油类、碱和其他化学药品的性能。除少数例外，在 120℃ 下相当长的时间内，无机试剂对 PP 的影响极小，甚至没有影响。

温度和有机介质的极性是决定吸收程度的主要因素，当温度升高、介质的极性减弱时，吸收变大。在一些液体（如四氯化碳、二甲苯、溴、氯仿、松节油和石油醚）中有相当大的溶胀，同时拉伸强度明显降低。PP 也会受到氧化剂（如 98% 硫酸和发烟硝酸）的侵蚀。

由于聚丙烯主链中的叔碳原子是最易受到氧进攻的位置，未经稳定的聚丙烯在高温下会被氧化，首先在叔碳原子上形成氢过氧化物，另外在阳光下会很快发生光氧化。增加聚合物中的氧含量（主要是以羰基和羟基存在）会导致变色、有臭味、降低分子量和变脆。因此，在聚合物中必须添加稳定剂才能使用。

能够阻止自由基链式反应的热抗氧剂是一些受阻酚类，如抗氧剂 1010、1076、CA。此外，使用氢过氧化物分解，如硫代二丙酸二月桂酯（DLTDP）和各种亚磷酸酯。因此，工业聚丙烯的稳定剂通常是由酚类抗氧剂和氢过氧化物分解剂所组成的混合物（0.1%～0.5%），它们有协同效应。

为了防止光降解，必须添加光稳定剂，如羟基二苯甲酮、苯并三唑、水杨酸苯酯的各种衍生物，如 UV-531、UV-326、UV-327 和 UV-P 等。另外，镍的螯合物也很有效。

除上述基本稳定剂外，为了特殊用途还要加入其他添加剂。其中最重要者之一是铜抑制剂（如草酸苯胺），用于 PP 和铜接触的配方中。有时还加入 HCl 清除剂，如环氧化物、硬脂酸钙。

2. 物理性能与力学性能

（1）密度和热性能

密度（单位体积的质量）是单个分子的质量和堆砌方式的函数，烃类没有"重"原子，所以单位体积内分子的质量相当低，无定形烃类聚合物的密度一般为 $0.86 \sim 1.05 g/cm^3$。无定形乙丙橡胶的密度比等规聚丙烯和聚乙烯低，但结晶结构的分子构型也影响密度，等规聚丙烯在结晶时采取螺旋形构型，这就需要较多的空间，它的密度比锯齿形的聚乙烯低。因此，有人提出了像聚乙烯一样按密度对聚丙烯分类的新方案（表3-3）。尽管这一方案尚未采用，但通过密度（结晶度）了解聚丙烯的性能是有意义的。

聚丙烯的密度和性能的关系　　　　　　　　　　　　　表 3-3

性　　能	APP	低密度聚丙烯（低结晶度）	中密度聚丙烯（普通 PP）	高密度聚丙烯	
				HCPP	理想的
结晶度（%）	0	30	45～60	70	76
密度（g/cm^3）	0.85	0.87	0.88～0.90	0.91	0.915
刚性（$\times 10^2 MPa$）	—	4	9～17	21	25
热变形温度（℃）	—	60	90～112	130	140
拉伸强度（MPa）	—	18	25～36	41	44
伸长率（%）	—	>600	>40～600	30	30

聚丙烯的玻璃化温度（T_g），由于测定技术不同和受等规度和分子量的影响，文献中报道的值有较大差别。对于等规聚丙烯，T_g 从 −13℃ 至 0℃。对于无规聚丙烯，则从 −18℃ 至 −5℃。

纯晶状聚丙烯的平衡熔点，用等温结晶聚丙烯外推法求得的为 187.3℃。这一温度比在正常分析条件下对商品聚丙烯测得的值高 23～28℃。无规共聚物的熔点为 135～145℃，高速成型的则接近 130℃。一般，熔点随共聚单体的含量增加而降低。等规聚丙烯的熔化热，随分析方法的不同，可从 63J/g 至 260J/g。对于 100% 晶状样品，熔化热的可靠值为 $(165+18)J/g$。它的比热容比聚乙烯低，而比聚苯乙烯高。因此，一台注塑机的注塑能力，使用聚丙烯时低于聚苯乙烯，而高于聚乙烯。

聚丙烯流动性比聚乙烯有更强的非牛顿性，它的剪切黏度对剪切很敏感，而对温度的依赖性也很大。在高温、高剪切下，聚丙烯会发生显著降解，从而使分子量降低，分子量分布变窄。另外，如在聚丙烯中添加少量添加剂，如有机硅润滑脂、硬脂酸盐，可使熔体流动性提高。

（2）力学性能

等规均聚丙烯是刚性的结晶物质，它的等规度越高，则结晶度越大，因而软化点、刚度、拉伸强度、杨氏模量和硬度等也越大（图3-2）。冲击强度也随等规度和熔体指数（190℃、10kg）而变化（图3-3）。即是说，增加无规物的相对含量会降低聚合物的结晶

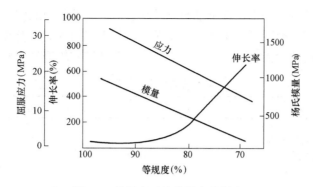

图 3-2　等规度对拉伸强度的影响

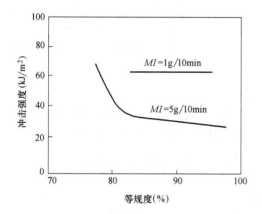

图 3-3　冲击强度与等规度和 MI 的关系

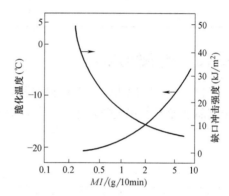

图 3-4　含乙烯 10％的嵌段共聚物的冲击
强度、脆化温度与 MI 的关系

度,同时降低模量、刚性和硬度,而增加冲击强度。大多数工业聚丙烯的等规度大于
90％,制品的结晶度为 50％～60％。

聚丙烯在接近 0℃时会变脆,甚至在室温下某些牌号的冲击强度也不大好。采用少
量(4％～15％)乙烯的嵌段共聚物,则有较高的冲击强度和较低的脆化温度(图 3-
4)。最近,由于气相聚合法的开发,橡胶含量增多,而开发出超高冲击聚丙烯,以满
足高度耐冲击制品的需要。另外,还开发出高熔体指数的高冲击聚丙烯,例如,对于
洗衣缸,起初 MI 为 10g/10min,而现在用 MI 为 30g/10min 的聚丙烯,甚至可用 MI 为
45～70g/10min 的。

用高活性催化剂可合成高结晶聚丙烯(HCPP),它是高密度聚丙烯,同普通 PP 比
较,具有优良的刚性、拉伸强度、耐热性等特点。用作双轴取向薄膜时,模量约增加
10％～20％,热收缩率大幅度下降。此外,这种高结晶聚丙烯结晶速率高、变形小、硬度
高,因而可与 ABS 竞争,已用于家用电器如电饭煲和电磁灶等。

无规共聚丙烯的模量和拉伸强度比均聚物低,但它可在较低的温度下进行热复合。这
类共聚物可作流延薄膜、复合薄膜及注塑制品。

(3)应力开裂

制品中残留应力,或者在长期承受应力下,其部分区域会产生龟裂现象,这一现象称

为应力开裂。有机溶剂和表面活性剂能显著地促进应力开裂，因此应力开裂试验一般在表面活性剂存在下进行。聚丙烯较聚乙烯和聚苯乙烯有更好的耐应力开裂性。聚丙烯的耐应力开裂性随分子量的增大而提高，共聚物的耐应力开裂性较均聚物为好（表 3-4）。

聚丙烯的耐应力开裂性　　　　　　　　　　　表 3-4

聚合物种类		MI(g/10min)	达到 50%破裂的时间(h)
聚丙烯	均聚物	8	50～100
	均聚物	1.5	200～300
	均聚物	0.3	700～900
	嵌段共聚物	4.0	>1000
	无规共聚物	0.6	>1000
	高密度聚乙烯	—	<24
	吹塑用耐应力开裂的聚乙烯	—	200～250

3.1.3　聚丙烯的加工

聚丙烯可以用挤出、注塑和吹塑等加工方法制成薄膜、纤维、注塑制品和容器等。由于制品性能要求和成型方法的不同，对聚丙烯的熔体指数（MI）要求不同（图 3-5）。

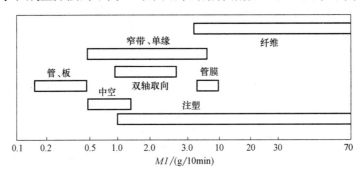

图 3-5　加工不同制品时所用 PP 的 MI 范围

所用的加工方法与聚乙烯（特别是高密度聚乙烯）很相似，但也有区别，主要表现在：

（1）PP 的比热容和模塑收缩率比聚乙烯小；

（2）流动性对温度和剪切速率较为敏感；

（3）聚丙烯在加热时容易发生热氧化降解，加工温度不宜太高，一般在 210～250℃，加热时间必须缩短到最低限度；

（4）在 150℃前，PP 的摩擦因数是随温度升高逐渐降低的。

聚丙烯虽与高密度聚乙烯相似，但也有许多不同之处，即：

（1）密度低；

（2）软化点较高，因而有较高的极限使用温度，即使用无规共聚物制得的复合薄膜也可在 120℃消毒；

（3）较高的透明性。

聚丙烯的种类不同，其特性及应用也有差异。

3.2 PP 模板的发展历程

聚丙烯模板一般采用玻璃纤维增强，来提高模板的机械强度。

3.2.1 国外 PP 模板的发展历程

目前，国外比较成熟的 PP 模板主要有两种：多层复合型 PP 模板和 GMT 类型的 PP 模板。其中，多层复合型 PP 模板发展历程基本上与 PVC 多层板相近，而 GMT 模板的发展较为典型。GMT 板材自 1932 年在美国诞生了树脂基复合材料后，其发展历史已有近 80 年。美国首次在 1940～1945 年期间使用手糊工艺，把玻璃纤维增强聚酯树脂作为材料运用到飞机油箱和军用雷达罩上，这为军事工业中树脂基复合材料应用开辟了途径。美国空军在 1944 年第一次在飞机机身、机翼上使用树脂基复合材料夹层结构；到了 1946 年，在美国纤维缠绕成型获得了专利。1949 年成功研制了玻璃纤维预混料，表面光洁的树脂基复合材料零件可以通过传统的对模法压制出；1950 年，随着压力袋和成型真空袋工艺研究的成功，直升飞机的螺旋桨也试制成功。通过不断的发展，美国在 20 世纪 60 年代成功把纤维缠绕工艺运用到了"北极星 A"导弹发动机壳体上。为了使手糊成型工艺的生产率得到不断提高，通过发展和应用喷射成型工艺，从而极大提高了生产效率。德国在 1961 年对片状模塑料（SMC）的研制成功，使得模压成型工艺上升到了一个新的台阶。到了 1963 年，随着树脂基复合材料板材工业化生产的开始，日、法、美等国陆续建立了大宽幅、高产量连续生产线，并研制成功透明复合材料及其夹层结构板材。美国和日本在 1965 年用 SMC 压制浴盆、船上构件、汽车零件等。

开始于 20 世纪 50 年代的拉挤成型工艺，在 60 年代中期使连续化生产成为现实，除了棒材外还生产了工字形、槽形、细管、方形等型材。拉挤技术在 70 年代有了突破性进展，目前最先进的拉挤成型机组由美国生产，其设计有环向缠绕机构。70 年代初，热塑性复合材料得到较快发展，生产工艺以注射成型和挤出成型为主，但由于技术并不成熟，只用于短纤维增强塑料的生产。70 年代后期，随着树脂反应注射成型的研究成功，手糊工艺得到了改善，使产品两面光洁，并已广泛用于生产汽车零件、卫生洁具等。1972 年，GMT 板材在美国 PPG 公司成功研制，并于 1975 年投入生产，其最大优点是废料可回收利用，成型周期短。法国在 80 年代用湿法成功生产了 GMT 板材，并在汽车制造工业中得到了成功使用。20 世纪 60 年代始于瑞士的离心浇铸成型工艺，在 80 年代得到较快发展，英国 10m 长复合材料的电线杆就是用此法生产，用于城市给水工程的大口径压力管道使用离心法生产，带来了显著的技术经济效果。目前为止，有近 20 种树脂基复合材料生产工艺，并且随着发展，还会不断出现新的生产工艺。

各国对开发和应用树脂基复合材料的发展途径不同。美国在军工领域首先应用，第二次世界大战后转变为民用为主。西欧各国直接从民用开始，同时兼顾军工。目前，全世界已形成了包括原材料、产品种类、性能检验、成型工艺及机械设备等比较完整的工业体系，相比其他工业，发展速度很快。

当今复合材料的树脂基体仍以热塑性树脂为主。根据最新统计，全世界树脂基复合材料制品种类超过 40000 种，总产量达 1000 多万 t，同时，国外研究者对制备 GMT 所需的原材料如玻纤和聚丙烯进行了详细的研究。

3.2.2　国内 PP 模板的发展历程

我国的 PP 模板发展较为曲折，早期国内的 PP 模板主要为纯 PP 板材，自重较大，使用不便，易翘曲变形。由于该类产品主要为挤出成型工艺，主要改性技术为短玻璃纤维增强及配方调整和多层共挤出等，性能改善程度有限，发展较为缓慢。

相较于短玻纤增强技术而言，长玻纤增强技术，即玻璃纤维毡增强聚丙烯片材，简称为 GMT 板，主要由玻璃纤维和聚丙烯（PP）两种材料组成，属于热塑性复合材料。随着科学技术的发展和人类环境意识不断提高，GMT 板随之而产生，与传统的热固性复合材料相比，其成型周期短，韧性好，密度低，可回收利用，被称为 21 世纪绿色工业材料。

由于高性能 GMT 板材包含于整个复合材料之中，其属于热塑性树脂基复合材料，因此针对 GMT 板材发展概况主要论述整个复合材料。国外干法制备 GMT 片材工艺的方法主要有预浸渍法、毡结构法、表面修饰法、钢带改进法、片材加热法、离心法等。

1958 年，我国开始研制树脂基复合材料，当时使用手糊工艺制成了树脂基复合材料渔船，用卷制和层压工艺成功研制火箭筒的树脂基复合材料板、管等。耐烧蚀端头在 1961 年成功研制。1962 年，通过进口喷射成型机及蜂窝成型机和不饱和聚酯树脂，成功开发了风机叶片和飞机螺旋桨。1962 年，随着缠绕工艺研究成功生产了一批压力容器。1970 年，通过使用手糊夹层结构板成功制成大型树脂基复合材料的雷达罩，其直径达 44m。我国在 1971 年以前对树脂基复合材料的使用主要用于军工产品，70 年代开始在民用方面加以应用。到了 1987 年，各地开始大量引进国外先进技术，如池窑拉丝、表面毡生产线、短切毡及各种牌号的聚酯树脂（德、美、意、荷、日、英）和环氧树脂（德、日）等生产技术；成型工艺方面，通过对缠绕管、拉挤工艺生产线、罐生产线、连续制板机组、SMC 生产线、RTM 成型机、渔竿生产线、树脂注射成型及喷射成型等的引进，形成了包含研发、设计、生产及原材料等的较完整的工业体系。

根据统计，目前为止，在我国生产树脂基复合材料的企业达 5000 多家，产品品种 10000 多种，总产量达 100 多万 t/年。主要用于防腐、建筑、轻工、交通运输、造船等工业领域。

对于热塑性树脂基复合材料的力学行为，杨挺青对 GMT 板材的黏弹性本构理论进行了详细的论述；利用 Eshelby 等效夹杂理论，梁军和杜善义研究了颗粒增强聚合物材料的黏弹性本构关系及复合材料力学性能与时间、夹杂体积分数和载荷之间的关系；基于均匀化理论，刘书田和马宁研究了 GMT 复合材料黏弹性分析的多尺度方法及复合材料等效热应力松弛规律；贺微波等研究了形状记忆纤维热黏弹性基本复合材料的力学行为。

3.3　PP 模板的分类

3.3.1　发泡 PP 模板

在发泡母料的制备中，通过加入成核剂，在聚合物熔体和成核剂界面之间可以形成大量的低势能点，因而能够提供更多的发泡成核点来制备微发泡材料[3]。不加成核剂，或者用于发泡的基体树脂中不含能够引导成核的粉体颗粒，则气泡的成核点会急剧减少，泡孔并泡、破裂塌陷的情况增加，导致成型的泡孔尺寸大并且直径分布很不均匀。可知，成核剂的加入对于微发泡材料的制备具有重要的意义[4]。因此，理想的发泡 PP 塑料模板应该是泡孔结构致密，综合力学性能优异，芯层发泡、表层没有发泡的聚丙烯微发泡材料。

3.3.2　中空 PP 模板

中空 PP 模板是一种重量轻（空心结构）、无毒、无污染、防水、防振、抗老化、耐腐蚀、颜色丰富的新型材料。相比于纸板结构产品，中空 PP 模板具有防潮、抗腐蚀、更轻便等优势来代替纸板。相比于注塑产品，中空板具有防振、可灵活设计结构、不需开注塑模具等优势。

中空 PP 模板具有下列优点：

（1）良好的力学性能：PP 中空板的特殊结构，使其具有韧性好、耐冲击、抗压强度高、缓冲防振、挺硬性高、弯曲性能良好等优良的力学性能。

（2）质轻节材：PP 中空板力学性能优良，同比要达到同样的效果，使用塑料中空板耗材少、成本低、重量轻。

（3）隔热、隔声：由于 PP 中空板的中空结构，使其传热、传声效果明显低于实心板材，具有良好的隔热、隔声效果。

（4）化学性能稳定：PP 中空板可以防水、防潮、防腐蚀、防虫蚀、免熏蒸，与纸板、木板相比具有明显优势。

（5）由于 PP 中空板的特殊成型工艺，通过色母粒的调色可以达到任意颜色，而且表面光滑，易于印刷。

3.3.3　夹芯 PP 模板

1. 夹芯 PP 模板的定义

夹芯 PP 模板是指将聚丙烯做成不同的功能层，然后再复合成板，从而达到轻质高强的目的。夹芯 PP 模板分成各功能层：表皮层、增强层、中间芯层。

近年来发展的一种新型模板—节材型塑料模板，从结构形式上而言，属于夹芯 PP 模板的升级产品，但是其采用了全新的节材理念设计，性能较之前同类产品有了质的飞跃。本章节将主要以该类产品为例，讲述夹芯 PP 模板产品特点。该类产品表皮层与混凝土具有较低的亲和性，不会与混凝土发生粘结现象，故而可以自动脱模。从材质的选择及材料性能改性进行研究：增强层用于提高模板的物理机械性能；中间芯层采用低密度板材，完成塑料模板降低自重的功能。同时，为了便于施工，提高施工效率，该产品还设计成双面等效可用的结构。具体节材型塑料模板结构设计为 ABCBA 型结构模式，其中 A 为表皮层，B 为增强层；C 为中间芯层。具体结构如图 3-6 所示。

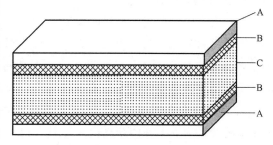

图 3-6　节材型塑料模板的结构模式

2. 夹芯 PP 模板的特点

夹芯 PP 模板的特点可以概括为：节约材料（节材）、环保节能（环保）、轻质高强、自动脱模、尺寸稳定。

（1）节约材料

具体而言就是能够节约大量社会资源，包含以下几个方面的含义：产品本身使用的材料较少，节约原材料的用量；产品使用次数多，使用时间久，资源利用率高；该产品的使用大大降低了社会上同类产品及辅助材料（支撑体系材料）消耗资源的使用量，从而节约大量社会资源及成本。这三个方面的含义在高强轻质塑料模板产品中的体现可以归结为单位面积质量小；可循环利用次数高；可回收再利用；积极响应国家"以塑代木"、"以塑代钢"的政策，最大限度替代竹木胶合板和钢模板。

（2）环保节能

目前，环境与能源已经成为越来越多的人所关注的核心话题。本项目产品设计理念之一的环保节能的具体含义即为：在产品的设计、原材料的选取、生产设备选型、生产工艺设计、车间管理、产品应用及回收再利用、产品最终报废等各个环节全部采用保护环境、节约能源的理念进行处理。

（3）轻质高强

顾名思义，即为具有较低的单位面积重量、具有较高的物理机械性能。较低的单位面积重量不仅能够降低模板使用的材料用量，从而达到节约材料的目的，而且还能够降低施工人员的劳动强度，提高施工效率，降低项目施工过程中的人工成本。较高的物理机械性能可以提供更好的施工效果，节约更多的支撑体系使用的材料尤其是木方的用量，为地球多保留一抹绿色。

（4）自动脱模

无需涂刷隔离剂，去除支撑后模板自动脱落。相对于使用隔离剂的模板，成型后混凝土效果更好，可以达到清水混凝土的效果，从而节约了原材料（隔离剂）、节约了施工成本（隔离剂涂刷工时、二次修补的工序）。

（5）尺寸稳定

模板可以在较为宽广的温度范围里面使用，既可以在寒冷地区应用也可以在炎热地区使用，而不会因为热胀冷缩的原因导致铺设好的模板出现变形或者缝隙、不会因为过冷而变脆、不会因为太热而变软，从而影响混凝土成型效果。

3. 高强轻质塑料模板材料研究

（1）表皮层（A 层）材料的研究

面层材料为硬质高强塑料材料，设计为可回收利用材料，可采取使用回收 PP、PE、PVC 等废旧塑料作为原料的方案。将废旧塑料回收后通过相应工艺进行分拣，重新造粒，再按照配型重新成型。而且，本产品使用后的废弃物也可以重新加工成型，再次利用。

1）各种塑料的性能研究，与最终配方中各种塑料的配合比

聚丙烯作为五大通用塑料之一，其原料来源丰富、价格便宜、易于加工成型、产品综合性能优良，用途非常广泛。聚丙烯材料具有很高的机械强度、优良的耐热性能、较好的

抗腐蚀性和电绝缘性，尤其具有突出的刚性和耐弯曲性，使其更加适合于作为制备节材型建筑模板的面板材料。但是聚丙烯材料也有很多缺点，例如低温易脆断、收缩率大、抗蠕变性能差、亲水、涂饰和粘合等二次加工性能差。所以，在使用聚丙烯材料的过程中，首先要对聚丙烯材料进行各种改性，添加各种助剂、填料等，以使其能够成为优良的建筑模板面板材料。

在对回收的聚丙烯原料的加工过程中，其分子结构可能会发生很大的变化。这样的变化，有可能会破坏它的分子结构。其分子量可能提高，也可能降低，这样就会大大影响分子量分布结构，从而改变聚丙烯材料的流变性能、机械性能等特性。聚丙烯应用场合不同，其废料的机械性能也不一样，因此，需要调整再生材料的稳定性，通过添加稳定剂可使再生料的稳定性有较大的提高或改善。对于使用过程中性能改变不多的聚丙烯废料，物理加工是再生利用的主要方法。废旧聚丙烯的利用也包括直接利用、改性利用、化学循环利用等。

废旧聚丙烯在原生产过程中，已添加了不同的化学成分，所以必须经过改性再利用，否则很难达到要求。聚丙烯缺乏反应基团，其亲水性、染色性、粘结性以及与其他极性聚合物和无机填料的相容性都很差，为了改善再生原料的性能，满足再利用产品的质量要求，应采用各种改性方法，使废旧聚丙烯的某些力学性能达到或超过原树脂制品的性能。为此，要研究废旧聚丙烯改性再生利用的方法和技巧，将聚丙烯废料通过物理或化学的方法进行改性，使其逐渐恢复原有的力学性质和机械性能，达到再利用效果。

此外，为确保其性能能够达到应用需求还可以采用特种工程塑料，包括聚酯、聚甲醛、聚碳酸酯、聚酰胺等等，同样是可回收利用材料，大大降低环境污染，节能环保，性能可靠，不过成本较高，可酌情展开研究。

2）添加剂以及填料的性能与用量的研究

目前对于废旧塑料的再利用，最常用的填料改性剂以活性粉煤灰为主。主要是使用偶联剂对粉煤灰进行活化以后改性再生利用的塑料产品。偶联剂作为无机填料的表面改性剂，可使粉煤灰粒子较好地分散于再生树脂基体中，使粉煤灰与再生树脂间形成化学键，实现界面偶联作用，使界面粘结力提高。活化粉煤灰对再生树脂的改性机制：偶联剂分子中存在两种不同的基团，一种基团可与无机物表面化学基团反应，形成强固的化学键，即与粉煤灰表面的微量水分形成羟基，进行化学反应而形成强有力的化学键；另一种基团与再生树脂有很好的相容性，能与其长链进行物理缠绕，从而把两种性质不同的材料牢固地结合起来，形成网状结构，增加相互间的键合力，提高再生建筑模板的力学性能。此外，碳酸钙也是较为常见的添加剂。

本层材料也需要进行增强处理，比较常用的方法有短切玻璃纤维（玻璃纤维布、玄武岩纤维布、碳纤维布、芳纶纤维布等）增强法，轻质玻璃纤维毡增强热塑性塑料（GMT）复合板材的制备等方法。

（2）增强层（B层）材料的研究

目前，增强层材料主要为纤维材料和金属材料。纤维材料目前有多种纤维可供利用，如钢纤维、玻璃纤维、Kevlar 纤维、硅酸铝纤维、Aramid 纤维、碳纤维、铜纤维、钛酸钾纤维、云母纤维、尼龙纤维、剑麻纤维等，为开展混杂纤维复合材料提供了广泛的原料选择。

金属材料主要集中于铝合金材料和钢板材料。为改善金属材料与胶粘剂的粘结效果，需要对金属材料展开表面改性研究。而金属材料的选择，其膨胀系数与塑料材料的一致性也将成为重要选择要素。

（3）中间芯层材料的选择

中间芯层材料的选择标准为使用密度低的材料或者尽量降低所选取的材料的密度。研究结果表明，本身密度较低的材料要么成本很高要么物理机械强度太低，不适合使用，所以产品芯层材料宜选取降低所选择材料的密度的技术路线进行研究。目前技术比较成熟的用于降低材料密度的方法有两种：研制发泡材料，将气体充入材料内部；使用多层混合纤维层压工艺，制备轻质 GMT 板材。

1）发泡材料

本层材料 PP、PE、PVC、PB 等废旧塑料回收再利用的再生塑料，采用科学设计的发泡工艺，制备相应的泡沫板材。

泡沫塑料根据泡体结构可以分为自由发泡塑料和结构发泡塑料。结构发泡塑料是指表皮层不发泡或少发泡，芯部发泡的泡沫塑料。结构发泡塑料具有的不发泡或少发泡的表皮层，不仅使泡体表面光滑平整，而且提高了泡体表面的硬度，其力学性能明显优于自由发泡塑料。因此，结构泡沫塑料使得泡沫塑料的应用更加广泛。

以 PP 树脂为例，PP 树脂密度低，力学性能优异，耐冲击性、耐热性及化学稳定性好，其泡沫产品可回收性好，有利于环保。因而，PP 泡沫材料在众多工业应用方面成为其他热塑性材料的潜在替代品。虽然，PP 具有上述的优势，但其若用于挤出结构成型发泡还存在问题。PP 是结晶性聚合物，在温度到达熔点以前，几乎不流动。但是温度一旦超过熔点，其黏度急剧下降，熔融强度非常小。这样的熔体很难包住气体，气泡容易塌陷或合并，泡孔太大且极不均匀。所以 PP 树脂适合发泡的温度范围只有几度，发泡过程很难控制。这是 PP 挤出发泡成型中的一个必须解决的问题。为了解决这个问题，需要改善PP 的熔体强度。目前，有下列四种方法：PP 部分交联、采用高熔体强度聚丙烯（HM-sPP）、PP 共混改性、PP/无机复合材料。

PVC 材料作为合成材料中产量、用量最大的品种之一，具有非常优良的综合性能，如阻燃、绝缘、耐酸碱、耐磨损等，而且成本低廉、原材料充足、废旧产品大部分可回收利用，在日用品、外包装、建筑行业、农业、电子等领域应用广泛。

2）轻质 GMT 材料

轻质玻璃纤维毡增强热塑性塑料复合板材（简称轻质 GMT 板材），是由连续玻璃纤维毡和热塑性树脂复合而成的一种新型复合材料，具有轻质环保、吸声隔热、高强韧性、优良的抗化学腐蚀性和环境适应性等特点，广泛应用于交通、建筑、航空等领域。轻质 GMT 板材诞生于 20 世纪末，标志为 1999 年 AZDEL 公司公布其新一代产品 SuperLite 板材。2003 年，瑞士 QPC 公司用干法工艺制备出与前者具有相同性能的产品——Symalite 板材。2005 年，Owens-corning 公司也公布了其轻质热塑性复合板材产品。我国 GMT 复合板材的开发和研究起步较晚，在"九五"期间才将汽车用 GMT 复合材料的研究应用列为国家的 863 高科技计划项目。

3.4 PP 模板的生产工艺

3.4.1 发泡 PP 模板生产工艺

1. 发泡 PP 模板生产工艺简介

微发泡技术对于获得综合性能优异的发泡材料、扩大聚合物的使用范围、降低生产成本、提高材料的使用性能具有非常重要的意义。泡孔结构与发泡制品的性能密切相关,因此获得均一泡孔结构、泡孔直径尺寸小、泡孔密度大的材料直接关系着发泡材料的应用范围[2]。发泡母粒有助于在成型加工过程中产生的气泡核均匀且致密,并且能够防止发泡剂的团聚,然而,气泡核的出现也受到成核剂的影响,根据"界面成核"原理,聚合物熔融后,在螺杆内膜壁表面或粉体颗粒(如成核剂、杂质)与熔融树脂的界面,气体对界面的润湿性导致气泡克服自由能垒的难度降低,因此优先在固液界面上形成气泡核,内部疏松的固相粒子由于空穴的存在势垒较低,也容易成核形成泡孔。

在发泡母料的制备中,通过加入成核剂在聚合物熔体和成核剂界面之间可以形成大量的低势能点,因而能够提供更多的发泡成核点来制备微发泡材料[3],不加成核剂,或者用于发泡的基体树脂中不含能够引导成核的粉体颗粒,则气泡的成核点会急剧地减少,泡孔并泡、破裂塌陷的情况增加,导致成型的泡孔尺寸大并且直径分布很不均匀。可知,成核剂的加入对于微发泡材料的制备具有重要的意义[4]。因此,理想的发泡 PP 塑料模板应该是泡孔结构致密,综合力学性能优异,芯层发泡、表层没有发泡的聚丙烯微发泡材料。

2. 发泡 PP 模板的制备工艺研究

(1)原料

聚丙烯、发泡剂 TA-220、滑石粉、硫酸钙、钛酸酯偶联剂、NDZ-201、氧化锌、聚乙烯蜡、硬脂酸锌、丙酮。

(2)设备

高速混合机、挤出机、注塑机。

试样制备分为以下 4 个步骤:

1)发泡剂的活化

将发泡剂以一定的比例与氧化锌/硬脂酸锌、聚二甲基硅氧烷在高速混合机中混合3~5min,混合温度为 50~60℃,然后将所得的物料放出,制得活化的发泡剂[5]。

2)成核剂的表面改性

称取一定量的钛酸酯偶联剂,偶联剂含量为待改性成核剂质量 1.5%,然后将钛酸酯偶联剂溶于适量的丙酮溶液中,用玻璃棒搅拌 3~5min,透过光线目测偶联剂在丙酮中溶解后,丙酮的用量(体积)为成核剂的 1.5 倍,然后将所得的混合液加入成核剂中,高速混合 10~15min,放出物料储存备用。

3)密炼法制备发泡母料

滑石粉作为成核剂时,其发泡母料配方见表 3-5 所列。

发泡母料配方

表 3-5

名称	百分含量(%)
LDPE	65
发泡剂	25
氧化锌	1
硫酸钙	5
PE 蜡	3
偶联剂	0.5
硬脂酸锌	0.5

滑石粉作为成核剂时，将表中的硫酸钙换为滑石粉，其配方设计比例不变；枸橼酸钠作为成核剂时，将表 3-5 中的硫酸钙换为滑石粉，其配方设计比例不变；按照配方分别准确称量各种原料，在高速混合机中混合 5~8min，混合温度在 60~80℃之间，然后将所得的混合物放入密炼机中混合塑化制备母料，塑化温度为 130℃，制得发泡母料 A1、发泡母料 A2、发泡母料 A3。

4）共聚聚丙烯/发泡母料共混物微发泡材料的制备

将发泡母料 A1、A2、A3 与聚丙烯（$MFR=0.37g/10min$）树脂按照 3：97、4：96、5：95、6：94、7：93 的比例进行共混，常温下在高速混合机中混合 10min，然后将制得的物料在注塑机上制成样条，室温下冷却 24h 后测试性能。

① 测试与表征

研究发泡剂的分解温度，升温速率控制在 20℃/min，测试温度范围 25~800℃，保护气为惰性气体 N_2。

② 力学性能测试

测试条件：拉伸性能，速度 50mm/min，标准 GB/T 1040—2006；冲击强度，标准 GB/T 1043—2008，摆锤能量为 2.75J；弯曲强度，标准 GB 9341—2008，下压速度 2mm/min，定位移 7mm。

③ 扫描电子显微镜（SEM）观察泡孔结构的情况

材料断面分析：制品在液氮冷却 5~8h 后，缺口断面喷金后通过扫描电子显微镜分别观察不同成核剂时的分散情况和泡孔分布情况。

（3）发泡 PP 塑料模板制备工艺分析

1）发泡剂的活化改性研究

由于发泡剂的分解温度较高，可以通过活化改性来降低发泡剂的分解温度，但同时不能够影响低温下发泡剂的热稳定性，使其不能在低温时分解或者影响发泡剂的发气量。通常选用金属氧化物、脂肪酸盐来改善发泡剂的分解温度，金属氧化物的选择还能起到增大发气量的作用。以氧化锌和硬脂酸锌改善发泡剂的分解温度为例，如图 3-7 所示。

由图 3-8 中可知，发泡剂经过氧化锌、硬脂酸锌分别按照一定的比例改性后，发现硬脂酸锌对发泡剂的活化作用与氧化锌对发泡剂的活化作用有一定的差别。在较低温度时，氧化锌、硬脂酸锌对发泡剂的分解温度的影响比较弱，发泡剂的分解率不大于 0.1%。随着温度的升高，硬脂酸锌对发泡剂的活化作用增强，使得经过硬脂酸锌改性的发泡剂提前分解，在 140℃发泡剂开始分解，可能是脂肪酸盐与发泡剂混合后，脂肪酸盐起到的类似

"增塑"的作用[6]，使得发泡剂提前分解，然而，氧化锌是金属氧化物，不存在分子链较短的脂肪链，对发泡剂的活化的突发性降低，使得发泡剂在180℃开始分解，在3～5℃之内，发泡剂的分解率急剧增大，在达到发泡剂的分解温度的范围内，快速地扩散分布在聚合物树脂中，有利于泡孔的均匀性，防止泡孔塌陷、并泡现象的出现。选择合适的氧化锌、硬脂酸锌复合物进行改性，可得到分解温度控制在聚丙烯熔融温度范围以内的发泡剂，如图3-8所示。

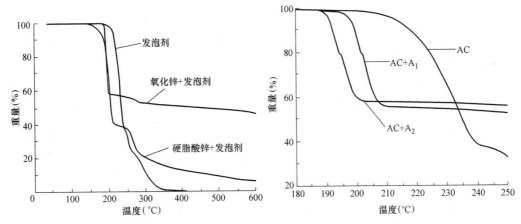

图 3-7　氧化锌和硬脂酸锌改性发泡剂热重分解曲线　　　图 3-8　改性发泡剂的 TGA 曲线

从图3-9可知，发泡剂稳定性好，然而分解温度较高，不利于聚丙烯微发泡材料的制备，高聚物的熔体流动速率和熔体强度大致成相反关系，聚丙烯属于结晶性聚合物，其熔体流动速率随温度的升高而增大，而熔体强度则逐渐减小，较大的熔体强度有利于气泡的包覆，在185～195℃的成型加工温度范围内，气泡既可以流动扩散，又不影响熔体对树脂的包覆，经过复合助剂活化后，其分解温度变化得最为明显，能够发泡的温度区间增大，活化后的起始分解温度在186℃，更接近聚丙烯的熔融温度，也有利于发泡母料的制备。

2）成核剂的活化改性结果分析

将成核剂改性后，使得粉体与树脂的相容性增加，综合性能提高，硫酸钙、滑石粉改性后得到的活化度指数见表3-6、表3-7所列。

偶联剂异丙基三（二辛基焦磷酸酰氧基）钛酸酯对滑石粉的改性效果比硫酸钙要好。然而对枸橼酸钠改性效果弱，枸橼酸钠为晶型颗粒状物质，容易结合水分子形成水合分子，改性几乎起不到作用，综合分析，对于滑石粉、硫酸钙而言，钛酸酯的用量为粉体的1%就会有比较好的改性效果。

硫酸钙改性后的活化度指数　　　　　　　　　　　表 3-6

编号	表面活性剂含量(%)	活化度指数(%)
1	0	65.5
2	0.5	96.3
3	1	99.7
4	1.5	99.8
5	2	99.8

滑石粉改性后的活化度指数 表 3-7

编号	表面活性剂含量(%)	活化度指数(%)
1	0	72.3
2	0.5	97.5
3	1	99.9
4	1.5	99.9
5	2	99.9

3）密炼法制备 AC 发泡母料的工艺

将低密度聚乙烯、发泡剂、发泡助剂、成核剂、偶联剂、PE 蜡等助剂按照比例准确称取后，在高速混合机中混合 5~10min，然后按照比例称取，在密炼机上制备发泡母料，第一区、第二区、第三区温度分别为 128℃、130℃、128℃，转速为 30r/min，塑化时间为 270s，制得发泡母料。

4）均聚聚丙烯发泡母料微发泡材料的性能研究

成核剂对微发泡材料性能影响分析：

由图 3-9 可知，聚丙烯微发泡材料的拉伸强度随着发泡母料含量的增加呈现降低的趋势。用滑石粉作成核剂的发泡材料在母料含量 5% 时出现一个极大值，拉伸强度达到 28.4MPa，而后随着母料含量的增加，拉伸强度持续降低，在发泡母料含量为 7% 时，拉伸强度为 25.9MPa。相应的，用硫酸钙和枸橼酸钠作为成核剂制备的微发泡材料的拉伸强度也呈现随母料含量增加而降低，3% 发泡母料时，拉伸强度分别为 28.0MPa26.7MPa，在发泡母料含量为 7% 时，拉伸强度分别降至 24.7MPa、23.6MPa。然而，对于冲击强度来说，由于硫酸钙的晶须结构使得泡孔的形成比较致密，泡孔的稳定性增加，不容易产生并泡而破裂现象，使得硫酸钙作为成核剂时冲击强度最大，在发泡母料含量为 5% 时，冲击强度达到了 46.1kJ/m²。一方面，泡孔的存在，吸收了部分的冲击功，抵消了部分冲击能，另一方面，成核剂的存在，使材料在受到冲击的时候能形成银纹，产生银纹化现象，消耗掉大部分的冲击功。而枸橼酸钠会形成水和分子，在发泡过程中碱性盐不利于发泡剂的分解，因而产生的泡孔密度小、直径大，较大的泡孔直径使得力学性能不如硫酸钙、滑石粉所形成的发泡材料。弯曲强度和弯曲模量呈现协同趋势，滑石粉填充改性后，弯曲模量增加得较大，在发泡母料含量为 5% 时，弯曲模量达到 1518MPa。具有晶须结构的硫酸钙填充后由于受到外力挤压时，晶须滑移造成弯曲强度和模量有一定程度的降低，不如层状的滑石粉增强效果好，在发泡母料含量为 5% 时，弯曲模量达到 1470MPa。枸橼酸钠为有机的脂肪酸盐，增强效果偏弱，因而导致断裂伸长率较小，受到定向的拉力时，分子链由卷曲状态逐渐向伸直链状态变化，等到分子链解缠沿外力方向取向结束，继续拉伸时分子链断裂，材料开始逐渐断裂。发泡母料含量为 5% 时，由于硫酸钙的晶须结构，拉伸导致晶须的取向滑移，同时比较致密的泡孔结构，导致其断裂伸长率有较大幅度的增加，发泡母料再增加时泡孔破裂反而使断裂伸长率降低。对于成型收缩率，发泡结构会使材料的成型收缩率降低。但是枸橼酸钠的本身特性导致制品成型后，高分子链趋向无序度增大的方向改变，分子链开始卷曲收缩，导致成型收缩率较大；而滑石粉填充的聚丙烯微发泡结构，聚丙烯分子链收缩时，由于刚性粒子、泡孔的阻

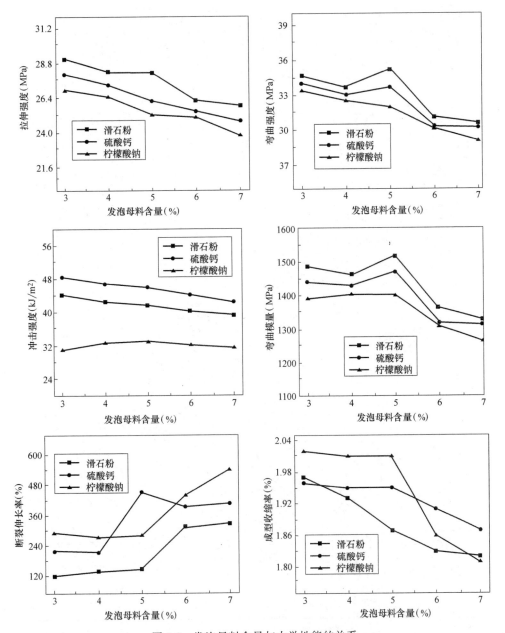

图 3-9 发泡母料含量与力学性能的关系

隔作用，导致分子链卷曲受到阻碍，成型收缩率比枸橼酸钠大；硫酸钙晶须本身结构使其成型收缩率介于二者之间。总体上，枸橼酸钠填充聚丙烯微发泡体系对性能提高不明显。

5）成核剂对微发泡材料泡孔结构的影响

如图 3-10、图 3-11 所示。

由图中微发泡材料冲击断面 SEM 图可知，滑石粉作为成核剂制备的聚丙烯微发泡材料，当母料含量达到 5% 时，泡孔密度较小，泡孔并泡塌陷的情况较少。泡孔的形成一般包括成核和泡孔成长定型两个阶段，滑石粉为层状结构，有利于泡孔的形成成长，当用硫酸钙作为成核剂时，泡孔的直径也比较小、密度较大、分布均匀，泡孔直径在 $100\mu m$ 左

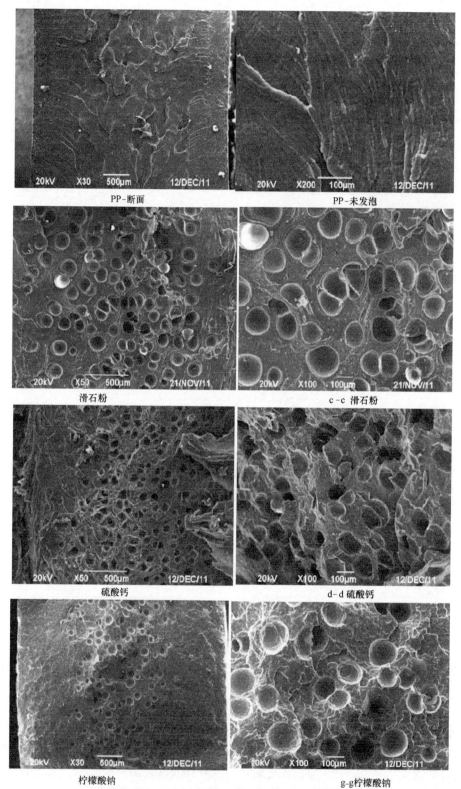

图 3-10　不同成核剂时发泡材料的电镜照片
（分别是纯 PP/滑石粉/硫酸钙/枸橼酸钠作为成核剂的断面照片）

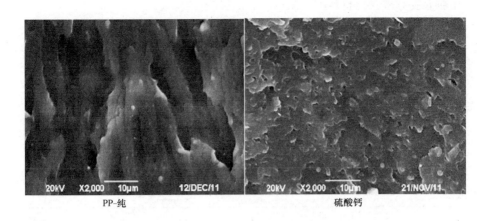

图 3-11 硫酸钙作为成核剂时的电镜照片
(分别是纯聚丙烯和添加成核剂硫酸钙改性后的聚丙烯[5])

右，改性的粉体增加了树脂与粉体之间的界面结合力，如果界面结合力较低，易造成颗粒的滑移，力学性能较差，界面结合力过于紧密，气泡核难以形成而长大，致使泡孔密度减小，因此界面结合力必须控制在一定的范围内，才能得到具有致密泡孔结构的制品。成核剂粒径越小，比表面积越大，能与熔融树脂形成更多的界面，依据"界面成核"原理，气泡的本征特性使其更易扩散至树脂与粉体的结界面，成核—长大—固化成型。而枸橼酸钠作为成核剂时，成型过程中熔融后与聚丙烯树脂混合在一起，形成均相结构，脂肪酸盐提供的成核点较少，无法引导气泡进入势能低的两相界面，结果材料断面泡孔结构疏松，且密度分布不均匀，泡孔直径大小不一。与未发泡的材料冲击截面相比，滑石粉作成核剂时微发泡材料的泡孔密度比枸橼酸钠做成核剂时的泡孔密度大，泡孔直径不均一情况有所好转，并泡现象也有改善，硫酸钙作成核剂发泡时效果也比较好。图 3-11 中看出，表面改性后的硫酸钙在聚丙烯中的分散更加均匀，与聚丙烯相容性比较好，可以提供较多的成核点，有利于微发泡材料的制备。对比可知，硫酸钙和滑石粉作为成核剂发泡效果比较明显，枸橼酸钠的效果最差，泡孔密度小，甚至出现无泡现象。

6）保压时间对微发泡材料泡孔结构形态的影响

图 3-12 为聚丙烯微发泡材料冲击断面的 SEM 图，发泡母料中的成核剂为硫酸钙，注塑工艺为：注塑温度 190℃，注塑压力 75MPa，注射速度 11.5g/s，发泡母料含量为 5%，研究了不同的保压时间对泡孔结构情况的影响。注塑成型过程中，发泡剂在二价锌离子存在下初分解为氮气、氨气等气体，与熔融后的聚丙烯树脂形成气体、黏稠性流体的均匀混合状态，黏流态的聚丙烯熔体强度相对较小，混合体系的自由体积增加，构象熵值大，分子链处于无序的混乱状态，在注塑过程中受到剪切力作用，分子链呈现解缠的趋势，随着体系继续吸热，熔体强度降低，气泡因压力降低而不断地增大，流动性增加，有利于气泡扩散进入成核剂和树脂的结界面，形成"热点成核"，气泡成长速度加快，同时也增大了并泡的几率。保压时间过短，气泡来不及扩散，成核点较少，提前释放压力导致泡孔还来不及固化成型，泡孔塌陷、并泡现象增加；保压时间过长，气体在聚丙烯熔体中的溶解度降低，气泡核也会减少，所以选择保压时间为 25s。

7）注射温度对微发泡材料泡孔结构形态的影响

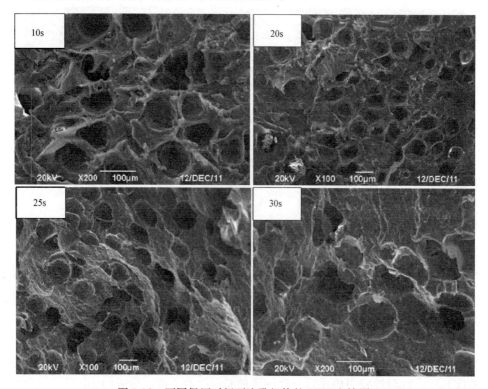

图 3-12　不同保压时间下泡孔机构的 SEM 电镜图

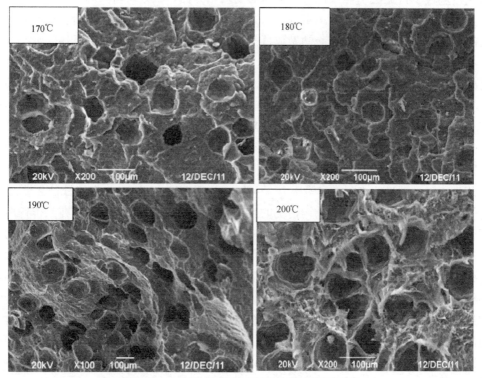

图 3-13　不同注射温度下泡孔结构的电镜图[5]

图 3-13 所示聚丙烯微发泡材料的泡孔结构，发泡成型时发泡母料中的成核剂为硫酸钙，注塑压力 75MPa，注射速度 11.5g/s，保压时间为 25s。发泡温度 170℃时，由于发泡剂分解较少，气泡成核点较少，微发泡材料截面泡孔分布稀疏，且泡孔尺寸较大，随着温度的升高，发泡母料中发泡剂的分解量增加，等温度升高至 190℃时，已经产生大量的过饱和气体，树脂的熔体强度较大，还不至于妨碍气体的扩散，并且流动性较好，成核剂的存在使得泡孔优先在树脂与成核剂的界面形成，然后气泡长大稳固，温度继续升高至 200℃时，发泡剂分解过于激烈，树脂的熔体强度已无法包覆气体的存在，使得大量的气体扩散出模具，部分气泡已经开始融合产生并泡现象，此时晶须的存在已经无法稳固泡孔壁的流动，导致泡孔壁的破裂。可见，注射温度过高时，不利于泡孔的形成，对材料的孔径结构影响大。

（4）小结

氧化锌对发泡剂 A 的改性效果比硬脂酸锌好，改性过后的温度在 185～195℃范围内，硬脂酸锌改性后发泡剂 A 的分解区间较氧化锌改性后发泡剂的分解区间大，约在 3～5℃ 范围内，但是改性后的分解温度降低较多，在达到聚丙烯的熔融温度之前已经提前分解。因此，硬脂酸锌和氧化锌配合使用制备的助剂可得到较好的改性效果，起始分解温度在 186℃，且分解区间增大，复合发泡助剂对发泡剂的改性效果较好。硫酸钙作为成核剂时，制备的微发泡材料泡孔分布比较均匀，泡孔直径较小，约在 $100\mu m$ 左右，冲击强度较滑石粉、枸橼酸钠高，滑石粉作为成核剂时微发泡材料的泡孔效果也比较良好，然而冲击强度较硫酸钙做成核剂时制备的微发泡材料差一些。在发泡母料含量为 5% 时，硫酸钙做成核剂时制备的微发泡材料冲击强度 $46.1kJ/m^2$，滑石粉做成核剂时冲击强度达 $41.8kJ/m^2$，硫酸钙的晶须结构、滑石粉的层状结构有利于气泡核的形成、泡孔的稳固，有利于发泡聚丙烯材料的制备，同时在成型工艺条件相同的情况下推荐使用工艺：注塑温度 190℃，注塑压力 75MPa，注射速度 11.5g/s，保压的最佳时间为 25s。

3.4.2 夹芯 PP 模板的生产工艺

夹芯 PP 模板的重要组成部分就是表皮，一般采用玻璃纤维增强聚丙烯片材，即 GMT 片材，因此本部分重点介绍 GMT 片材的生产方法。

1. GMT 板材的生产工艺简介

GMT 板材的生产工艺方法主要分为湿法生产和干法生产[7]。

（1）湿法生产工艺

湿纸法工艺也称为湿法工艺，最早是由法国 Arjomari 公司和英国 Wiggins Teaper 公司开发的热塑性片材成型方法之一。湿法热塑性片材成型工艺一般采用长 12mm 左右的中长纤维与树脂颗粒、辅助剂与水混合在一起形成悬浊液，然后通过上浆工艺将材料制成规定厚度的片材湿毡。湿毡经过脱水、烘干、热轧形成片材。湿法成型的片材由于使用纤维短，具有较好的流动性，制件的强度与干法相当，特别适合于复杂几何形状和薄壁结构的应用。这种片材成型工艺复杂，可以赋予制件较好的抗冲击性能，且由纤维的分散不均引起的制件不规则变形小，兼具有热塑性复合材料的可回收特性，已成为世界复合材料制品生产的前沿性材料之一，具有广阔的市场前景。

1）影响湿法生产工艺的主要因素

玻璃纤维和 PP 的悬浮体系中，玻璃纤维密度为 $2540\sim2580\mathrm{kg/m^3}$，而 PP 密度为 $900\mathrm{kg/m^3}$，两密度相差近 3 倍。当把水作悬浮介质时，固体物料分别下沉和上浮，并且迅速地分层。因而，要得到均匀的悬浮液较困难，这是一项"固—液相系"悬浮操作。影响树脂和纤维的悬浮操作因素很多，主要有以下几点：

① 纤维的密度及长径比；

② 悬浮液浓度；

③ 介质的黏度和密度；

④ 树脂的粒径、密度及其分布；

⑤ 悬浮助剂的浓度和种类；

⑥ 在罐内的流体的循环速度和流动流型；

⑦ 搅拌方式。

2）改进湿法生产工艺主要措施[8]：

研究表明，阳离子型表面活性剂对玻璃纤维分散效果较好，非离子型表面活性剂对 PP 的分散效果较好，于是采用复配物作悬浮体系的分散助剂，其表面均为有机类，具有亲油性，故选用阴离子表面活性剂即能达到较好的分散效果。关于助剂用量，在借助于机械搅拌能保证相当分散程度的前提下，尽可能减少用量。

研究结果表明，通过制备好的悬浮体系能获得如下结论：

① 纤维长径比应在 $600\sim800$ 倍之间；

② 树脂粉末粒径应为 $50\sim500\mu\mathrm{m}$；

③ 选表面活性剂复配物作为玻璃纤维/PP 体系的悬浮助剂；

④ 选用阴离子表面活性剂作为碳纤维/PP 体系的悬浮助剂；

⑤ 通常加入小于固体物料 5% 的纤维纸浆，既可以增强湿片抗拉强度，并且对片材力学性能没有明显影响。

（2）干法生产工艺的类型介绍

1）预浸渍法简介

预浸渍法是为了解决浸渍性能而研制的，它的工艺原理示于图 3-14 中。

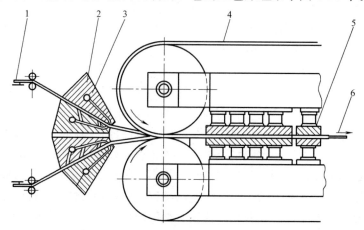

图 3-14　预浸渍法工艺原理图

1—玻璃纤维针刺毡；2—模头；3—热塑性树脂；4—钢带；5—冷却板；6—GMT 片材

具体的工艺流程如下：

贮料卷供往浸渍喷嘴，在成锥形缝隙中被预热。螺杆挤出机挤出热塑性塑料熔体，并涂在毡两面，形成预浸渍，使用分流器部件可以对浸透程度进行调节。然后，经过预浸渍的玻璃纤维毡被送入双带压力机入口辊距中。双带压力机主要由加热入口辊对、出口辊对构成，两组辊对的上辊与下辊各围绕着张紧的一条循环钢带。可以调节入口辊距横截面，可预校准已浸渍过的玻璃纤维毡。对辊的压制构成预复合体，通过送入冷却板将其热量带走。冷却板上有孔供冷却介质流过，冷却板的互相对置使得冷却剂的流动方向相反，从而保证了在通常挤压时生成的热塑性材料压力得到了降低。同时，冷却板还当作压力板，朝循环钢带的那面设滑动膜，借助压力油缸冷却板被固定于双带压力机机架上，且压于预复合体的两面。为防止热塑性材料的熔体从加压区内流出，通过位于双带压力机侧面预复合体两侧的导引带循环运行，导引带厚度基本上等于预复合体的厚度。

冷却板加压的压力比较小，这主要是因为在浸渍喷嘴缝隙出口处连续的玻璃纤维针刺毡已经经过充分预浸渍（进口比出口宽）。所以加压的压力不是用于浸透，而是被用于热塑性复合体、成品板的成型。通过出口辊对后的冷却热塑性材料板被送入圆片刀设备进行切边，接着，在冲切剪床中把 GMT 片材板切成一定尺寸的板材。

按此方法可获得厚度为 1～5mm 的 GMT 板材；其玻璃纤维的含量范围为 20%～50%。假使片材的厚度超过 5mm 和玻璃纤维的含量超过 50%，那么在两个浸渍喷嘴之间的缝隙中供入第三个玻纤毡，以增加片材玻纤的含量。当玻纤的含量少于 40% 和片材的厚度不到 5mm 时，仅置入其中的玻纤毡之一。

2）毡结构法简介[9]

针刺毡是通过使用针刺方法以短切或者连续的玻璃纤维原丝为材料制成。对毡形态结构的调整，可获得良好的浸渍性能。毡的形态结构性能影响着片材的表观状态、力学性能、流动性。针刺毡性能主要由针刺毡的两面毛丝的凸出长短和多少决定。通过网带线速度、齿钩形状、针刺频率、针钩多少调节毡两面的毛丝数量。断纤的多少也决定于单丝的挠度、浸润剂的类型等。

针刺毡可单面针刺或双面针刺。单面针刺，需采用的针刺深度比较深，这样才能使得毡中的纤维丝束单纤化和充分缠结，并且采用的毡一面毛丝数量较多，另一面比较光滑。通常这种针刺毡采用长毛向片材的外面进行浸渍（反之，当片材加热时，容易产生分层现象），这样会因为毡面凸出玻纤过长、过多使得 GMT 片材的表面变得粗糙。采用单面针刺的优点在于毡的流动性较好，从而可以获得各处玻纤含量比较均匀的 GMT 片材的压制产品。但是对于单面针刺，毡的两面毛长（简称纤突）不能进行单独控制，这样限制了片材的性能在许多特殊场合的使用。

毛长不对称的双面针刺毡主要优点是单丝分散性、毡结构各处相同，并可充分、自由控制每面的纤突数量和长度。从而毡的纤维抗裂性、整体性、压缩性、流动性等指标得到了全面控制。可以对短纤突朝外进行布置从而提高片材表面的光洁，最好使用红外辐射预热方式，有特殊需要的各种制品（图 3-15a）非常适合，可以通过长毛朝外铺设来提高模具中片材的流动性，使模具压力降低，预热时以大风量热风炉、高温度为好（图 3-15b）。

3）表面修饰法简介[10]

采用干法生产的 GMT 片材表面较为粗糙，有时甚至玻纤毛刺会穿出片材表面，从而

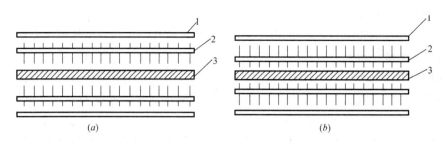

图 3-15　针刺毡法制的 GMT 板结构示意图

1—聚丙烯；2—针刺毡；3—熔融聚丙烯

使得外观更加粗糙的片材冲压后道制品。为了改善制品外观，人们发明了表面修饰法。

将抗老化剂、抗氧剂、二氧化钛、炭黑、高岭土、云母、滑石粉、聚丙烯粉、碳酸钙等按一定的比例配制混合粉料，粒径小于 $20\mu m$。也可加入乳化剂、表面活性剂、分散剂等制成泡沫或悬浮液，将其涂于刚生产的片材的表面，经过烘干，将其热压于片材的表面，装入料仓，使用铺粉机将粉粒均匀地铺设于正在生产的片材的表面上，控制铺层厚度为 0.01～0.1mm。然后通过加压加温形成牢固附在 GMT 片材基体上精致的表面层（图 3-16）。它不但提高了片材的防老化、强度等性能，而且对表面还起到修饰作用。

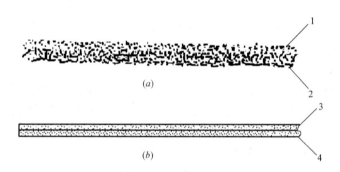

图 3-16　表面修饰法制的 GMT 片材的表面层示意图

1—粉末；2—未压制的片材；3—压制后的粉末层；4—压制后的片材

4）钢带改进法简介

通过双钢带机对 GMT 材料进行压制过程中，压合空间侧面的密封用多孔材料，该材料在机械固定时不会发生外移，并且其进入压机之前经过水浸湿。

在 GMT 材料的制作过程中，由于考虑其经济性因而优先选用双钢带机。但是在压制 GMT 片材时，因为侧面材料无规则地流出，使得片材厚度以及其玻纤含量的范围波动很大，并且造成的浪费较大。

原先使用的侧面密封办法：

① 将线绳放入钢带侧面凹槽里进行密封。但存在的主要问题是高压压制时，线绳会从凹槽中挤出，使得密封效果达不到要求，并且喂入段得不到很好的密封。

② 使用固定于钢带上橡胶带对侧面进行密封。但该方法对纤维增强复合材料不适合，这是因为生产过程中纯橡胶带对机械负荷和高温承受能力差的缘故。

③ 使用增强橡胶带来密封。例如，钢带的表面涂上硅橡胶，随着压力的增大，使得

橡胶带向外移动，该方法对高压压制过程也不适合。

采用的新方法是：熔化状态下热塑性材料被挤出，从而与其他基材或多层玻纤毡叠合，将其送往双钢带压机中进行压制。为保证材料不被挤出，使用多孔材料密封加压区，通过机械固定，在压制时该材料不会发生外移。通过固定在钢带上固件或者与钢带同时移动固定物对侧面进行固定（图 3-17）。

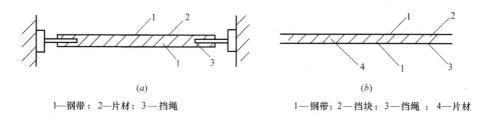

(a)　　　　　　　　　　　　　　　　　　　(b)

1—钢带；2—片材；3—挡绳　　　　　　　1—钢带；2—挡块；3—挡绳　；4—片材

图 3-17　双钢带压机定型 GMT 板的示意

通过多孔材料实现侧面的密封，如果有必要，送往双钢带机前应先对该材料进行浸润处理。该材料能采用编织绳或线缆、圆绳，或者毡、泡沫材料、无纺布或袋子，材质可与热塑性材料不同或相同。

最好使用与等待加工的热塑性材料相同的密封材料，并对其进行浸润处理。使用该方法时，在两边各掺入浸润过的绳索，此绳索直径应保证在压制时其能和上下钢带相互接触。在压制时，经熔化后的边缘聚丙烯料流到多孔材料孔隙中，和后者一同形成密封的状态，从而使得在进行修剪时能与 GMT 材料一同剪下和回收利用。经过水浸湿处理的多孔材料会使效果更好。当熔化后的热塑性材料与湿润的多孔材料相互接触时，会使水分蒸发，起到冷却的作用，经变黏稠后的熔体，最终会固化，密封效果得到了大大提高。

5）片材加热法简介

玻纤毡增强热塑性材料的半成品，通常呈片状或者说是片材，在压制工艺之前，首先将这些片材加热到其熔点以上的 $60\sim80℃$，早期的加热方式主要是热风炉或红外线加热炉预热该片材，通过强化对流或辐射作用来实现热量的传导。由于辐射加热使得纤维材料局部过热，容易导致其从基材和表面中分离，这是因为一般情况下热源温度会高出片材预热温度 10℃左右，在片材结构比较蓬松时，该结构中的热量传导效果会变差，在整块片材没有完全被加热前，会导致纤维端部变得很热。出现这种情形会使得相邻塑料遭到破坏，在许多情况下，甚至会发生受热分解，这极大地影响了制品质量，尤其是由于氧化作用，其与空气相互接触的表面会被破坏。

使用热风炉进行加热，大大减少了纤维材料局部过热问题，但是同时会引起大量氧气进入，易致氧化破坏纤维表面。一般采用降低风量的办法解决这个问题。但是需要延长加热时间，在连续生产过程中该方法需要使用足够长度的热风炉。前面两种方法没有解决好热传导效率低的问题。

使用热传导方法预热纤维增强片材，能使这些问题得到很好的解决。具体方法是：在两块加热板之间（其中一块固定，另一块可移动）输送 GMT 片材，同时进行加热和加压，这样会使得热塑性材料粘结到加热板上，因此将两条带形物加在热塑性片材两面上。为了传热的方便，该带形物的厚度越薄越好，一般这些带形物的材料为玻纤织物，经氟塑料涂敷或浸渍或硅油处理。该带形物中可包含金属纤维，比如钢丝。为了从片材上将带形物剥离下来，以前曾用过过冷却法，但会使能量大量浪费。

为了解决这个问题，在带形物和片材之间放置丝状或片状的隔离。经过预热后，带形物与片材、隔离物被同时从加热区送出，然后片材上的带形物首先剥离，随后隔离物被剥离。选用的隔离物通常是一组组相邻的条、绳、带或线等，其排列形式与送出加热区域的热塑性材料的方向相同，并且贴合在热塑性材料上。隔离物还可为格状、网状、有孔薄膜、箔片或孔板。当选用合成热固性材料或天然材料为隔离物材料时，其分解温度必须高于热塑性材料加热温度10℃以上，当选用热塑性材料为隔离物的材料时，其熔点必须高于热塑性片材加热温度20℃以上。

所有的GMT材料都可以使用该方法进行加热，比如聚丙烯、聚乙烯、聚酰胺、聚氯乙烯、聚酰亚胺、聚酯等。增强纤维可为碳纤维、玻璃纤维、陶瓷纤维、金属纤维、天然纤维或芳纶纤维，以上纤维形状可以是连续纤维、粗纱、短切纤维、无纺材料、毡材、编织物、织物等。

6）离心法简介

因为热塑性塑料的黏度较大，在干法生产GMT片材工艺中，对玻纤毡进行浸渍处理是非常困难的。GMT片材中的玻纤，其垂直方向上是分布不均匀的，且为层状结构：因为玻纤毡是用连续玻纤原丝经过铺毡、针刺等工艺制造而成。其每束原丝由50120根单丝组成，几乎不可能使每一根单丝被热塑性塑料完全浸渍。鉴于这个问题，一种离心法新工艺被开发应用于GMT片材的生产。

如图3-18所示，熔融玻璃液流入旋转离心器中，从离心器的圆柱面上孔中流出，从而形成连续的玻纤，并由涂油器给玻璃纤维涂加浸润剂。虽然环形燃烧器对玻璃纤维的成型有利，但并不是所有的玻璃纤维都需要。利用环形热风机使得玻璃纤维向下运动，便于沉降于网带上。GMT离心器与玻璃纤维离心器为同轴安装。通过管子，熔融的聚丙烯流到离心器中，由圆管通道流入环腔，经其圆柱面上孔中飞出，这样就形成了有机纤维。从而有机纤维和玻纤互相交搭，并在下方输送带上沉降形成复合毡，紧接着经过无端钢带加压和加温最终制成GMT片材。

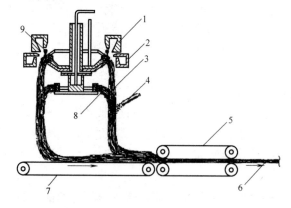

图3-18　离心法制GMT板的工艺流程图

1—火焰喷吹器；2—环形热风机；3—玻璃纤维；4—涂油器；
5—钢带机；6—片机；7—网带；8—有机纤维；9—单丝涂油器

片材中玻璃纤维的含量为 20%～55%（重量），玻纤的平均长度大于 15cm，片材密度为 0.96～1.298 g/cm³。单丝含量在纤维总数 85% 以上，纤维各向同性，方向随机。至少有 7 层的增强纤维包含于每毫米厚的片材中。压制成制品过程中，延伸率应大于 50%。

以该片材为材料加工制品时，预热温度应为 200～260℃，模温 90～100℃，时间大约 6min。表 3-8 是该片材的性能数据和工艺参数。

离心法生产的片材技术参数 表 3-8

内容	单位	数值
MFR	g/min	35
PP	%	68
GF	%	32
玻纤直径	μm	10～15
拉伸强度	MPa	95.8
拉伸模量	GPa	5.48
弯曲强度	MPa	128.9
弯曲模量	GPa	4.96
冲击强度	J/m	332

7）生产工艺对比

① 浸渍模头是预浸渍法关键技术，其特殊的结构使得玻璃纤维针刺毡在一出模头时就得到充分浸渍，这样在干法生产 GMT 片材中解决了热塑性塑料浸渍玻纤的一个重大难题。通过毡结构法，研究得知影响 GMT 片材性能的因素有：针刺毡毡面的朝向、工艺参数、针刺方法，因此对其性能的提高还有很大的空间。通过刺钩形状、刺针号数、针刺参数、针刺方法和针刺样式的组合，可制成性能更优异的 GMT 片材和针刺毡。

② 表面修饰法可改善 GMT 片材表面性能，制造出的制品外观优良。同时，利用表面改性，能使用 GMT 片材进行压制的产品表面涂漆、着色等。钢带机中一直存在溢料问题，而钢带改进法为这个问题的解决提供了很好的措施。片材加热法能使片材质量更高、能耗更低、时间更快，采用微波加热法进行加热效果更好。

③ 用离心法生产 GMT 片材，随热塑性树脂浸渍玻纤的程度越高，生产的 GMT 片材性能越好，但是过多的玻璃纤维单丝会使 GMT 片材的力学性能下降，应适当提高玻纤的集束性。

2. GMT 板材制备工艺研究

（1）原料和设备

1）GMT 板材工艺流程

玻璃纤维模量较高、拉伸断裂强度较大、断裂伸长较低、纤维之间的摩擦力较小等特点，致使 GMT 复合材料的成型加工工艺有其特殊性，GMT 复合材料成型加工工艺路线如图 3-19 所示。

2）原料准备

无碱玻璃纤维化学稳定性好、强度高、价格便宜，另外为了降低加工成本，热塑性基体需要有较低的熔点。综合各方面的因素，为了制备高强度 GMT 复合材料，原料采用无

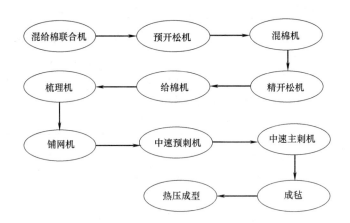

图 3-19　GMT 复合材料成型加工工艺路线

碱玻璃纤维和低熔点改性丙纶。在 GMT 复合材料中，玻璃纤维主要提供强力，丙纶起到粘结玻璃纤维的作用。

　　玻璃纤维是以二氧化硅、氧化铝、硼酸等为主要原料，经过熔体纺丝而成的纤维。根据玻璃纤维含碱量的情况可以分成不同的种类，用于生产 GMT 材料的玻璃纤维一般选用无碱玻璃纤维。无碱玻璃纤维具有强度高、耐高温、耐腐蚀、吸湿少等特点，主要用于织造绝缘、隔热、增强、抗腐蚀等用途的纺织品。由于原材采取直接混合，所以玻璃纤维采用短纤维，玻璃纤维的规格和玻璃纤维外观见表 3-9 和图 3-20。

短切玻璃纤维性能指标　　　　　　　　　　　　　　　　表 3-9

密度 (g/cm³)	断裂强度 Cn/dtex	断裂伸长 (%)	熔点 (℃)	耐酸性	耐碱性	难燃性	长度 (mm)	直径 (μm)
2.54	11.3	4.1	840	好	一般	不燃	51.5	3.8

图 3-20　玻璃纤维

　　热塑性树脂基体是 GMT 复合材料的基础，其中丙纶热塑性树脂的熔体具有流动指数较大、密度较小、弹性较好、耐酸碱性好、不发生霉变、导热性较低等特性。热塑性树脂丙纶熔点的高低，对制造 GMT 复合材料的成本有很大的影响，若丙纶纤维的熔点较高，则后道预热及热压工序的加工就需要较高的温度、热压压力等，这样既浪费能源也增加了加工成本，而且提高了对加工制备的要求，同时考虑到 GMT 复合材料主要使用环境的需求，热塑性树脂基的熔点不能太高也不能太低，综合考虑，采用偏低熔点的改性丙纶。常见的该类塑料模板产品一般采用低熔点改性丙纶短纤维，其具体性能指标见表3-10所列。

改性丙纶性能指标   表3-10

密度 （g/cm³）	断裂强度 Cn/dtex	断裂伸长 （%）	熔点 （℃）	耐酸性	耐碱性	难燃性	长度 （mm）	直径 （μm）
0.91	4.6	23.5	145.6	好	好	易燃	37.3	1.5

3）设备与仪器

① 制备 GMT 复合材料需设备

YYHM-140 型混给棉联合机、YYKS-150 型预开松机、YYHM-220 型大仓混棉机、YYKS-150 型精开松机、YYGM-170 型给棉机、YYSL-185 型梳理机、YYPW-300 型铺网机、YYZS-290 型中速预刺机和 YYZS-280 型中速主刺机。

② 试验采用的仪器

YTD71-454 型塑料制品液压机、日本 SHIMADZU AG-250kN 材料试验机、电子天平、电子万用炉、烘箱、YG141 织物厚度仪、VHK-600 数码显微镜、WRX-1S 显微热分析仪。

（2）成网与针刺工艺技术

玻璃纤维和改性丙纶纤维之间的混合质量配比、开松的好坏、配料准确度等都对纤网的质量有重要影响，若玻璃纤维和改性丙纶之间混合不均匀或开松不理想，则纤网的均匀度较差，最终导致制备出的 GMT 复合材料的力学性能不稳定；由于玻璃纤维性能的特殊性，若针刺工艺配置不好，则会造成针刺针损伤玻璃纤维和改性丙纶，最终使制备出的 GMT 复合材料，拉伸和弯曲强度达不到最大值，甚至会出现大幅度下降的情况。可见纤维之间的开松、混合、梳理和针刺工艺对最终产品性能的影响很大，工艺之间的合理配置是 GMT 复合材料优良力学性能的必要条件。

1）纤维混合与开松

玻璃纤维和改性丙纶含有杂质极少，其中玻璃纤维性能上表现出硬挺，而且采用束纤维未经开松、长度较长，因此为了保证玻璃纤维和改性丙纶进行充分的均匀混合，首先原料要经过 YYHM-140 型混给棉联合机进行纤维的初步开松，并经角钉帘输送到 YYKS-150 型预开松机，其中为了防止输送纤维时掉毛和产生静电而缠绕，喂入的平帘采用皮帘输入，同时角钉帘表面包覆丁腈橡胶防静电专用皮帘，这样把原料和木帘棒隔开，防止纤维和木帘棒的缠绕；然后，原料经过预开松机输送到 YYHM-220 型大仓混棉机，玻璃纤维和改性丙纶在仓里进行进一步的混合，而后进入 YYKS-150 型精开松机。大仓混棉机是玻璃纤维和改性丙纶均匀混合的主要工序。由于该类设备运行过程易于在玻璃纤维的生产中出现缠结造成的不均匀现象，而需要对传统设备进行改造，即对混棉仓进行改造：首先将棉仓容积扩大，一般是 1.5～3 倍，其次是在送棉口加 S 形旋转头，增加纤维的分离作用，使玻璃纤维和改性丙纶在仓里进行进一步的混合，从而基本达到了混合均匀的目的。

为了实现玻璃纤维和改性丙纶按一定的混合比进行混合，两种纤维在进入混给棉联合机前要进行准确称重。

纤维材料的开松方式包括扯松和打松两种，其中扯松是由一个具有角钉或针齿的机件对喂入的原料进行撕扯、松解，也可以由多个具有角钉或针齿的机件在相对运动时对原料进行撕扯、松解；打松是由翼片、刀片、针齿或角钉的高速旋转对原料进行的打击，此方式通过破坏纤维之间的缠结力而达到开松纤维的目的。由于玻璃纤维是束纤维、表面光滑、刚度大，所以采用打松的方式对玻璃纤维和改性丙纶进行开松，两个相对运动的角钉对自由状态下的玻纤和改性丙纶进行打击。

进入预开松机和开松机的玻璃纤维与改性丙纶，它们的混合和开松是同时进行的。喂入到开松机中的纤维束，通过气流传递带输送，由于开松打击角钉的运动速度远高于纤维束的运动速度，因而会产生自由打击作用，引起振荡，使玻璃纤维和改性丙纶进一步开松与混合，为了降低玻璃纤维的损伤，预开松机和精开松机角钉打手的转速不宜过高，一般采用较低转速，而且要适当加大罗拉隔距。

在预开松时，纤维从料包中取出时排列紧密，用配置稀疏的角钉先对纤维进行松解，随后再用角钉的排布变密，对已经开松的纤维进行深度开松，这样既能降低对玻璃纤维和改性丙纶的损伤，又能获得良好的开松效果。同时，YYKS-150 型精开松机的两个锡林中第一个锡林的角钉排数较多，在喂入口进行握持打击开松；而第二个锡林角钉的排数较少，对纤维进行自由式打击开松。

2）纤维的梳理与成网

经过开松与混合之后，玻璃纤维和改性丙纶进入梳理工序，梳理工序是玻璃纤维和改性丙纶纤维成网的关键工序，纤维的梳理工序采用 YYSL-185 型单锡林、双道夫罗拉式梳理机进行，该设备适用于 $1.5\sim20D\times25\sim76mm$ 的化学纤维高速梳理成网，单锡林高速梳理，双道夫出棉多、降低了电能能耗，而且产量高。

原料经过锡林、工作辊、剥取辊的分梳和剥取作用之后，初始的原料呈单根纤维薄网状态，其面密度一般在 $40g/m^2$ 左右，针刺工序中需要的纤维网一般需要进一步地铺网来增加厚度和平方米克重。

铺网方式有平行式铺网和交叉式铺网两种，其中平行式铺网得到的纤网在结构上是纵向定向纤网，优点是均匀度高、外观好，但铺网的厚度受到了很大限制，再加上配置梳理机太多，占地面积大，梳理机的利用效率低；交叉式铺网机将平行式铺网中的纤网直线运动转变成复合式运动，复合式运动中各速度分量是矢量，铺叠的纤网在结构上是二维分布的，而且产品宽幅不再受梳理机幅宽的影响限制。综合考虑 GMT 片材包采用 YYPW-300型交叉式四帘铺网机。

薄网状态的物料经定向运动的输网帘和补偿帘，运动到铺网帘，通过铺网帘的往复运动，将薄网铺放在输出帘上，根据铺叠纤网的厚度和平方米克重的要求，可调整铺网帘和输出帘的速度，以满足产品要求。其中铺网帘的速度一般为 $20\sim40m/min$，输出帘的速度一般为 $1\sim12m/min$，而且两速度都可调。

相关研究表明，层数达到 7 层以上纤网较均匀，一般用于 GMT 硬质材料制备的片材纤网层数为 10 层以上。

3）针刺工艺选择

针刺工艺参数的不同，对制备出来的针刺毡材料学性能具有很大的影响。对影响产品性能的主要针刺工艺参数进行分析，根据不同的原料性能指标和产品的性能要求，合理设置针刺工艺参数，可以制得性能更优的产品。

4）针刺加固原理

针刺加固是一种典型的机械加固方法，针刺加固的基本原理：用具有特殊截面构造形状且其棱上带有钩齿的金属针，对蓬松的纤网进行反复穿刺。当数以万计的刺针刺入纤网时，刺针棱上的齿钩就会钩住纤网上下表层和里层的纤维，随着刺针的刺入运动，被刺针的棱钩住的纤维发生了位移的变化，即钩住的纤维在纤维网截面内进行穿插运动，使纤维在运动的过程中相互交织和缠结在一起。由于刺针对纤网摩擦力的作用和纤网中纤维上下位移变动对纤网产生了一定的挤压，使得因压缩而变薄。刺针刺入纤网一定深度后回升，此时的刺针是做顺向运动，刺针沟槽中的纤维脱离刺针，以近似垂直状态滞留在纤网之中，就像销钉一样钉入纤网，使已经压缩的纤维不再回复原状，这样刺针往复的运动就使纤网制成了具有一定厚度和强度的无纺布材料。

5）刺针的选择

刺针是针刺机中最为重要的一个机件，其规格和质量直接影响针刺毡的外观和质量，因此对刺针的形状、规格、选材和制造精度的选择尤为重要。

① 针体的刚性与硬度

刺针在纤维网中上下往复穿刺，其频率通常在 $60\sim200$ 次/min 之间，这就要求针体的刚性、韧性、弹性、耐磨性能要好。当以玻璃纤维和改性丙纶为原料时，为避免针刺后织物表面损伤，又要求针体在针刺过程中即使断折也不可弯曲，尤其是要求针体的断折不能发生在齿钩部位，故刺针是经过特定的热处理的，使其达到适当的硬度和刚性。一般刺针的硬度在 HV600$\sim$680 之间。此刺针的加工经过渗氮处理，机械性能强韧、耐磨、使用寿命长。

② 齿钩的几何形状

齿钩是无纺布刺针重要的功能部位，针体在纤网中上下穿刺，通过齿钩使纤维相互交织和缠结。齿钩的形状直接影响纤网的质量，主要性能指标有带纤量、纤维损伤断裂程度、织物的拉伸强度、织物平整度、织物结构紧密度等。常用的刺针齿钩有 F 形、G 形、GB 形、L 形等。其中 F 形是冲齿针，带纤维量大，但很容易割断纤维，适用于高摩擦系数的纤维；G 形、GB 形和 L 形刺针齿钩切槽处因锋利易损伤纤维，由于开槽较大导致刺针易断。Y 形针切入角呈弧形，能避免损伤玻璃纤维和丙纶，同时齿钩带的纤维量均匀。由于切入槽不深，刺针不易断，则织物结构、外观质量和拉伸强度较均匀。

③ 齿距和棱边齿数

齿距和棱边齿数对纤网中纤维的互相缠结和纤网紧密度有很大影响，不同齿距和棱边齿数对织物的外观、织物结构紧密度、纤维缠结和损伤程度的影响是不同的，反映在GMT 复合材料的力学性能上有很大差异。预刺时纤维厚度较大一些，其预刺刺针的工作段长度应比主刺刺针的工作段长度要大，常见预刺刺针工作段长度为 28mm，主刺刺针工作段长度为 24mm；纤网经过预刺之后，纤网内的纤维有了一定的交织和缠结，所以主刺刺针针体棱边的齿钩数要比预刺刺针针体棱边齿钩数小。玻璃纤维原料专用刺针，预刺刺针规格一般为 $15\times18\times36\times3$R28-333Y.P.3.2，主刺刺针规格一般为 $15\times28\times36\times3$M24-222Y.P3.2。从预刺刺针和主刺刺针的规格中可以看出，预刺刺针钩刺针体单棱上有三个齿钩，而主刺刺针的钩刺针体的单棱有两个齿钩。

6）针刺深度

针刺深度指刺针针尖到托网板上表面之间的距离，即刺针穿过纤网后伸出网外的长度。当选用的刺针一定后，刺针深度大时，针刺带动的纤维大，纤维间的穿插缠结效果充分。但是针刺深度要适当，深度过分大了会使纤维的损伤较大，造成纤维的断裂较多，使得产品的强度降低，同时也会使针折断较多。一般常见 GMT 复合材料的平方米克重为 $1000\sim4000\text{g}/\text{m}^2$。结合上述分析，预刺向下刺的针刺深度设定在 $7\sim12\text{mm}$，向下刺的主刺针刺深度设定在 $6\sim10\text{mm}$ 范围内，同时向上刺的针刺深度分别降低 3mm。

7）针刺密度

针刺密度指单位面积纤维网内所受到的刺针数。设针刺机针刺频率为 f，植针板密度为 N，纤维网输出速度为 V，则针刺密度 D_n 公式为：

$$D_n = \frac{N \times f}{V}$$

针刺密度大，织物的强力也会提高，若针刺密度过大，则会造成断针及纤维过度损伤，从而影响产品质量。最佳选取预刺机植针密度 为 2700 针/m^2，输出速度 1.5m/min，针刺频率 346 针/min；主刺机植针密度 3000 针/m^2，输出速度 1.5m/min，针刺频率 666 针/min。则预刺机针刺密度为 62.3 针/cm^2，主刺机针刺密度为 133.2 针/cm^2。

8）步进量

针刺机步进量指的是针刺机每针刺一个循环，无纺布纤网前进的距离。步进量对织物面的平整和光洁度也有很大的影响，如果经计算得出步进量不适当，则有可能在纤网上重复针刺而产生条痕，步进量和刺针的布置方式和植针密度相关联。一般步进量选取在 4mm/针左右。

目前，该类产品主要选用 YYZS-290 型中速预刺机和 YYZS-280 型中速主刺机，其中预刺机为单面针上刺进行穿刺、主刺机为双面针上下刺，并合理配置针刺工艺参数。

（3）热压成型工艺

聚丙烯属于热塑性聚合物，可以加热到一定温度后开始软化熔融，熔融后就具有一定的流动性。GMT 复合材料的制备就是根据改性丙纶具有热塑性，丙纶熔融后熔体强度较低，流动性和粘附性较好，这样在无纺织物中的玻璃纤维间渗透和粘连，而后丙纶经冷却又重新固化，从而提高了制品的拉伸强度和弯曲强度。其中，影响 GMT 材料性能的热压成型工艺因素主要有热压温度、热压压力和热压时间。

1）热压温度

由上述分析知，原料中玻璃纤维的熔点为 840℃，能耐 260℃以下的使用温度，而改性丙纶在 140℃左右时就开始软化，其丙纶的熔点为 170.6℃。由于改性丙纶是热塑性基体，在 GMT 复合材料中起纤维之间的粘连作用，所以制备 GMT 复合材料的热压温度不应低于丙纶的软化点。热压温度低，改性丙纶的流动性较差，纤维之间粘连、固结效果差；热压温度太高，改性丙纶的流动性提高，在针刺织物中的渗透能力增强，但是耗能较大，在针刺织物中与上层玻璃纤维粘连和固结较少，主要原因是：流动性较大的改性丙纶熔体由于受重力的作用，流向织物的下层。若热压温度过高，会致使改性丙纶的分子结构发生断裂，改变了改性丙纶的性质。综合以上分析，热压温度的范围在 175～220℃之间取值。悬浮箱加热温度为 200℃，接触式烘箱温度 210℃。

2）热压压力

热压压力对针刺织物的影响主要体现在结构、外观和力学性能上。热压压力小，织物中纤维之间结构不密实，则其反映在 GMT 复合材料上主要表现为材料的强度较低，易弯曲；热压压力过大的时候，对针刺织物中玻璃纤维和改性丙纶的挤压较大，会影响到丙纶熔体的流动性能，甚至产生物料横向流动或溢出。根据 Clapeyron 效应，对于丙纶纤维，热压压力使其熔融温度提高的范围为 38℃/100MPa，工艺设定时要综合考虑热压温度和热压压力，合理选取热压压力及水平。实验数据研究表明，塑料模板用 GMT 复合材料的热压压力取值范围为 6～10MPa。

3）热压时间

热压时间对热量传递效果有很大影响，热压时间长，能量传递的较多，这样改性丙纶吸收的较多，熔融的就比较充分。热压时间过短，改性丙纶熔融的不充分，从而会影响对玻璃纤维的粘连和固结效果。此外，在热压时间较充分、温度达到要求的条件下，改性丙纶熔体的流动范围会延伸 1mm。针刺材料制备塑料模板复合材料的热压时间的取值范围为 0.5～1min。

4）成型工艺检验

根据高强轻质塑料模板用 GMT 板材规格的要求和上述工艺路线，选取梳理成网、针刺工艺参数，同时热压条件设定为：热压温度 200℃、热压时间 1min、热压压力 6MPa，5 组水平玻璃纤维含量 50%、60%、70%、80%、90%，制备了 5 组节材型塑料模板的试样。

测试了五组试样厚度的均匀性，其均匀度方差分别为 0.2372、0.3017、0.2185、0.2013、0.2914，厚度测试仪器采用 YG141 织物厚度仪。通过生产观察和产品厚度均匀性分析，得出工艺质量稳定。

3.5　PP 模板的工程应用

3.5.1　PP 模板简介

以玻璃纤维增强聚丙烯（GMT）PP 塑料模板为例，分析塑料模板的实际使用情况。

1. 塑料模板的特点[11]：

（1）周转率高，经济实用。该塑料模板可周转使用 50～200 次不等，单次平均价格低廉，并且原材料价格较稳定。该板自身强度高，不易变形，在规范使用的情况下，质量优异的产品可周转使用 300 次左右，如果小心使用妥善保管，还可使用更多次，从而大幅度降低单次使用成本，比竹（木）胶合板模板节省 20% 左右。而且木模板随着使用次数的增多表面质量下降，但是 GMT 模板则始终保持完好如初的表面。同时，多次周转使用，还能有效地降低或避免模板多次采购和运输所带来的额外时间和费用。

（2）表面平整光滑，无需隔离剂，混凝土外观光洁。GMT 模板为塑料制品，表面非常平整光滑，不易粘结混凝土，也无需刷隔离剂，用清水擦洗即可。而胶合板使用两三次后，板面质量开始下降，变得粗糙，需刷隔离剂。

（3）模具热压成型，尺寸精密度高。该模板为模具热压成型，外形尺寸长宽度非常准确，个体间偏差小，板与板之间组拼接缝较严密，无需贴胶带，板与板间没有错台。

（4）强度高、稳定性好。该模板强度高，施工中不易被损坏，并且外形尺寸稳定性好，热胀冷缩系数小，不易变形。特别是板边不会像胶合板一样使用后出现湿胀现象，能保证拼缝严密。

（5）可回收再生，残余价值相当可观。该模板为塑料制品，报废后可回收再生，减少环境污染，也可解决胶合板废品处理问题，还可有一定的额外收益，比胶合板残余价值高。

（6）绿色环保。该模板是一种绿色环保的高科技材料，报废可回收再生。符合国家"以塑代木，以塑代钢，以塑代铝"的环保政策，也符合国家节能降耗的要求，因此具有广阔的发展前景。

（7）采光性好。该模板可以加工成半透明的效果，相对于木模板施工现场采光性突出，有利于预防安全事故。封闭房间或地下施工时不用照明设备，这样有助于改善施工作业环境，提高施工效率。混凝土浇筑时，能够观察到混凝土浇筑情况，防止不良施工。

（8）塑料板可租赁。该塑料模板可采用厂家租赁形式，胶合板只能购买。

（9）塑料模板规格灵活。塑料模板的常用规格为 1820mm×918 mm×14mm，且可根据需求定制。

（10）板不能随意切割、开洞、打孔。该塑料模板强度高，手动切割较困难，在施工时不能像木模板一样随意切割、裁锯、开洞、打孔，不足整张板的地方需用木模板条补齐，需开洞、打孔的地方需更换木模板。该模板虽然也能切断、开洞，但模板拆模后，无法修复及周转用在下一个工程，所以不宜切割。模板不宜切割的特点，使得施工中可减少面层模板的损耗，降低总成本。

2. 施工方法

GMT 塑料模板与木模板比较，其施工方法相似。顶板模板施工经常木、塑混用，因此采用的支撑体系、格构间距、主次龙骨间距、做法及材料等方面均相同，塑料模板的支拆方法和条件也相似，但因其自身一些特点，施工时有以下几个特点与传统木模板略有区别。

（1）排板图按每块楼板单独排定，根据楼的净距尺寸考虑 GMT 塑料模板的布置方向，应尽可能多地采用塑料模板布板。

（2）因 GMT 塑料模板不适合随意切割，所以在排板时，不足部分必须采用相同厚度的胶合板等易于切割的材料补齐。

（3）布板时可从一边向另一边顺序布置，不足的地方放在一侧用多层板补齐；也可从中间向四周布置，将不足的地方置于四周，用多层板补齐。还可从两边往中间排板，将不足的地方设置在中间。

在不足设置整板或需要开孔洞位置，用木模板对塑料板进行替换。有电气管线的地方应用木模板替换。在布板时，还要考虑楼板中有无电气管道需要在模板上打孔，需打孔时，应将不足部分留置在有管线穿孔位置，因 GMT 塑料模板上不宜打孔，已打孔的模板在周转使用时不易补洞（塑料模板强度较高）。也可直接在塑料模板上打孔，上层周转时在相同部位周转使用，可减少每层钻孔的工作。

结合木—塑混用的特点，可很好地与顶板快拆体系结合起来，在工程应用中取得了较好的效果。当在工程中采用早拆体系施工时，需要在立杆处设置晚拆带，恰好可在 GMT 塑料模板排板时将不足整板处使用木模板作为晚拆带设在早拆体系立杆处。

3. 使用塑料模板时要注意的问题

（1）因塑料模板制作尺寸特别准确，补充用的胶合板厚度应为 12 mm，确保厚度一致，拼缝不错台。现场使用的胶合板通常为负公差，厚度往往不足 12 mm，可在龙骨处用薄层板垫高，保证与塑料模板厚度一致。

（2）电气焊施工注意不得烧坏模板。因 GMT 模板材质为塑料，故在板面进行电气焊施工时，应在其下设垫板，防备火花烧坏模板。

（3）GMT 塑料模板板面铺设。次龙骨铺设完成且调平后，即可进行塑料模板铺设，铺设时按照排板图进行，先铺设塑料模板，最后用多层板补边。安装时顺着塑料模板长边方向顺序进行，拼缝直接拼接，不需设置胶条，板缝要挤严。板位置和拼缝调整合适后，立即将板长边方向固定，钉钉只能从钉眼处钉，模板四角宜均有钉固定，中间部位可根据实际情况适当距离下钉。最后一块不足用整张塑料模板的地方，根据实际尺寸用 12 mm 厚竹多层板补齐、挤严。

（4）模板要及时清理。铺设完成后的塑料模板不需涂刷隔离剂，周转次数增多后，可视情况用清水擦洗，以保证拆模后混凝土板面观感。拆下的塑料模板应及时清理干净，用铲刀和扫帚清扫干净。尤其对施工缝处的模板要重点清理，因为施工缝有二次浇筑混凝土，两次浇筑会导致板上有浮浆滞留，浮浆凝固后强度高，与塑料模板的粘结力大，不易清理干净，特别是在多次使用均未清理后，清理困难，因此需及时处理。出现此情况时，可用软毛磨光机打磨，清除后模板可正常使用。

（5）模板拆除与放置要遵守相关规定。塑料模板强度高，边角不宜破坏，正常拆模即可。但也应轻拆轻放，不得乱砸乱摔，尽量不要损坏边角，保证周转次数。塑料模板不易变形，码放整齐即可，长时间不使用时，最好覆盖，防止暴晒。

4. 经济分析

GMT 塑料模板因其在强度和变形上的优点，使周转次数非常高，与通常采用的多层板、竹胶板相比，成本上有相当的优势。以下是其与木模板的经济分析。

（1）购买成本费用

均采用购买的方式，对同类模板的单次单位面积的使用成本分析比较见表 3-11 所列。

GMT 塑料模板与木模板购买成本比较表　　表 3-11

模板类型	规格（m）	单价（元/张）	面积(m²)	使用次数（次）	单次单位面积使用成本(元/m²·次)
竹胶合板	1.22×2.44	140	2.97	6~8	6.73
普通木胶合板	1.22×2.44	80	2.97	4~6	5.39
GMT 塑料模板	0.6×1.82	220	1.1029	45	4.4

通过比较，可看出 GMT 塑料模板比竹胶板节省 34%，比普通多层模板节省 18%，有一定的成本优势。但也要看到 GMT 塑料模板在周转使用 45 次的过程中的保管成本。

（2）租赁成本费用

1) GMT 模板可采用租赁形式，若木模板也采用租赁形式，其租赁成本比较见表 3-12
所列。

表 3-12

GMT 塑料模板与木模板租赁成本对比

区分	木模板	GMT 建筑模板 （新模板出厂租赁）	GMT 建筑模板 （旧模板出厂租赁）
价格（元/m²）	40		
周转次数（次）	5	成本可降低 10%	成本可降低 27%
单次使用成本（元/m²）	8		
施工单次使用时间（d）	15～20		
每天每 m² 使用成本（元/d·m²）	8÷18＝0.44	0.4	0.32
1 个月（元/m²）	0.44×30＝13.2	12	9.6
6 个月（元/m²）	79.2	72	57.6
10 个月（元/m²）	132	120	96
12 个月（元/m²）	158.4	144	115.2
1 年节约费用（元/m²）		158.4－144＝14.4	158.4－115.2＝43.2
如租赁 3000m² 一年可节约的费用/元		14.4×3000＝43200	43.2×3000＝129600

2) 若 GMT 模板采用租赁形式，而木模板采用购买形式，其效益分析应根据工程不
同情况进行核算对比。以下以某经济适用房 BC 区住宅工程为例说明。

该经济适用房 BC 区住宅工程为群体工程，共由 6 栋楼组成，每栋楼在建筑布局和结
构设计方面基本一致。每栋均为地上 29 层，地下 2 层，建筑面积 25101m²，为全现浇剪
力墙结构。

工程只在顶板模板支设中采用 GMT 塑料模板，每层顶板面积为 800 m²。塑料模板
采用租赁形式，每栋楼租赁 3 层模板，租赁价格为 45 元/m²。模板使用次数不限，工程
完成后退还。

根据本工程租赁 GMT 塑料模板的情况，与购买竹胶板施工情况进行对比分析，见
表 3-13 所列。

表 3-13

GMT 塑料模板租赁与竹胶板购买成本对比分析

项目	GMT 塑料模板	竹胶板	备注
模板需求量（m³） 模板损耗增补（m³）	2400 0	3200 400	竹胶板按周转 8 次考虑
合计总用量（m³） 模板单价（元/m²） 合计模板费用（元）	2400 45 10800	3600 45 16200	

从上表计算分析，不考虑竹胶板的残余价值，每栋楼可节约成本费用约 5 万元，6 栋
楼总计可节约 30 万元。

（3）降低辅助成本

安装只需少量铁钉，无需隔离剂，清水即可清洗，基本免除清洁维护支出，产品质量
精良，大大降低管理难度和管理费用。建筑模板的使用是一个系统工程，模板费用之外，

辅助成本不可忽视。GMT建筑模板在大幅度降低模板单次使用成本的同时，还全面降低了辅助成本。模板只需少量的铁钉，无需脱模和隔离剂，缩短施工周期、大大降低劳动力成本。

（4）施工轻便，节省时间，加快工程进度

1）节省拼装时间。GMT模板拼装方便省时，由于GMT模板重量轻，在模板上面有预留的钉孔，方便钉钉子，因此减少拼装时间10％左右。而且板与板之间组拼接缝严密，直接脱模，无需隔离剂。

2）节省拆卸时间。GMT模板的热膨胀系数与混凝土相差甚远，而且不容易粘连，浇筑完毕后，随着混凝土的凝固，GMT模板与所浇筑的混凝土自动脱离，无需敲打即可轻松取下，因此节省了大量的作业时间。

3）节省整理和搬运时间。只需简单清理、冲洗即可，施工进度的加快，直接导致施工成本的降低。

（5）绿色环保，社会意义好

GMT模板为塑料制品，代替竹木材料，保护了有限的森林资源，在全面倡导绿色建筑与绿色施工的今天，社会意义更加重大。

（6）有利于文明施工

使用塑料模板后，不会像木模板一样出现大量废料，有利于现场文明施工。

3.5.2　西安恒大御景项目示范工程

1. 工程简介

项目基本概况，见表3-14所列。

项目基本情况　　　　　　　　　　表3-14

工程名称	西安恒大御景首二期主体及配套建设工程	工程地址	西安欧亚大道与浐河东路十字东北角
建设单位	西安金图置业有限公司	质监单位	西安市浐灞生态区建设工程质量安全监督站
设计单位	陕西省建筑设计研究院	监理单位	陕西环宇建设工程项目管理有限公司
总包单位	中建五局第三建设有限公司	主体劳务单位	陕西豪迈劳务重庆雨航劳务
合同工期	510天	合同额	2.8亿元
总建筑面积	总面积:175980 m^2,其中地下室面积:67000m^2,地上部分面积:108980m^2	质量目标	合格
设计概况	共由9栋单体组成,其中14号、15号、17号、18号、19号楼:地下2层、地上33层;12号、13号、16号楼:地下2层、地上11+1层;幼儿园地上3层,无地下室;车库地下2层		

示范楼栋（14号）基本概况，见表3-15所列。

示范楼栋（14号）基本概况　　　　　　表3-15

层数	地上33层,地下2层	总建筑面积（m^2）	30765.75 地上28111.78 地下2653.97
层高（m）	负二层:3.70,负一层:3.85,一层:5.83,标准层:2.95	剪力墙厚度（mm）	地下:350、300、250 地上:300、250、200
板厚(mm)	地下:300、250、150 地上:150、120、100	梁高（mm）	地下:900、700、650 地上:650、530、450

2. 施工工艺

施工工艺流程如下：

划分流水段→排板→预拼装→放线→墙柱根部凿毛→墙柱钢筋施工（含绑扎、梯子筋、定位筋、预埋线管线盒、内撑、垫块设置等）→模板施工（含安装、加固、垂直度校正、堵缝、验收等）→混凝土施工及模板拆除→梁板结构施工。

具体操作如下：

（1）流水段划分

根据本工程的结构特点，质量、进度要求，以及综合成本等因素，流水段做如下划分：如图 3-21 所示位置设置流水段分界线，⑪轴和⑬轴之间为流水段分界线，①～⑪轴为第 1 流水段，⑬～⑱轴为第 2 流水段。模板由第 1 流水段周转到第 2 流水段。

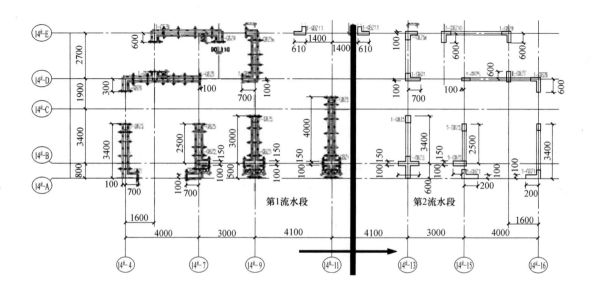

图 3-21　流水段划分图

（2）排板

根据墙体的尺寸以及模板的规格提前在施工图上进行排板，确定每面墙体的模板规格和尺寸。如图 3-22 所示。

（3）模板预拼装

模板预拼装，如图 3-23 所示。

（4）放线

支模前必须按要求弹 3 条线：即轴线、墙体边线、模板 200mm 控制线。弹混凝土剔凿边线可以提高剔凿质量，避免在剔凿时使墙外的混凝土缺楞掉角，同时作为竖向筋保护层的控制线；墙体边线作为模板就位用；模板控制线作为模板支模及校正检查用。如图 3-24 所示。

（5）墙柱根部凿毛

墙柱根部混凝土凿毛应待混凝土终凝后用电锤将墙体根部的浮浆以及松散的石子等凿除并清理干净方可进行下道工序。如图 3-25 所示。

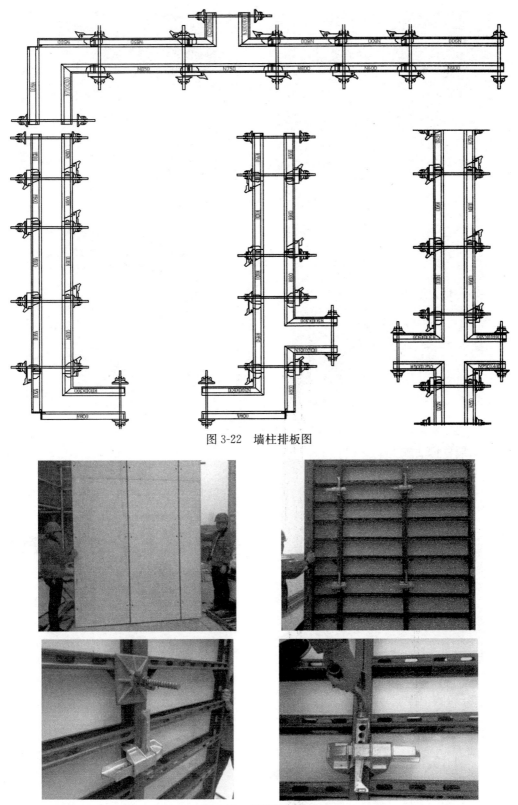

图 3-22　墙柱排板图

图 3-23　模板预拼装图

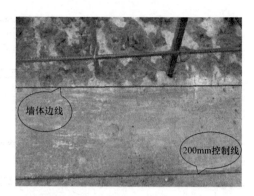

图 3-24　"三线"控制图

图 3-25　施工缝凿毛、清理图

（6）墙柱钢筋施工

墙柱钢筋施工，如图 3-26 所示。

1）墙柱钢筋按照图纸设计要求进行绑扎，并设置竖向梯子筋用以定位剪力墙水平筋的间距。

设置墙体竖向梯子筋　　　　　　　　　　　焊接墙体水平定位筋

图 3-26　墙柱钢筋施工（一）

安装线管、线盒定位固定准确	设置水泥砂浆内撑
墙体挂设塑料垫块	锚固长度大的KL、LL钢筋先绑
锚固长度小的次梁预埋梁窝	降板(沉箱式卫生间)位置提前预留

图3-26 墙柱钢筋施工（二）

2）待钢筋绑扎完成以后模板安装之前必须在墙体根部焊接定位筋，用来确保墙体的准确位置。

117

3）模板安装之前确保机电安装的线管线盒预埋到位并固定牢固。

4）在剪力墙上设置水泥砂浆内撑（钢筋撑棍）以保证墙体的截面尺寸；设置塑料垫块确保墙体的保护层厚度。

5）根据事先确定的配模图对于锚固长度较大的框梁及连梁钢筋先绑，对于锚固长度小的次梁提前预埋梁窝，预留降板（沉箱式卫生间）位置等。

（7）墙柱模板施工

墙柱模板施工，如图 3-27 所示。

1）待钢筋工程三方验收合格进行墙柱模板安装；

2）先安装角模，再安装直模；

3）专用夹具必须沿模板高度方向不少于 5 个，位置下密上疏，确保模板拼缝处连接牢固；

4）高强度穿墙螺栓间距不得大于 1200mm，并穿 PVC 管进行连接；

5）墙板校正时采用钢管及钢丝绳互相配合进行调整，保证墙体的垂直度及上口的顺直度；

6）堵头板采用竹胶板以及废旧短木方＋对拉螺杆进行加固；

（8）混凝土施工及模板拆除

混凝土施工及模板拆除，如图 3-28 所示。

模板安装时先安装角模，再安装直模

安装夹具(竖向不少于5个，下密上疏)

穿直径20的高强度螺栓(衬PVC管)

图 3-27　墙柱模板施工（一）

校正墙体垂直度及上口平整度(钢管斜撑+钢丝绳与预埋的地锚拉接)

安装堵头板并封堵梁头(采用竹胶板+废旧短木方及对拉螺杆堵头)

用水泥砂浆对墙体根部缝隙进行封堵　　　　　　墙体阳角处安装角钢

图 3-27　墙柱模板施工（二）

标注混凝土浇筑高度(距50线以下)

对模板进行编号

专用高强度对拉螺栓

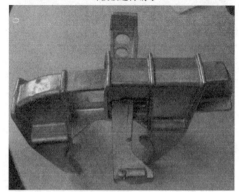
专用夹具

模板安装完成，混凝土浇筑之前的整体效果图

图 3-27　墙柱模板施工（三）

1）混凝土浇筑过程中必须控制好墙柱完成面的标高，确保梁板钢筋的位置准确；

2）混凝土应该分层浇筑，每次浇筑高度不得大于 1.2m，并采用插入式振动棒充分振捣密实；

3）混凝土拆模时间一般控制在：夏天 6～8h，冬天 10～12h 为宜；

4）模板拆除后应该轻拿轻放，按照指定位置堆码整齐并清理干净，涂刷隔离剂待下次再用。

（9）梁板结构施工

梁板结构施工与常规施工方法完全相同，不再详述。

3. 技术经济比较分析

三大模板体系各方面指标对比，见表 3-16 所列。

浇筑前搭设操作平台

拆模时先拆除堵头板

拆除阳角角钢

拆除对拉螺栓并放置整齐

松开并移开墙板

掏出梁窝并清理干净

图 3-28　混凝土施工及模板拆除（一）

墙体成型质量及观感效果较好

图 3-28　混凝土施工及模板拆除（二）

三大模板体系各方面指标对比　　　　　　　　　　　　　　表 3-16

序号	项目	传统木模板	大钢模板	塑料模板
1	模板规格尺寸	模数化、标准化低	模数化、标准化较高	模数化、标准化高
2	施工工效	较低	低	高
3	施工周期	5 天/层	7 天/层	6 天/层
4	施工难度	难	较难	简便
5	重复使用次数(周转次数)	5~8 次	30~40 次	100~200 次以上
6	回收价值(残值)	基本没有价值	较低	高
7	结构成型质量	较差	较好(气泡多)	较好(气泡较少)
8	施工人员技术要求	高	较高	低
9	对垂直运输机械的依赖性	低	高	较低
10	操作安全性	安全	较危险	较安全
11	自重	轻	重	较轻
12	维护费用	较高	高	较低
13	修补率	高	较高	低
14	耐久性(防火、防腐、防老化等)	低	较高	高
15	通用性(开洞、截面尺寸、异形结构)	高	低	较高
16	节材性	低	较低	高
17	对后期装修影响及成本(抹灰、构造柱、门窗过梁等)	大	小	小
18	一次性投入成本	小	较大	大
19	多次周转总体成本	大	较大	小
20	对图纸深化设计要求	低	高	高

模板方案经济性对比分析（14号楼一次性投入比较）见表3-17所列。

模板方案经济性对比分析表 表3-17

名称		单位	工程量	单价（元）	小计（元）	合计金额（元）	单价（元/m²）	备注
方案一（竖向采用木模板）	木模板（周转使用）	m²	1554.16	45	70540.27	562238.30	108.12	暂未考虑残值
	木方	m³	35.0	1650	57698.19			周转8次
	木方残值				0.00			按20%考虑残值
	楼梯模板	踏步数	34	240	8160.00			
	模板人工费	m²	6216.64	45	279748.80			
	墙面抹灰	m²	6216.64	24	146091.04			
方案二（竖向采用大钢模）	大钢模	m²	194.27	530	102963.1	500361.63	96.22	租赁240天
	大钢模——残值				−41185.24			按40%考虑残值
	楼梯模板	踏步数	34	240	8160.00			暂未考虑残值
	其他配件	项	1	2000	2000.00			暂未考虑残值
	大钢模赔损	项	1	20593	20592.62			大钢模考虑10%赔损
	模板人工费	m²	6216.64	45	279748.80			
	墙面水泥腻子	m²	6216.64	12	74599.68			
	塔吊租赁费	天	32	733	23466.67			
	周转材料	天	32	625	20000.00			
	管理费	天	32	313	10016.00			
方案三（竖向采用轻型钢框塑料板）	塑料模板	项	1	211151	211151.12	521566.71	100.30	按50%考虑残值
	塑料模板——残值	项	1		105575.56			
	楼梯模板	踏步数	34	240	8160.00			
	模板人工费	m²	6216.64	45	279748.80			
	墙面水泥腻子	m²	6216.64	12	74599.68			
	塔吊租赁费	天	32	733	23466.67			
	周转材料	天	32	625	20000.00			
	管理费	天	32	313	10016.00			

每平方米模板施工成本对比分析，如图3-29、图3-30所示。

模板方案经济性对比分析，见表3-18所列。

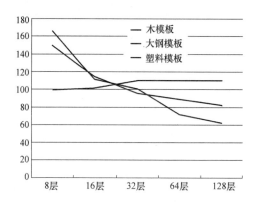

图 3-29　每平方米模板施工成本对比分析图 1

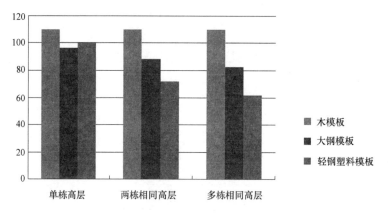

图 3-30　每平方米模板施工成本对比分析图 2

模板方案经济性对比分析　　　　　　　　　　　　　　　　表 3-18

模 板 类 型	木 模 板	大 钢 模 板	塑 料 模 板	结 　 论
模板系统使用次数	5～8 次	30～40 次	100～200 次	经济指标
模板系统成本 (含配件)	150 元/m²	800 元/m²	1700 元/m²	
安装人工费	22 元/m²	20 元/m²	20 元/m²	
安装机械费	1 元/m²	5 元/m²	1 元/m²	
单栋高层比较 (32 层)	109.8/m²	96.22/m²	100.32/m²	钢模优
两栋相同高层比较 (32 层)	109.8/m²	88.3/m²	71.88/m²	塑料模板优
三栋相同高层比较 (32 层)	109.8/m²	82.4/m²	61.73/m²	塑料模板优

4. 问题与产品改进

塑料模板费用较高，不利于降低成本，只有周转次数多，才可以降低成本。

5. 小结

(1) 剪力墙与顶板可以达到清水混凝土效果，免抹灰，不仅最大限度规避了混凝土墙体抹灰所造成的空鼓、开裂等质量通病，而且可达到节约资源、节约工期的目的。

(2) 相比木模板，节约大量的绿色森林资源。木模板每年消耗大量的木材，且难以回收利用，造成极大的资源浪费。

（3）对于标准层较多且结构对称的楼栋，周转利用率较高，成本较低。

3.5.3 大连东港 C07 地块示范工程

PP 塑料模板配合铝合金边框使用，能够在减轻体系重量的前提下，提高 PP 模板的使用次数。另外，铝框 PP 塑料模板配合早拆顶板模板体系，充分利用其快速重复周转使用的特点，能够有效降低工程成本，大大提高施工速度。该体系在大连东港 C07 地块示范工程得以使用，效果得到施工方认可。

1. 工程简介

大连东港 C07 工程概况，见表 3-19 所列。项目效果如图 3-31 所示。

大连东港 C07 工程概况   表 3-19

工 程 名 称	大连星光耀广场项目	工 程 地 址	大连东港区 C07 地块
建设单位	大连复年置业有限公司	质监单位	大连市质量监督站
设计单位	大连市建筑设计研究院	监理单位	大连泛华建筑工程监理有限公司
总包单位	中建八局大连分公司	主体劳务单位	通州十建、山东金河
合同工期	960 天	合同额	3.9 亿元
总建筑面积	总面积：23 万 m²	质量目标	合格
设计概况	共由 5 栋单体组成，其中 3 号、4 号、5 号楼为 50 层塔楼，1 号、2 号楼为 5 层商业楼，6 号楼为地下车库（两层）		

图 3-31　大连星光耀广场项目效果图

（其中 5 号楼为铝框 PP 塑料模板早拆顶板模板体系的示范楼）

2. 示范内容与目的

（1）示范内容

1）楼栋选择

① 5 号楼被选定为本次课题的研究实施对象；

② 3 号楼与 5 号楼结构形式相同，呈对称布置，两栋楼采用不同体系的顶板模板体系进行比较，并且可利用铝框 PP 塑料模板早拆顶板模板体系重复周转使用的特点有效降低工程成本。如图 3-32～图 3-34 所示。

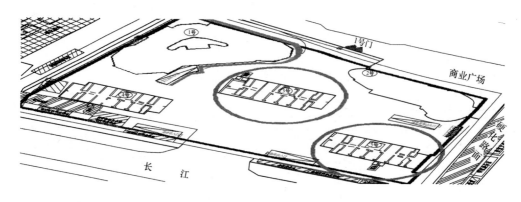

图 3-32　3 号楼与 5 号楼结构形式

2）施工部位及方案选择

① 5 号楼采用铝框 PP 塑料模板早拆顶板模板体系分两段施工；

② 3 号楼采用普通碗口模板体系分两段施工；

③ 5 号楼所有顶板模板为铝框 PP 塑料模板早拆顶板模板体系；

④ 3 号、5 号楼每标准层均分两个流水段进行施工。

3）施工流水段的划分

根据本工程的结构特点、质量、进度要求，以及综合成本等因素，流水段做如下划分：

如图 3-35 所示位置设置流水段分界线，⑧轴和⑨轴之间为流水段分界线，①～⑧轴为第 1 流水段，⑨～⑮轴为第 2 流水段。模板由第 1 流水段周转到第 2 流水段。

4）模板配置

① 模板种类区分原则

铝框 PP 塑料模板早拆顶板模板包括标准模板和边角模板，标准模板的配置为 150mm 厚，长 1800mm×宽 900mm，边角模板采用现场临时加工的与标准模板一致的模板，尺寸依据现场搭设实际情况而变。

② 配模原则

按照 5 号楼标准层①～⑧轴，Ⓐ～Ⓙ轴之间的部分顶板进行模板配置，长度 1800mm，宽度 900mm，厚度为 150mm。为节省模板用量，又因为结构呈对称形式，故模板配置一半，进行对称流水；配置模板不考虑结构梁对模板的影响，保持模板完整性和流水性；因为铝框 PP 塑料模板早拆顶板模板无法与结构顶板尺寸完全符合，所以现场根据实际情况多配置了部分边角模，在此位置进行模板重新排列并替换部分边角模板即可满足流水施工要求。

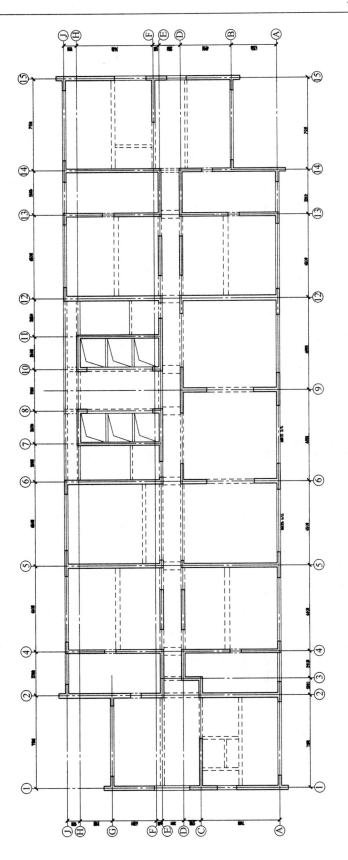

图 3-33 5 号楼示意图

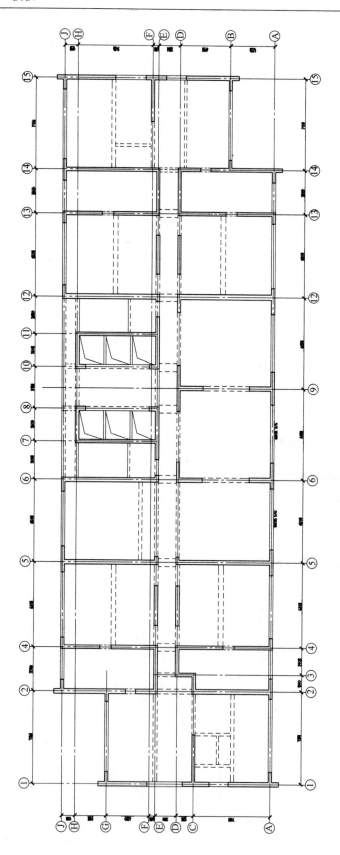

图 3-34　3 号楼示意图

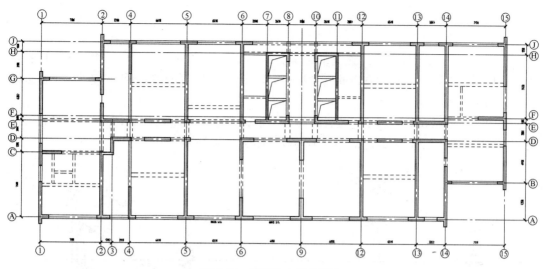

图 3-35　施工流水段的划分

5）方案的编制、审批及交底

方案编制完成后上报公司和监理进行审批，审批完成后对项目部管理人员以及劳务队进行交底。

（2）示范目的

通过上述示范方案，同样的结构形式与施工面积，分别采用 150 铝框早拆顶板与传统碗扣架施工对比，得出铝框模板在施工使用与经济社会效益方面的优势。

3. 施工工艺（包括工法）

施工工艺流程，如图 3-36 所示。

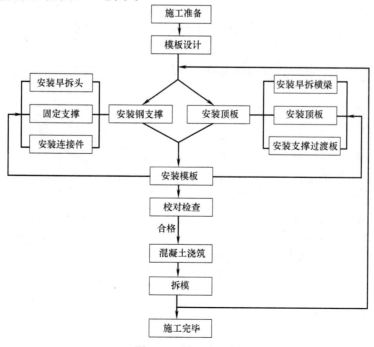

图 3-36　施工流程图

129

（1）安装过程

1）固定支撑。

① 将两根已安装早拆头的独立钢支撑用 $L=1800$mm 的水平连接件连接起来，调整钢支撑使早拆头支撑板方向对齐以便安装早拆梁，锁紧连接件的锁紧板使连接件位于靠近地面处。如图 3-37 所示。

② 用 $L=2000$mm 的水平连接件连接第三根钢支撑，调整钢支撑使早拆头支撑板方向对齐以便安装早拆梁，锁紧连接件的锁紧板。如图 3-38 所示。

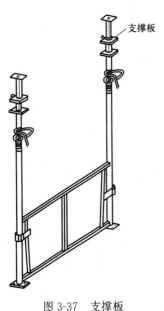

图 3-37　支撑板

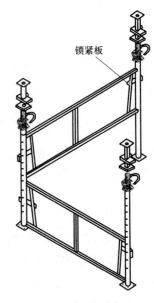

图 3-38　锁紧板

③ 用水平连接件把 4 根钢支撑连接成 2000mm×1800mm 的矩形单元，调整钢支撑方向将 4 个连接件全部锁紧。如图 3-39 所示。

2）安装早拆横梁。将早拆横梁的支撑头挂在早拆头的支撑板上。如图 3-40 所示。

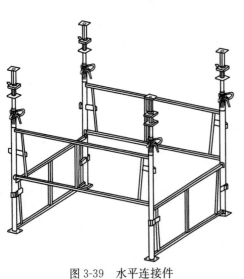

图 3-39　水平连接件

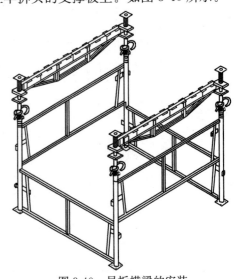

图 3-40　早拆横梁的安装

3）将两块模板放在早拆横梁上。由两名工人各托起顶板一端，安装在早拆横梁上，可以将顶板前后稍搓一下，使顶板两端卡在两根横梁的限位板之间。如图 3-41 所示。

4）依次安装支撑、连接件、早拆横梁和顶板，至整层安装完毕。如图 3-42 所示

5）安装晚拆板。如图 3-43 所示。

6）墙边节点处理。

① 墙边补空距离不大于 150mm，钢管扣件加固。

② 墙边补空距离 150～300mm，"几"字梁加固。

③ 墙边补空距离 300～900mm，独立支撑加固。

7）标高调整。整层模板安装完毕之后，调整标高，检查模板整体平整度，若有不平，调节钢支撑处调节螺母以调平。

（2）拆除过程

图 3-41 模板的安装

1）用锤子敲击早拆顶托的支撑板，支撑板沿着支撑力柱向下滑移，早拆横梁随之向下滑移，也随之移动。

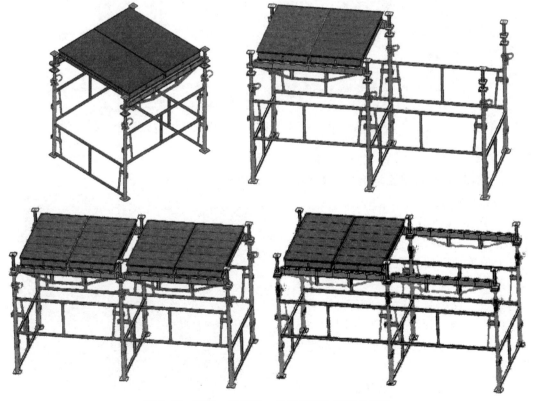

图 3-42 支撑、连接件、早拆横梁和顶板的安装

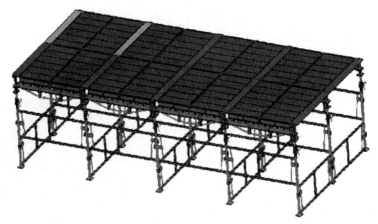

图 3-43　安装晚拆板

2）连续敲击 4 个早拆头，使顶板与横梁随支撑板一起下落。如图 3-44 所示。

3）两根横梁每端各有一名工人托起顶板一端，左右搓动至摘下顶板。如图 3-45 所示。

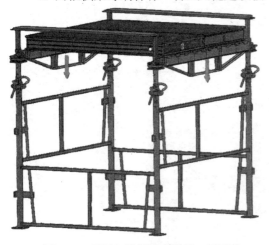
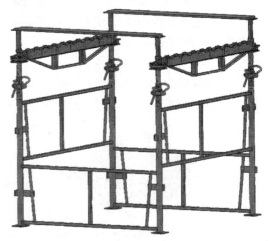

图 3-44　顶板与横梁随支撑板一起下落　　　　　图 3-45　摘下顶板

4）拆卸早拆梁，剩余晚拆带。如图 3-46 所示。

4. 铝框 PP 塑料模板与碗扣架模板的技术比较分析

（1）机械占用

由于 150 铝框 PP 塑料模板早拆体系大部分配件只需要配置 1 层，而且所有配件的单重均不超过 26kg，在倒料的时候，绝大部分配件只需要人工传递一次即可完成，仅配有早拆头的钢支撑通过下部倒料平台，利用一个吊次即可完成材料的周转，极大地减少了塔吊使用频率。

在顶板支设过程中的电锯等机械使用情况与碗扣架施工方式相同，但占用

图 3-46　拆卸早拆梁

量显著降低，不再赘述。

（2）质量保证

150 铝框 PP 塑料模板早拆体系配件均为工厂化加工，各种型材均为流水线生产，有

着远高于散支散拆模板要求的加工精度和严格的管理制度，每块顶板的平整度均保证在 2mm 范围内，现场仅需要将各种标准件像搭积木一样拼装即可，同时，150 体系所用的面板均为 PP 高强塑料模板，可以有效地保证所浇筑混凝土的平整度及观感等要求。如图 3-47 所示。

碗扣架模板均为施工现场搭设，由于材料误差、施工条件及操作水平等的限制，其平整度等要求均无法与工厂化产品相媲美。

图 3-47　浇筑混凝土的平整度及观感

QC 小组在活动后选取 15～25 层中的 100 块顶板与活动前选取的 100 块顶板进行质量合格率比较，比较结果见表 3-20 所列及图 3-48 所示。

质量合格率比较　　　　　　　表 3-20

序　号	质量问题项目	缺陷数（块）		合格率（%）	
		3 号楼	5 号楼	3 号楼	5 号楼
1	顶板水平度	13	3	87	97
2	漏浆	3	0	97	100
3	拼缝不均匀	2	1	98	99
4	其他	1	0	99	100
5	合计	19	4	81	96

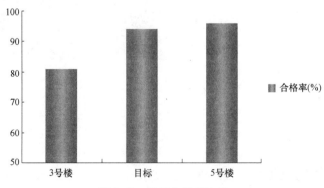

图 3-48　质量合格率比较

通过以上图表的对比，可以很直接地看出，5 号楼使用铝框 PP 塑料模板早拆顶板模板体系施工的顶板质量合格率比 3 号楼用普通碗口体系施工的顶板质量合格率有了大幅提升。

（3）施工方法

150 铝框 PP 塑料模板的标准件安装类似于搭积木，整个安装过程只需一把锤子即可完成。同时，钢支撑连接件的上下位置可调，将其安装在合适的高度，配合安装专用跳板为顶板安装提供合适的操作平台，钢支撑间距 2.0m×1.8m，人员行走不受任何阻碍。顶板早拆后的空间更加宽敞，没有任何水平构件，行走更加方便。如图 3-49 所示。

图 3-49　150 铝框胶合板现场图

碗扣架立杆间距为 0.9m×0.9m，远小于 150 体系的 2.0m×1.8m 的钢支撑间距，同时碗扣架需设置 3 道水平杆，而且位置固定，没有人员操作行走的空间。如图 3-50 所示。

（4）安全文明施工

150 铝框 PP 塑料模板体系除边角处理以外的部位均不使用铁钉，有效地防止工人被扎伤的可能；提供宽敞的操作空间，便于工人行走和安装，减少劳作过程中身体的碰撞受伤；顶板设计成整体，而且整体质量控制在 26kg 以内，有效防止坠物伤害。

碗口体系顶板面板均需使用铁钉固定于木方上，可能导致工人被扎伤；且密集的横纵杆件布置，没有提供操作平台，不便于工人行走和安装，容易导致身体的碰撞受伤。

图 3-50　普通碗扣架现场图

（5）环保效益

150 铝框 PP 塑料模板体系是国家财政部响应绿色低碳环保政策而研发的新型模板产品；整个体系良好的周转及通用性和极少的木方等易耗品投入均很好地响应了国家的环保政策。同时，该模板体系能大量节省人工，是一种满足节能减排要求的新型节材型低碳化模架体系。

碗扣架体系大量的木方、多层板等易耗品投入加剧了环境资源的浪费，加重了环境保护工作的负担。

5. 铝框模板与碗扣架模板的经济比较分析

（1）材料效益分析

铝框 PP 塑料模板周转次数为 100～200 次，配置 1 层面板即可满足 50 层楼周转使用，无需更换面板。由于为早拆体系，独立支撑配置 3 层，其他配件配置 1 层用量。见表 3-21 所列。

铝框 PP 塑料模板用料统计 表 3-21

序 号	项 目	用量(件)	单价(元/件)	合价(元)	备注
1	1800×900 铝框 PP 塑料模板	481	1100	529100	
2	钢支撑	540	137	73980	
3	1940 早拆横梁	313	290	90770	
4	1100 早拆横梁	90	200	18000	
5	2000 支撑连接件	160	174	27840	
6	1800 支撑连接件	140	163	22820	
7	2000 钢跳板	130	195	25350	
8	墙边支撑	120	45	5400	
	合计		793260		

3 号楼为 3 层配板，竹胶板周转次数为 7～8 次，50 层楼需更换 3 层面板。见表 3-22 所列。

3 号楼 150 铝框胶合板成本核算 表 3-22

序号	项目	用量	单价	合价(元)	备注
1	竹胶板	5000m²	42 元/m²	210000	购买
2	碗口管	16000m	0.03 元/天·m	187200	租赁
3	U 拖	1900 套	0.033 元/天·套	24453	租赁
4	45·95 木方	130m³	1970 元/m³	256100	购买
	合计			677753	

通过价格分析得出，铝框 PP 塑料模板早拆体系比碗口体系价格上贵 17%。但铝框 PP 塑料模板可以重复周转使用，可以周转到其他项目使用。若公司能集中采购，让多个项目摊销费用，第一个项目按 6 折摊销，793260×60%＝475956 元，铝框 PP 塑料模板早拆体系比碗口体系价格上便宜 30%。

（2）人工效益分析

3 号用普通碗口，分两段流水施工，标准层顶板木工配备 27 人，5 号楼用铝框 PP 塑料模板，分两段流水施工，顶板木工配备 17 人，5 号楼铝框早拆体系少用人工 10 人，工期 13 个月，节约成本约 65 万。

（3）工期效益分析

3 号、5 号楼为对称结构，单层面积相同，3 号楼碗口体系顶板，每一流水段安装用时 7.5h，5 号楼铝框顶板，每一流水段安装用时 6h。3 号、5 号楼同时开工，其他资源投入相同，5 号楼封顶较 3 号楼快 12 天，由此可见，铝框 PP 塑料模板早拆体系工期效果明显。

6. 问题与产品改进

（1）标准板块施工，墙边需要用普通面板进行补充，需要改进工艺，构建模数化模板产品规格体系。

（2）连接件搭设需要两人协助完成，碗口只需要一人就可以完成水平杆和立杆的连接，需要改进工艺使连接件更加轻便。

3.6 PP 模板的发展前景

通过对 PP 塑料模板在工程中的实际应用，可以看出，采用 PP 塑料模板代替胶合板作为顶板模板面层具有较好的推广价值，并且在很多方面比胶合板具有优势，同时，在模板工程成本上也有所降低，对高层建筑尤其是群体工程较适合，而对模板周转次数少的工程虽在降低成本上不太明显，但仍有助于提高工程质量、提升施工速度和绿色施工建造技术的进步。

（1）从市场成熟度来看

模板工程发展已经有了很长时间的历程，早在 20 世纪初就已经出现了混凝土成型用木模板。在国外模板市场的发展推动下，我国模板市场也与时俱进，不断发展，尤其是1979 年引进了定型组合钢模板技术之后，我国的模板工程、模板技术、模板市场都进入了一个高速发展的阶段。

随着我国建筑行业的不断发展，模板市场不断地取得各种进步，包括技术革新、市场规范等。在经历了钢模板、木模板、竹胶合板等不同类型的模板市场发展阶段以后，针对钢模板的各种不足、竹木胶合板的各种缺陷，一种新型的建筑模板已经成了广大业内人士渴求的目标，于是我国迎来了塑料模板和铝模板的高速发展阶段。相较于铝模板的诸多限制，塑料模板已经得到了更多人们的认可。2013 年，国内各种塑料模板厂家犹如雨后春笋，呈井喷模式发展。在经过较长时间技术发酵以后，国内塑料模板市场已经孕育成熟了。

（2）从技术成熟度来看

相较于塑料模板市场的发展，塑料模板的技术发展经历同样非常坎坷。受国外技术发展的影响，一开始曾限于环氧树脂模板的研发，后来出现了一些纯塑料材质的模板。但是由于塑料材质本身的特点，尤其是其热胀冷缩性能，塑料模板一度被认为并不适用于建筑行业。也正是这个原因，导致了大批跟风企业惨遭失败，几乎使得产业发展停滞不前。

但是，随着塑料材料复合加工技术的发展（如玻纤改性、发泡工艺改进等）和设备的更新，目前塑料模板产品大多已经克服了原有塑料模板的性能限制，发展出了一系列性能不错的建筑模板。相对于塑料模板产业发展初期，现在塑料模板的技术已经不再是其发展的限制了。从技术发展阶段而言，塑料模板的发展已经经历了纯塑料模板、材质改性塑料模板、复合改性塑料模板、结构改进塑料模板等发展阶段，目前已经进入了高性能功能化塑料模板发展阶段。

经过研究证明，节材型 PP 塑料模板较之竹木胶合板，可以保护森林资源、节能减排、节材环保，使用次数更是远远高于胶合板；较之普通塑料模板，性能更加优异，使用次数数倍甚至十倍于普通塑料模板；较之钢铝模板，使用更加轻便，成本低廉，施工简便。

（3）推广应用关键要点

PP塑料模板推广应用于工程项目，其第一推动力应该来源于其经济效益。目前，施工项目管理首要考虑的是施工安全与施工质量问题，在保证上述问题的前提条件下，其经济效益自然而然地成了项目管理人员首要考虑的问题。

竹木胶合板已经经过了多年的发展，相关标准规范发展完善，安全性和质量问题基本能够满足要求。普通塑料模板发展较早，通过其低价销售的推广，已经成功获得了业内人士的认可，同时也限定了塑料模板在其心中的定位。发展较为悠久的钢模板更是已经深入人心。综上所述，在施工安全性和质量保障性方面，PP塑料模板与现行常见的建筑模板相比并没有较大优势。

尤为重要的是，普通塑料模板低价推广模式的发展已经使塑料模板价格低廉的形象深入人心，一些普通PP塑料模板低劣的性能让不少人对其持怀疑态度。跟风企业的肆意发展更是使得塑料模板行业发展混乱，模板市场鱼龙混杂。

与其优异的性能参数相对应的是PP塑料模板较高的价格问题。面对以上问题，PP模板的性能优势并不被看好，主要原因在于其价格较高，前期一次投入较大，优异的性能需要长时间使用才能得到体现。相较于长久的使用，更多的项目管理人员更倾向于使用表面看起来便宜的普通塑料模板。

为此，在PP塑料模板推广使用过程中，应注意以下要点：

1）原材料选取过程中选用价格低廉的原材料。

2）通过购买加工能力更加优异的设备、设计更为高效的加工工艺，以降低成本。

3）寻找替代材料，发展系列产品，如发泡材料等其他节材减重材料。

4）发展低性能同类系列产品，通过调整加工参数，得到一系列不同性能的同类产品，占领不同层次市场。

5）项目推广过程中注重为施工团队、项目团队等产业链中各方提供综合成本预算服务，通过给产业链各方降低综合成本的方式赢得其认可。

6）发展模板租赁业务，与施工方共同承担运营成本问题，以获得共赢的局面。

3.7　PP模板存在的问题及建议

3.7.1　PP模板存在的问题

PP节材型模板虽然具有非常优异的性能，但是通过工程应用以及对市场的调研工作，发现该模板仍然存在很多问题：

（1）成本过高

在项目推广过程中成本过高这四个字很容易就决定了推广成功与否，从一次购买的角度而言，该产品价格约为 250 元/m²，远远高于市场同类产品。

（2）不易切割

产品硬度太高，使用手动切割比较困难，容易造成切割边歪斜，产生毛边等现象。

（3）生产效率低下

目前没有专业的生产设备，使用的是其他产品生产线进行生产，生产工艺也是根据现有设备进行设计，生产效率较低，产量得不到有效的保障。

（4）成型后的混凝土表面过于光滑

产品设计阶段的目标是将节材型塑料模板做成可以自动脱模，能够达到清水混凝土效果的。但是在实际使用过程中发现，很多项目并不需要清水混凝土的效果，反而因为成型后的混凝土太过光滑，给二次抹灰带来不便。

（5）产品类型单一

目前，产品仅限于平面混凝土成型，对于适合曲面混凝土成型项目、复杂表面成型项目使用的节材型模板，还没有研发出相应的产品。

（6）重复钉钉能力较低

虽然对塑料材质进行了复合改性，使得模板具有一定的钉钉能力，以满足施工需要，但是较之木模板，同一位置的重复钉钉能力还是略有不足。

3.7.2　关于 PP 模板的建议

（1）关于塑料模板的成本问题

希望通过更换原材料材质、结构、类型等方法，在保持产品优异性能的前提条件下，对产品进行改性，达到降低产品成本的目的。

（2）关于切割及钉钉问题

关于对模板的切割以及钉钉问题，来源于施工作业对传统模板使用模式的认知，也是顺应我国施工行情的一个普遍现象。但是，对模板的钉钉和切割都是对模板产生了一定的损害，直接影响了模板的使用寿命。其中，钉钉操作造成大量钢铁资源浪费的同时存在诸多安全隐患，而施工人员对模板的随意切割更是造成了巨大的资源浪费。借鉴国外模板工程发展历程及发展方向方面的相关经验，最好能够通过改进施工工艺的方法，尽量减少甚至消除钉钉及对模板随意切割的现象。针对模板尺寸问题，可以提前对模板进行一定尺寸的定制，以满足施工现场应用的需求。

（3）关于生产设备问题

发展专用生产设备，有利于提高生产效率，降低产品生产过程中的能耗，减少生产过程中的切割损耗，节约材料，有利于模板产业的健康发展。由此更能看到，发展专业的系统化的模板产业，学研产工用体系化发展，形成具有较强综合实力的专业模板工程公司，具有更加广阔的发展前景。

（4）关于表面光滑问题

针对施工后表面形貌的问题，可以通过对产品工作面的设计达到工程施工的需要。一方面，应研发可以根据客户的需要，做成可以形成清水混凝土效果的模板，亦可以做出需要二次抹灰表面的模板；另一方面，可以考虑研发适用于光滑表面的施工工艺，避免二次抹灰而直接可以对混凝土表面进行装饰装修的施工材料或者施工工艺，这样既可以使用清水混凝土的模板，又可以根据客户需要对墙面进行个性化装饰装修。

（5）关于产品系列化问题

应该通过对节材 PP 模板结构的设计，功能个性化设计，达到节材模板产品的体系化，以满足各类工程的不同需求，既可以平面施工，又可以曲面施工，更可以形成特定的模板，可以让用户进行个性化定制的模板，亦可以研发建筑工业化的专用模板或者是预制构件的专用模板。此外，还可进行多功能化建筑模板、如具有明显保温效果的模板、透水效果的模板、可以用作外墙保温材料的免拆模板等。

（6）钢框（铝框）＋节材 PP 模板使用模式

目前，国外流行的使用模式即为木模板＋钢框的使用模式。其中，钢框的使用非常值得我们借鉴，目前已经做了相当的工作，并展开了中试研究，但是市场推广工作还未彻底展开；国外盛行木模板的模式在我国国情下并不可取：首先，国外的森林资源较之国内更加丰富，其次，国外的木模板质量优异，加框使用次数可以达到数百次，甚至使用十年不坏，较之国内只能使用 5～10 次的木模板不可同日而语。值得一提的是，国内市场上的进口优异木模板价格也高于 200 元/m²，属于高价位的市场高端产品。

节材模板结合框架使用，在框架的保护下，近乎不会产生损坏，唯一可能产生的只有工作面轻微擦伤或者轻微的冲击损伤，完全可以通过简单的修复操作达到如新的效果。所以，针对节材模板的市场推广，模板＋边框的使用模式前景非常宽广。

参考文献

[1] 林师沛. 塑料配置与成型［M］. 北京：化学工业出版社，2004.

[2] 吴智华，孙洲渝. 影响注塑 PP 微孔材料结构的工艺参数［J］. 中国塑料，2002，16（9）：57-61.

[3] 郭娟，刘长维，张进. 聚烯烃发泡母粒的研制及生产现状与展望［J］. 塑料科技. 2008，36（3）：88-92.

[4] 陈俊伟，王雷，任凤梅等. 成核剂对聚丙烯微发泡行为及力学性能的影响［J］. 塑料科技. 2012，8：011.

[5] 陈俊伟. 聚丙烯微发泡复合材料的制备及其性能研究［D］. 合肥工业大学，2013.

[6] 陈立军，陈焕钦. 活性物质对 AC 发泡剂性能的影响研究及其活化机理［J］. 绝缘材料. 2005，38（1）：30-32.

[7] 许涛. GMT 板材工艺成型及力学性能的理论研究［D］. 湖南大学，2013.

[8] 张淑萍，赵迎春. 湿法制造热塑性片材的工艺技术研究——Ⅲ. 湿片成型工艺研究［J］. 纤维复合材料. 2002，19（4）：27-29.

[9] 邓洪，赵东波，马洪波等. 连续玻璃纤维原丝针刺毡略述（上）［J］. 玻璃纤维. 1999，2.

[10] 叶鼎铨. GMT 片材发展概况［J］. 玻璃钢. 2012，4：18-20.

[11] 宋亚兵. 塑料模板在工程顶板施工中的应用［J］. 建筑技术. 2010，1：34-37.

第 4 章　玻璃钢模板

4.1 概述

玻璃钢是一种轻型的功能结构材料，它质量轻、强度高、力学性能好、型材密度是建筑钢材的 1/5~1/4，比强度是普通钢材的 15 倍、比刚度与钢材相近；玻璃钢不易破碎，透光率可设计（最高可达 90%），透明玻璃钢密度仅为普通玻璃的 1/2 左右；导热率低、保温隔热性能好；适用温度范围广，构件尺寸稳定、变形小；具有优良的耐化学腐蚀性能，耐候性好；可塑性强，性能具有可设计性……玻璃钢用于建筑工程时可以同时发挥结构材料、围护材料、采光材料、装饰材料等多重作用，是一种轻质、高强、高效、多功能的新型建材。

谈到玻璃钢与复合材料之间的关系，必须先了解玻璃钢的两大组成材料：

玻璃纤维。一般认为它主要起承载作用。

树脂。目前主要指合成树脂。它起粘结纤维，把松散纤维粘拢在一起，形成整体的作用。

由玻璃纤维和合成树脂两种组分构成玻璃钢。这两种组分关系十分密切，缺一不可。它们之间就好像人体上骨骼和肌肉的关系。

玻璃钢是复合材料的一种，把玻璃钢扩大到复合材料范围来看，复合材料也至少有两种组分。下面先从一般概念来谈复合材料。

（1）广义复合材料

广义复合材料由填料和基体组成。

填料——骨料，如粒状、块状、线状、片状等。

基体——胶粘剂，如有机、天然合成树脂；天然、人工无机胶粘剂等。

混凝土就属于这种广义的复合材料。砂粒、石子均属于填料，基体是无机胶凝材料水泥作胶粘剂，可称为无机复合材料。

与玻璃钢接近的树脂混凝土如人造大理石等。这种复合材料，填料有细粉状无机填料、颜料，基体胶粘剂是合成树脂，属有机材料，亦称有机复合材料。

（2）增强复合材料

增强复合材料由增强材料和基体组成。

增强材料——填料为增强材料，如片、线状的有一定强度的材料。

基体——胶粘剂，有机或无机材料。

如钢筋混凝土，钢筋为增强材料，水泥为粘结材料，两种组分形成整体，是一种无机增强复合材料。

而和玻璃钢很接近的天然生成的增强复合材料有木材和竹材等。它的增强材料是木纤维和竹纤维，有方向性；粘结材料是植物本身的一种胶结细胞，把纤维连接成整体，形成有机增强复合材料。

（3）纤维增强复合材料

纤维增强复合材料由纤维增强材料和基体组成。

纤维增强材料——如连续纤维、短切纤维、纤维织物或毡等。

基体——胶粘剂包括有机或无机非金属以及金属等。

用玻璃纤维、碳纤维、芳纶纤维、碳化硅纤维等作增强材料，合成树脂作胶粘剂制成的复合材料，称为非金属基或树脂基纤维增强复合材料，也有人称为塑料基纤维增强复合材料。

而用碳化硅、氧化铝、陶瓷纤维等作增强材料，金属作基体制成的纤维增强复合材料称为金属基纤维增强复合材料。

综上所述，玻璃钢只是树脂基纤维增强复合材料的一部分。

4.1.1　玻璃钢模板的发展历程

1. 国外玻璃钢模板的发展历程

玻璃钢材料建筑在 1942～1980 年间经历了一个短暂但非常辉煌的先锋期。化学家、手工业者、工程师、建筑师和艺术家一起，共同创造了一种全面发展的材料。实践表明，各种形式的玻璃钢不仅可以广泛应用于运动装备领域、船舶、汽车和飞机制造，在建筑领域也同样可以用作自承重或承重材料。

德国魏玛大学的 Voigt P. 根据玻璃钢的研究进展（研究成熟度和研究方向）和实际应用的领域范围，将用玻璃钢建造的先锋期划分为三个阶段。根据不完全统计，整个先锋期总共有 260 多个玻璃钢建筑作品，其中 89 个实现了小批量生产。玻璃钢建筑类型多样，既有几十平方米的小型舱体居住单元，也有大到 27000m^2、应用数百个玻璃钢构件的建筑综合体。

（1）开端（1942～1959 年）

玻璃钢一经开发后随即得到实际应用，用玻璃钢建造的第一个阶段也就在 1942 年拉开了序幕。

这一阶段的材料研究着重在于认识和改善玻璃钢的基本性能，例如力学性能、耐候性和防火性能等，使其满足使用要求。化学工业利用这段时间展开了大量的试验，并制定出相应的技术准则，力求实现高质量的产业化，将玻璃钢这种建材逐步发展成为一种高性能、坚固耐用的材料。建筑师和工程师们以实际应用为导向，致力于回答"如何使用玻璃钢？"的问题，并以建筑实践验证玻璃钢在建筑中作为结构材料的可能性。他们的玻璃钢建筑作品没有理论、概念性的资料基础，而是仅仅建立在模型研究的经验之上。

1941 年，英国格拉斯哥 Glasgow 成立了 Building Plastics Research Corporation，他们最早建议预制塑料房屋，提出开发可迅速拆装、灵活的新型住宅形式。美国麻省理工学院（Massachusetts Institute of Technology）成立了建筑工程和结构系塑料研究实验室（Plastics Research Laboratory），他们与建筑师、工程师积极合作，实现了诸如 Monsanto House（1957 年）和 Elementary School（1959 年）这样具有代表性的玻璃钢建筑作品，以实例说明玻璃钢材料的性能特点和应用可能。

玻璃钢建筑的第一阶段主要是材料和生产制造工艺的发展和探索应用领域可能性。在这一阶段，玻璃钢材料和生产技术得到发展，专业人员开始尝试在建筑领域应用玻璃钢。此阶段的重点在于材料的基础研究。所实现的现代建筑、新形式和结构，首先是光和色彩表达了第二次世界大战后新建时期占主导地位的乐观主义精神。告别过去的社会氛围和经济的高速增长繁荣对玻璃钢的发展和应用产生了积极的影响。

（2）玻璃钢繁荣期（1960～1972 年）

这一阶段是用玻璃钢建造的重要阶段，也是玻璃钢建筑的高度繁荣期。大部分玻璃钢建筑（80％以上）是在此期间实现的。建筑工业接受了塑料，特别是玻璃纤维增强聚酯的结构应用。设计人员从结构、构造、建筑表现等方面广泛分析研究符合材料性能的应用方式。玻璃钢的功用不再局限在"暗处"或局部，而是获得了更广阔的应用领域。

芬兰的 Polykem Oy 采用纤维喷射工艺进行批量生产，可以制造数十个统一规格的玻璃钢构件，产品种类丰富。这个时期仅在伦敦 Elgin Estate 的四座高层住宅楼项目（1966～1968 年）中可见大批量生产的玻璃钢三维构件。总的来说，玻璃钢构件的产业化程度不高。

（3）式微与终结（1973～1980 年）

玻璃钢建筑发展的第三个阶段是世界范围内玻璃钢建筑走向衰落直至退出建筑舞台。

作为近代复合材料的玻璃钢，是从 20 世纪 40 年代第二次世界大战时发展起来的。当时的美国已经有了发展玻璃钢的物质基础，一是从 1935 年起，连续玻璃纤维已有了较大发展，二是 1939 年发明了常温常压下成型的不饱和聚酯树脂。当时的玻璃钢首先用在航空工业方面，如飞机的雷达罩、副油箱等。

50 年代以后，美国开始研制玻璃钢火箭发动机外壳。1957 年回收的红石导弹第一节就是用三聚氰胺玻璃钢制造的。1967 年在美国的德克萨斯州试飞了用环氧树脂制造的第一架全玻璃钢结构飞机。进入 70 年代，玻璃钢船舶发展较快，西方各主要工业国都趋向于大型化，尤其是玻璃钢扫雷艇，其长度在 10m 以上。近年来，玻璃钢渔船发展很快，日本的中小型渔船中，玻璃钢渔船已占 40％。

2. 国内玻璃钢模板的发展历程

我国玻璃钢发展始于 1958 年，当时着重于国防军工方面的研究工作。60 年代初期，研制成功了超厚尺寸的层压玻璃钢部件，为我国的尖端科研作出了贡献。1965 年，举办了全国第一次玻璃钢展览会，这是对我国玻璃钢工业战线的首次大检阅。当时，展品有几百种，除军工产品外，还有不少民品，而且已经实现了纤维缠绕工艺的机械化生产。但是，玻璃钢工业的真正发展壮大并形成生产能力，还是在 70 年代之后。

我国玻璃钢产品试制的进展速度还是很快的。例如，1959 年试航了 9m 长的游艇；1965 年试用了玻璃钢飞机螺旋桨；1966 年试飞了全玻璃钢水上飞机浮筒和解放型滑翔机；1968 年安装了第一台直径 15m 的大型玻璃钢风洞螺旋桨；1971 年安装了直径为 44m 的大型全玻璃钢蜂窝夹层结构的地面雷达罩；1974 年颁布了 0.4m³ 铝内衬玻璃钢气瓶规范，同年，我国第一艘长度为 39.8m 的大型玻璃钢船舶下水；1975 年第一个直径 18.6m 玻璃钢高山雷达防风罩正式服役；1976 年定型了直径 8m 的玻璃钢风机叶片，同年，第一座大型钢筋混凝土断桥用玻璃钢修补成功并通车使用。

此后，每年都有新的玻璃钢产品研制成功，如冷却塔、化工贮罐、波形瓦、活动房屋、风力发电机叶片、大型电机护环、管道、体育器材及文娱用品都相继投产。目前，玻璃钢产品已在我国石油化工、交通运输、建筑、机械、电气、环保、农业以及国防工程等许多领域得到了推广应用。

我国玻璃钢工业可以 1978 年第十一届三中全会为界，分为两个阶段。第一阶段（1958～1978 年）以国防军工为主，第二阶段（1978 年以后）玻璃钢军转民用、以民用为主，玻璃钢产品逐步社会化，经济建设和人民生活所需的玻璃钢工业日益发展。

（1）第一阶段（1958～1978年）

1956年，时任重工业部副部长、后任建材工业部部长的赖际发赴苏联考察，了解到玻璃纤维增强复合材料是一种性能优良、用途广泛、具有广阔发展前景的新型材料，并带回了几块玻璃钢样品。俄文中玻璃钢被称为"CTeknonJlAnhk′"（玻璃塑料）。当时中文里没有相应的词，鉴于材料里有玻璃、其强度又不亚于钢，于是就以"玻璃钢"来命名。中国的玻璃钢就是GFRP（Glass Fiber Reinforced Plastics——玻璃纤维增强塑料），玻璃钢这个代名词虽然不确切，但是通俗易懂、较为形象，被一直沿用至今。

我国玻璃钢工业发展的第一阶段先后经历了创业（1958～1960年）、军品研制（1960～1965年）和全面为军工产品配套服务（1966～1978年）的过程。

1958年，原国家建筑材料工业部（局）在玻璃陶瓷研究院成立了玻璃钢研究组，用国产原材料制成了我国第一块玻璃钢板，标志着我国玻璃钢工业的起步。同年，北京试制成功了第一艘酚醛玻璃钢板拼装的机动游艇；上海耀华玻璃厂也试制成功了我国第一条聚酯玻璃钢艇及坑道支柱、溜槽、管道、波形瓦等产品。从此，我国玻璃钢工业发展拉开序幕。

在玻璃钢工业发展初期，玻璃钢主要应用于一些重要的国防军工产品的研制。在当时完全被封锁的国际环境下，我国坚持自力更生方针，依靠自己的力量组织攻关。1960年，成立了新材料局，其任务之一就是领导玻璃钢产品的研制与生产，使之为国防军工配套。1961年，玻璃钢导弹头部件的试制成功和正式投入批量生产，标志着我国玻璃钢工业发展进入世界先进国家的行列，为我国玻璃钢工业的发展打下了良好的基础，是我国玻璃钢工业发展历史的里程碑。

1960年代中期，我国又先后解决了酚醛树脂、不饱和聚酯树脂的合成工艺问题，基本掌握了玻璃纤维及制品的生产技术，手糊、层压、布带缠绕等工艺技术以及其他专用设备的设计技术。在统一规划下，全国逐步建立了一系列玻璃钢生产科研基地。首先筹建的是五个玻璃钢厂，之后又于1965年成立了北京玻璃钢研究所、上海玻璃钢结构研究所、哈尔滨玻璃钢研究所，为我国玻璃钢工业科研、试制、生产一体化的格局提供了良好的模式。与此同时，化工、航天、航空工业的有关部门也开始进行玻璃钢的研究试制工作，他们与建材系统互相配合，推动了玻璃钢建材的研发，玻璃钢工业不断地向深度和广度发展。

（2）第二阶段（1978年以后）

第十一届三中全会以后，为适应国民经济发展的需要，玻璃钢工业调整了产品结构，将军工技术向民用转化，确定军转民、军民产品结合、以民用为主的发展方向，在玻璃钢产品的品种和产量等方面都有一定进展（1978～1988年）。玻璃钢工业在20世纪80年代以后进入快速发展时期。1980年，全国纤维增强塑料标准化技术委员会成立；1984年，中国玻璃钢工业协会成立；1986年，河北省冀县引进意大利Wedroresina S. EA. 纤维缠绕玻璃钢管道与贮罐生产线，首开大规模化生产玻璃钢产品的先河。"七五"（1985—1990）、"八五"，（1991—1995）期间，引进纤维缠绕管罐生产线、离心成型管道生产线、纤维缠绕连续管道生产线、SMC生产线、BMC生产线、拉挤机、喷射机RTM（树脂传递成型机）等设备多台、套；多家分别自国外引进不饱和聚酯树脂生产技术与设备，一家引进环氧树脂生产线；从国外引进了波歇（Pochet）炉、组合炉（Remelt furnace process for fiber forming）及地窑（Direct melt process for fiber forming）拉丝生产技术与设备及短切原丝毡（CSM）、针刺无皱折织物（Non-Crimp fabric），国产表面毡、连续原丝毡（Continuous Strand mat）投产。这些给我国玻璃钢行业在较高层次上持续发展提供了条件。

据统计，至 2003 年我国玻璃钢生产企业至少在 3000 家以上，年产量从 1981 年的 1.5 万 t 发展到 1989 年的 5.5 万 t，增长了 4 倍，至 2003 年中国玻璃钢年产量已达到 80 万 t 以上。玻璃钢产品已逐步扩展到国民经济的各个领域，在石油、化工、建材、交通运输、船舶、煤炭、纺织、轻工、机械、电气、环保、农林渔业、体育器械等 10 多个工业部门，得到了广泛的应用。由于玻璃钢企业投资少、能耗低、工艺简单，许多地区出现了大批劳动密集型的集体、乡镇和个体企业，使我国玻璃钢形成了较为广泛的工业发展基础。

我国玻璃钢建材的研发始自 20 世纪 60 年代中期，目前我国建筑用玻璃钢产品达数十种，用量约占玻璃钢总产值的 1/3 左右。其中，应用量最大的是玻璃钢波形瓦，可替代石棉瓦和金属波形瓦，在各类建筑中均发挥了很好的作用。据中国玻璃钢工业协会统计，1989 年我国生产的玻璃钢波形瓦达 700 万张，占建筑用玻璃钢产量的 30% 左右。其次是玻璃钢卫生洁具、节水的玻璃钢冷却塔和玻璃钢太阳能板、装饰板、遮阳板。玻璃钢电镀技术使我国民族的传统工艺和新型材料相结合，仿古铜、仿象牙、仿翡翠、仿玛瑙的建筑雕塑艺术也是我国玻璃钢在建筑领域的应用之一；玻璃钢亦可用于古建筑、仿制琉璃制品。此外，玻璃钢在工厂厂房天窗采光材料、化工防腐车间地面以及围护墙面材料格栅等特殊建筑应用方面，也已取得良好的效果。再就是石油地质等野外作业用玻璃钢活动房屋，由于质量轻、保温性能好、运输安装方便等优点，颇受使用部门的欢迎。玻璃钢活动房 1983 年开始投入批量生产，1992 年年产量约在 1000 幢以上。

总的说来，我国建筑用玻璃钢的发展起步较晚，在欧美国家玻璃钢建筑从繁荣走向式微阶段的时候，我国玻璃钢工业才开始军改民、进入稳定发展时期。就应用范围来看，1980 年的文献指出玻璃钢可用作墙体、屋面及防水、声热绝缘、装饰、门窗等，其中玻璃钢作为结构材料没有被提及；1992 年出版的《中国玻璃钢工业大全》补充了结构应用部分，应用举例为"化学腐蚀工厂的承重结构、高层及全玻璃钢民用建筑"。而在建筑实践中，玻璃钢仍是一种应用于冷却塔、卫生洁具、雕塑等领域的"辅筑"材料，多用于工业、农业（例如温室）建筑，民用建筑中以玻璃钢采光顶的应用最为广泛，玻璃钢很少出现在立面和结构等部分。

玻璃钢在我国民用建筑中的应用范围较窄，其原因是多方面的。

首先，我国玻璃钢工业是在封闭的环境中发展起来的，直至 80 年代初期，这种隔离的局面才得以改变，也就导致玻璃钢发展没能及早利用国外玻璃钢材料的技术进步和建筑实践的经验。

其次，长期以来，除了军工产品外，玻璃钢所用的原材料、生产工艺、产品档次大多是低水平的，玻璃钢产品的形象在国民脑海里普遍不高。再加上，我国树脂价格过去一直大大高于玻纤的价格。玻璃钢生产厂家为了降低成本，往往减少树脂用量，导致产品耐化学腐蚀与耐老化性能低，有的手糊产品不用胶衣，外观粗劣，影响了玻璃钢的声誉和推广。

再者，在我国玻璃钢工业发展的第一阶段，纤维增强塑料主要应用于军工产品，院所之间受到保密限制，不便交流，因此建筑师对玻璃钢的优良性能不了解，也得不到可靠的性能数据用作参考。即使是现在，大部分建筑设计人员对玻璃钢的认识仍然不足、甚至认知有偏差。由于我国玻璃钢建筑实践较少，有关玻璃钢建筑应用的文献资料多以介绍国外实例为主，相关的设计和技术信息都不甚完整，这在一定程度上也阻碍了我国玻璃钢建筑应用的发展。

总的来说，在我国，玻璃钢在建筑中应用的历史较短，目前还没有为人们所熟悉。设计人员对玻璃钢的性能也不了解、对材料接受度不高，在设计中想不到用玻璃钢，在工程中怯于用玻璃钢；而在实际应用中，多数还是沿用传统建筑制品形式的"等代设计"，没有充分发挥玻璃钢的材料特点，影响了玻璃钢的推广。玻璃钢在我国建筑领域的应用大有发展空间和潜力。

4.1.2　玻璃钢材料的三大要素

玻璃钢是由玻璃纤维和合成树脂两大组分构成整体的，那么树脂作为胶粘剂，把松散的玻璃纤维连成坚硬的玻璃钢体。玻璃钢在成型制作过程中，呈液体状的树脂液包围和浸渍了玻璃纤维，然后树脂固化，形成固定形状的坚硬体。如果玻璃纤维表面和树脂不亲合，就不能做成强度高的整体，增强材料的作用就无法发挥。由此可见，玻璃纤维表面，即玻璃纤维和树脂的交界面称为界面，是极其重要的部分。所以把玻璃纤维、合成树脂及界面称为复合材料的三大要素。

4.1.3　三大要素的作用和相互关系

1. 玻璃纤维

玻璃纤维是玻璃钢中的主要承力部分，它不仅能够提高玻璃钢的强度和弹性模量，而且能够减少收缩变形，提高热变形温度和低温冲击强度等。例如，306 号聚酯树脂，在加入玻璃布后，拉伸强度可由 50MPa 提高到 200MPa，拉伸模量可由 3.9GPa 提高到 14GPa。

2. 合成树脂

合成树脂是玻璃钢的基体，松散的玻璃纤维靠它粘结成整体。

树脂主要起传递应力作用，因此树脂对玻璃钢的强度起重要作用，尤其是抗压、弯曲、扭转、剪切强度更为显著。

由于树脂是基体材料，它对玻璃钢的弹性模量、耐热性、电绝缘性、透电磁波性、耐化学腐蚀性、耐气候性、耐老化性等都有影响。例如，玻璃钢的耐化学液体侵蚀性和耐水性，主要取决于树脂基体的性能。通常，不饱和聚酯树脂 197 号耐化学腐蚀较好，而 189号耐水较好。不同类型、不同牌号树脂，其性能是不相同的。

树脂含量对玻璃钢性能也有影响，通常树脂含量为 20%～35%，这和成型方法、增强材料品种有关。例如，缠绕和模压成型，树脂含量偏低，而手糊成型、树脂含量则稍高。强度高，树脂含量稍低，通常可在 25%～40%之间；耐腐蚀、防渗层树脂含量较高，一般要超过 50%；用玻璃布作增强材料，树脂含量低于用玻璃毡；用玻璃纤维表面毡作增强材料时，可达 85％以上的富树脂含量。

3. 界面

所谓界面就是任何两相物质间的分界面。

玻璃钢的性能不仅与所用的增强材料、合成树脂有关，同时，很大程度上还和纤维与树脂之间界面粘合的好坏及耐久性有关。

众所周知，玻璃纤维是一种圆柱状玻璃，表面也像玻璃那样光滑，而且表面还常牢固地吸附着一层薄的水膜，这当然要影响玻璃纤维和树脂的粘结性能。尤其是玻璃纤维在拉丝纺织过程中，为了达到集束、润滑、消除静电等目的，常涂上一层浸润剂，这种浸润剂多数是石蜡类物质，它们存留在玻璃纤维表面上，对合成树脂与玻璃纤维起隔离作用，妨碍两者粘结。可见，界面对玻璃钢的性能影响很大。

界面有问题就需要处理。如在玻璃纤维表面覆盖一层表面处理剂，从而使玻璃纤维和树脂可以牢固地粘结在一起。这种方法是提高玻璃钢基本性能很有效的途径，国内外都在大力研究和采用。实践证明，玻璃纤维及其织物，在经过表面处理剂处理后，不仅改善了玻璃纤维的耐磨、耐水、电绝缘性能，对玻璃钢的强度，特别是潮湿情况下的强度提高更为显著。

此外，玻璃钢与其他材料或玻璃钢本身多次铺层粘贴等也都有界面问题。例如，往金属罐里层做玻璃钢防腐贴衬，就需要把金属罐内表面处理干净，如去掉污垢、油污、水分和锈蚀层等，常采用喷砂、酸洗等处理办法。如果金属表面处理不好，玻璃钢贴衬就会失败。有时，还会遇到固化了的玻璃钢层，再行粘结玻璃钢，也会有界面问题。如采用分层固化工艺或者玻璃钢破损维修等，都需要把玻璃钢层表面进行处理，除去掉污垢、油、水等外，还需要把表面用砂纸打毛以增大粘贴面积，否则，就会出现分层疵病。

由此可见，影响玻璃钢及其制品质量的因素，除了玻璃纤维和树脂这两大组分之外，界面也是非常重要的。这三大要素，缺一不可，它们之间是密切关联的，不可分割。之所以称它们为三大要素，这是长期实践总结出来的。

经验告诉我们，纤维、树脂和界面是玻璃钢制品成败的三项要素。可以说，凡是玻璃钢制品出现事故时，人们皆可从三大要素上找原因。例如，某啤酒厂的钢筋混凝土发酵池，原系沥青贴衬，短期用后脱落失效。采用玻璃钢贴衬，由于原混凝土池表面没有清洗干净，糊后脱落失效，经济损失巨大。还有一些玻璃钢厂为降低造价追求高利润，竟采用陶土坩埚生产的玻璃纤维，生产的玻璃钢波形瓦不到半年树脂便脱落。因为陶土坩埚拉出的纤维表面未经处理，玻璃纤维外表面有一层蜡膜，使树脂无法粘牢，仔细检查该波形瓦边缘可见有露出的玻璃丝，一根根很干净，一点胶也粘不上。这种未经处理的玻璃布是坚决不能用在玻璃钢上的，如果要用必须经高温脱蜡处理。

4.1.4 玻璃钢的分类

根据玻璃纤维的排列方向，可分为以下几类。

1. 单向纤维增强的玻璃钢

这一类玻璃钢，玻璃纤维定向排列在一个方向，它是用连续纱或单丝片铺层的。在纤维方向上，有很高的弹性模量和强度，其纤维方向的强度可高达 1000MPa，但在垂直纤维方向上，其强度很低。只有严格的单向受力情况下，才使用这类玻璃钢。其纤维体积含量可以高达 60%。

2. 双向纤维增强的玻璃钢

这类玻璃钢是用双向织物铺展的，其玻璃纤维体积含量可达 50%。在两个正交的纤维方向上，有较高的强度。它适用于矩形的平板或薄壳结构物。

3. 准各向同性玻璃钢

这类玻璃钢是用短切纤维毡或模塑料制成的，制品中各向强度接近，纤维体积含量一般小于 30%，适用于强度、刚度要求不高或荷载不很清楚而只能要求各向同性的产品。

4.1.5　玻璃钢的性能

1. 物理性能

玻璃钢具有密度小、良好的介电绝缘性能和良好的隔热性能以及吸水性、热膨胀性能等。

（1）密度

玻璃钢密度介于 $1.5 \sim 2.0 \mathrm{g/cm^3}$ 之间，只有普通碳素钢的 $1/5 \sim 1/4$，比轻金属铝还要轻 1/3 左右，而机械强度却很高，某些方面甚至能接近普通碳素钢的水平。例如，某些环氧玻璃钢，其拉伸、弯曲和压缩强度均达到 400MPa 以上。按比强度计算，玻璃钢不仅大大超过普通碳素钢，而且可达到和超过某些特殊合金钢的水平。

（2）电性能

玻璃钢有优良的电绝缘性能，可作为仪表、电机及电器中的绝缘零部件，在高频作用下仍然保持良好的介电性能。在绝缘材料中，用玻璃纤维布代替纸及棉布，可提高绝缘材料的绝缘等级，在用相同树脂的情况下，至少能提高一个等级。玻璃钢占绝缘材料用量的 $1/3 \sim 1/2$。在一些大型电机中，如 12.5 万 kW 电机，要用几百千克玻璃钢作绝缘材料。此外玻璃钢不受电磁影响，而且有良好的透微波性能。

（3）热性能

玻璃钢有良好的热性能，它的比热容大，是金属的 2～3 倍，导热系数比较低，只是金属材料的 $1/1000 \sim 1/100$。

此外，某些品种玻璃钢的耐瞬时高温性能也十分突出，如酚醛型高硅氧布玻璃钢，在遇极高温度时，产生碳化层，可有效地保护火箭、导弹及宇宙飞船在穿过大气层时需要承受的 5000～10000K 高温及高速气流的作用。

（4）耐老化性能

任何材料都存在老化问题，玻璃钢也不例外，只是速度和程度不同而已。玻璃钢在大气暴晒、湿热、水浸泡及腐蚀介质等作用下，性能有所下降，在长期使用过程中会产生光泽减退、颜色变化、树脂脱落、纤维裸露、分层等现象。但随着科学技术进步，人们可以采取必要的防老化措施，改善使用性能，提高产品的使用寿命。例如，玻璃钢放在哈尔滨地区进行自然老化试验，板材拉伸强度下降最少，小于 20%；弯曲强度次之，一般不超过 30%；压缩强度下降最多，波动也最大，一般为 25%～50%。

（5）长期耐温性及耐燃性

玻璃钢的耐温性及耐燃性取决于所用的树脂，长期的使用温度不能超过树脂的热变形温度。

通用的环氧及聚酯玻璃钢,都是易燃的,对于有防火要求的结构材料,要用阻燃树脂或加阻燃剂,因此在使用玻璃钢时,应充分注意。

一般玻璃钢不能在高温下长期使用。如聚酯玻璃钢在 $40\sim50℃$ 以上,环氧玻璃钢在 $60℃$ 以上,强度开始下降。

近年来出现了一些耐高温的玻璃钢。如脂环族环氧玻璃钢,聚酰亚胺玻璃钢等,但长期工作温度也只能在 $200\sim300℃$ 以内,远较金属的长期使用温度为低。

综合上述五个方面的物理性能,可知玻璃钢和金属、陶瓷等材料不同,因此在使用上要发挥其长处,注意合理使用。

例如,玻璃钢低温性能好,强度不下降,因此北方冬季虽然室外气温降到 $-40\sim-50℃$,可玻璃钢并不会发生脆化反应。一般冷却塔、防雨棚等室外构筑物,在北方冬季里使用仍很安全。相反,玻璃钢在高温环境下要用专门的树脂和配方,例如在 $100℃$ 长期使用,就要采用耐高温配方,用专门的工艺条件成型才行,否则玻璃钢长期在 $100℃$ 以上持续工作,就会遭到破坏。

2. 化学性能

玻璃钢主要的化学性能就是它有突出的耐腐蚀性。它不仅不会像金属材料那样生锈腐蚀,同时,也不会像木材那样腐烂,而且几乎不被水、油等介质所侵蚀,可以代替不锈钢在化工厂中用来制造贮罐、管道、泵、阀等,不仅使用寿命长,而且不需采取防腐、防锈或防虫蛀等防护措施,减少了维护费用。玻璃钢在耐腐蚀方面的应用是很广泛的,国外一些主要工业国家,玻璃钢用作耐腐制品方面都在 13% 以上,其用量有逐年增高趋势。国内用量也不少,大都用作金属设备的衬里,以保护金属。

玻璃钢的耐腐蚀性,主要取决于树脂,玻璃钢用的树脂,具有优异的耐腐蚀性。但单纯地用树脂涂覆在金属表面上,会出现较严重的龟裂裂缝,起不到防渗漏和保护金属的作用。在树脂中添加一定量的玻璃纤维后,将树脂中出现较严重龟裂的可能性转化为数量众多的微小裂缝,而这些小裂缝形成一个贯穿裂缝的几率是很小的,而相互间还有止裂作用,这样可以阻止化学溶液介质的渗透腐蚀。

玻璃钢不仅对多种低浓度的酸、碱、盐介质及溶剂有较好的稳定性,而且有抗大气、海水和微生物作用的良好性能。

不过,对于不同的腐蚀性介质,应选择适当的树脂和玻璃纤维及其制品。关于玻璃钢防腐,近几年来应用越来越普遍,显示了其在防腐方面投资少、使用寿命长、节约大量不锈钢材等方面的优越性,取得了显著的经济效果。

通常,把玻璃钢放在不同腐蚀介质中,称量其质量的变化,来评定耐腐蚀性能好坏。质量变化小,耐腐蚀性能好;质量变化大,耐腐蚀性能就差。

4.1.6 玻璃钢的优点和缺点

1. 生态优势

(1) 玻璃钢材料质量轻、强度高、成型方便、导热性低、透光率可设计,在建筑节能领域中有显著的应用价值。

(2) 功能性玻璃钢的附加价值具有巨大的开发潜力。

2. 生态劣势

（1）玻璃钢的两大组分是树脂和玻璃纤维。树脂大多为石油副产品，而在石油的开采、炼制、贮运、使用过程中，原油和各种石油制品进入环境而造成污染，已成为世界性的严重问题。

（2）玻璃钢的原材料、添加剂具有弱毒性；如果采用手糊工艺和开模成型工艺制造玻璃钢产品，在生产加工过程中会有苯乙烯挥发，对人体产生危害。

（3）玻璃钢的下脚料和废料不能降解，玻璃纤维废弃物会污染环境。

4.2 玻璃钢的材料组成

4.2.1 纤维增强材料

作为结构材料使用的玻璃钢及其他复合材料，常用纤维状增强材料，其种类繁多。按其化学组成，大致可分为无机纤维和有机纤维两大类。

无机纤维有：玻璃纤维、碳纤维、硼纤维、晶须、石棉纤维及金属纤维等。

有机纤维有：合成纤维如芳纶纤维、奥纶纤维、聚酯纤维、尼龙纤维、维尼纶纤维、聚丙烯纤维、聚酰亚胺纤维等；天然纤维如棉纤维、剑麻、纸等。

在前述的增强材料中，应用最广泛的为玻璃纤维及其制品。一般以不同的碱金属氧化物含量来区分，碱金属氧化物一般指氧化钠（Na_2O）、氧化钾（K_2O），其通式为 R_2O。在玻璃原料中，由纯碱（Na_2CO_3）、芒硝（Na_2SO_4）、长石等物质引入。碱金属氧化物是普通玻璃的主要组分之一，其主要作用是降低玻璃的熔点。但玻璃中碱金属氧化物的含量愈高，它的化学稳定性、电绝缘性能和强度都会相应降低。因此，对不同用途的玻璃纤维，要采用不同含碱量的玻璃成分。因而，经常采用玻璃纤维成分的含碱量，作为区别不同用途的玻璃纤维的标志。

根据玻璃成分中的含碱量，可以把连续纤维分为如下几种：

无碱纤维（通称 E 玻璃）：R_2O 含量小于 0.8%，是一种铝硼硅酸盐成分。它的化学稳定性、电绝缘性能、强度都很好。主要用作电绝缘材料、玻璃钢的增强材料和轮胎帘子线。

中碱纤维：R_2O 的含量为 11.6%～12.4%，是一种钠钙硅酸盐成分，因其含碱量高，不能作电绝缘材料，但其化学稳定性和强度尚好。一般作乳胶布、方格布基材、酸性过滤布、窗纱基材等，也可作对电性能和强度要求不很严格的玻璃钢增强材料。这种纤维成本较低，用途较广泛。

高碱纤维：R_2O 含量不小于 15% 的玻璃成分。如采用碎的平板玻璃、碎瓶子玻璃等做原料拉制而成的玻璃纤维，均属此类。可作蓄电瓶隔离片、管道包扎布和毡片等防水、防潮材料。

特种玻璃纤维：如由纯镁铝硅三元组成的高强玻璃纤维，镁铝硅系高强高弹玻璃纤维；硅铝钙镁系耐化学腐蚀玻璃纤维；含铅纤维；高硅氧纤维；石英纤维等。

玻璃纤维制品的种类达 120 多种，用于玻璃钢的主要有玻璃布、玻璃带、玻璃纤维合股纱、无捻粗纱、无捻粗纱布、短切毡、单向布、表面毡、短切纤维和磨碎纤维等。

1. 玻璃纤维增强的原理

许多专家学者对玻璃纤维高强的原理，提出了各种不同假说。

（1）微裂纹假说

微裂纹假说认为：玻璃的理论强度取决于分子或原子间的引力，其理论强度很高，可达 $2000\sim12000MPa$。但实测强度很低，这是因为在玻璃或玻璃纤维中存在着数量不等、尺寸不同的微裂纹，因而大大降低了强度。微裂纹分布在玻璃或玻璃纤维的整个体积内，但以表面的微裂纹危害最大。由于微裂纹的存在，使玻璃在外力作用下受力不均，在危害最大的微裂纹处产生应力集中，从而使强度下降。

玻璃纤维比玻璃的强度高得多，这是因为玻璃纤维高温成型时减少了玻璃溶液的不均一性，使微裂纹产生的机会减少。此外，玻璃纤维的断面较小，随着表面积的减少，使微裂纹存在的几率和尺寸也减少，从而使纤维强度增高。有人明确地提出，直径细的玻璃纤维强度比直径粗的纤维强度高的原因，是由于表面微裂纹尺寸和数量较小，从而减少了应力集中，使纤维具有较高的强度。

（2）分子取向假说

分子取向假说认为，在玻璃纤维成型过程中，由于拉丝机的牵引力作用，使玻璃纤维分子产生定向排列，从而提高了玻璃纤维的强度。

2. 影响玻璃纤维强度的因素

（1）纤维直径和长度对拉伸强度的影响

一般情况下，玻璃纤维的直径越小，抗拉强度越高。但在不同的拉丝温度下拉制的同一直径的纤维强度，也可能有区别。

玻璃纤维的拉伸强度，随着纤维长度的增加而显著下降。

直径和长度对玻璃纤维拉伸强度的影响，可以用微裂纹假说来解释。因为随着纤维直径和长度的减小，纤维中微裂纹会相应减少，从而提高了纤维强度。

（2）化学组成对强度的影响

一般是含碱量越高、强度越低。无碱纤维比有碱纤维的拉伸强度高 20%。

研究证明，高强和无碱纤维，由于成型温度高、硬化速度快、结构链能大等原因，因此具有很高的抗拉强度。含 K_2O 和 PbO 成分多的玻璃纤维强度较低。

（3）玻璃液质量对玻璃纤维强度的影响

结晶及杂质的影响：当玻璃成分波动、漏板温度波动或降低时，可能导致纤维中结晶的出现。实践证明，有结晶的纤维比无结晶的纤维强度要低。

玻璃液中的小气泡也会降低纤维的强度。曾试验用含小气泡的玻璃液拉直径为 $5.7\mu m$ 的玻璃纤维，其强度比用纯净玻璃液拉制的纤维强度降低 20%。

（4）成型条件对玻璃纤维的影响

实践证明，用漏板法拉制的玻璃纤维强度高于用玻璃棒法拉制的纤维强度。在玻璃棒法中，用燃气加热生产的纤维又比用电热丝加热生产的纤维强度高。

如用漏板法拉制 $10\mu m$ 玻璃纤维的强度为 1700MPa，而用棒法拉制相同直径的玻璃纤维强度仅为 1100MPa。这是因为，玻璃棒只加热到软化，黏度仍然很大，拉丝时纤维受到很大的应力；此外，玻璃棒法是在较低温度下拉丝成型，其冷却速度要比漏板法为低。

用各种不同成型方法生产的玻璃纤维的强度各不相同。用漏板法拉制的纤维强度最高，气流吹拉长棉次之，玻璃棒法再次之，然后是蒸汽立吹短棉，强度最低的是蒸汽喷吹矿棉。

在漏板拉丝的方法中，采用较高的成型温度、较小的漏孔直径，可以提高纤维强度。

（5）表面处理对强度的影响

在连续拉丝时，必须在单根纤维或纤维束上敷以浸润剂，它在纤维表面上形成一层保护膜，防止在纺织加工过程中，纤维间发生相互摩擦，而损伤纤维，降低强度。

玻璃布经热处理除去浸润剂后，强度下降很多，但在用中间胶粘剂处理后，强度一般都可回升，这是因为中间胶粘剂涂层一方面对纤维起到保护作用，另一方面对纤维表面缺陷有所弥补。

（6）存放时间对强度的影响

玻璃纤维存放一段时间后其强度会降低，这种现象称为纤维的老化。主要是空气中的水分对纤维侵蚀的结果。因此，化学稳定性高的纤维强度降低小，如同样存放 2 年的有碱纤维强度降低 33％，而无碱纤维降低很少。

（7）施加负荷时间对强度的影响

玻璃纤维强度随着施加负荷时间的增长而降低。当环境温度较高时，尤其明显。可能是吸附在微裂纹中的水分，在外力作用下，使微裂纹扩展速度加快的缘故。

4.2.2　树脂

1. 不饱和树脂

（1）不饱和树脂特点

不饱和聚酯在室温下是一种黏流体或固体，易燃，难溶于水，而在适当加热情况下，可熔融或使黏度降低，它的相对分子质量大多在 1000～3000 范围内，没有明显的熔点，它能溶于与单体具有相同结构的有机溶剂中。

不饱和聚酯分子结构中含有不饱和的双键而具有双键的特性——在高温下，会发生双键打开、相互交联而自聚；通过双键的加成反应，而与其他烯类单体发生共聚；在一定条件下，双键还易被氧化，致使聚酯质量劣化。

聚酯中的酯键易被酸、碱水解而破坏其应有的物理、化学性能，聚酯本身发生降解。

不饱和聚酯与交联剂（稀释剂）混合而成不饱和聚酯树脂，它有如下特点：

1）工艺性能良好

这是不饱和聚酯树脂的一大优点。在室温下，可采用不同的固化体系固化成型，在常压下成型，颜色浅，故可以制作浅色或多种彩色的制品，同时可采用多种工艺参数来改善制品的性能。

2）固化后的树脂综合性能好

不饱和聚酯树脂的力学性能介于环氧树脂和酚醛树脂之间；电学性能、耐腐蚀性能、老化性能均有可贵之处，并有多种特殊树脂以适应不同用途的需要。

3）原料来源广、价格低廉

不饱和聚酯树脂所用原料要比环氧树脂的原料便宜得多，但比酚醛树脂的原料要贵一些。

以上是不饱和聚酯树脂主要优越之处，其不足之处有：

1）固化时体积收缩率大，因此在成型时要充分考虑到这一点，否则制品质量要受到影响。目前，在研制低收缩性聚酯树脂方面已取得了进展，主要是通过加入聚乙烯、聚氯乙烯、聚苯乙烯、聚甲基丙烯酸甲酯或邻苯二甲酸二丙烯酯等热塑性聚合物的方法来实现。

2）耐热性能比较差

不饱和聚酯树脂的耐热性普遍较低，即使是一些耐热性能好的牌号，其热变形温度也仅仅在120℃，而绝大多数树脂的热变形温度都在60～70℃范围内。

3）其成型时气味（苯乙烯）和刺激性还比较大。

（2）不饱和聚酯树脂的固化特征

不饱和聚酯树脂在固化过程中同样有三个阶段，按照其成型工艺上的术语分为凝胶、定型和熟化三个阶段。

凝胶阶段是指从黏流态的树脂到失去流动性形成半固体凝胶阶段。这一阶段对应于通常所说的 A 阶向 B 阶的过渡。

定型阶段是从凝胶到具有一定硬度的固定的形状，可从模具上取下为止，从树脂未完全固化这一点来说，与通常所说的 B 阶相似，只是它不具有通常 B 阶树脂那种加热软化等特性，实际上更接近 C 阶的特征，但由于此时性能还未稳定，而处于中间变化阶段，所以还不能称为 C 阶，确切地说是处于 C 阶前期。

熟化阶段是从表观上已变硬具有一定力学性能，经过后处理到具有稳定的化学与物理性能而供使用的阶段，大体上可称 C 阶，不过这一阶段比通常习用的 C 阶要长，这是不饱和聚酯树脂固化过程的一个特点。

2. 环氧树脂

环氧树脂的种类很多，并且不断有新品种出现。环氧树脂的分类方法也很多。通常，按其化学结构和环氧基的结合方式大体上分为五大类。这种分类方法有利于了解和掌握环氧树脂在固化过程中的行为和固化物的性能。

（1）缩水甘油醚类。

（2）缩水甘油酯类。

（3）缩水甘油胺类。

（4）脂肪族环氧化合物。

（5）脂环族环氧化合物。

此外，还有混合型环氧树脂，即分子结构中同时具有两种不同类型环氧基的化合物。

也可以按官能团（环氧基）的数量分为双官能团环氧树脂和多官能团环氧树脂。对反应性树脂而言，官能团数的影响是非常重要的。

还可以按室温下树脂的状态分为液态环氧树脂和固态环氧树脂。这在实际使用时很重要。液态树脂可用作浇注料、无溶剂胶粘剂和涂料等。固态树脂可用于溶剂型涂料、粉末涂料和固态成型材料等。

环氧树脂的合成主要有两类方法。

（1）多元酚、多元醇、多元酸或多元胺等化合物与环氧氯丙烷等含环氧基的化合物经缩聚而得。

（2）链状或环状双烯类化合物的双键与过氧酸经环氧化而成。

双酚 A（即二酚基丙烷）型环氧树脂即二酚基丙烷缩水甘油醚，原材料易得，成本最低，产量最大。在我国，该类环氧树脂约占环氧树脂总产量的 90%，在世界约占环氧树脂总产量的 75%～80%，用途最广，被称为通用型环氧树脂。

为了降低双酚 A 型环氧树脂的黏度并使其具有同样性能而研制出一种新型环氧树脂——双酚 F 型环氧树脂。通常是用双酚 F（二酚基甲烷）与环氧氯丙烷在 NaOH 作用下反应，而获得液态双酚 F 型环氧树脂，也可合成固态双酚 F 型环氧树脂（多采用两步法合成）。

工业级双酚 F 是双酚 F 的各种异构体（约占 90%）和少量三元酚的混合物。由它制得的环氧树脂中含有少量支链结构。

双酚 F 型环氧树脂的特点是黏度小，不到双酚 A 型环氧树脂黏度的 1/3，对纤维的浸渍性好。其固化物的性能与双酚 A 型环氧树脂几乎相同，但耐热性稍低而耐腐蚀性稍优。

液态双酚 F 型环氧树脂可用于无溶剂涂料、胶粘剂、铸塑塑料、玻璃钢及碳纤维复合材料等。固态双酚 F 型环氧树脂可用作防腐涂料和粉末涂料。

3. 酚醛树脂

由酚类化合物（苯酚、甲酚和二甲酚等）和醛类化合物（甲醛、糠醛）经缩聚反应而制得的合成树脂称为酚醛树脂。它是合成树脂中工业化最早的一个品种，也是较早用于防腐领域的一种树脂。目前，酚醛树脂主要用作玻璃钢（衬里）、胶泥、石墨浸渍、模压玻璃钢制品、酚醛石棉和酚醛塑料等；大规模工业生产的品种主要是苯酚—甲醛树脂。苯酚分子在苯环上有一个羟基，在羟基的邻位和对位上的氢原子特别活泼，它们与苯环的连接不牢固，易于参加化学反应，因此苯酚是一个三官能团的化合物。甲醛分子中含有活泼的羰基，甲醛和苯酚在催化剂存在下可发生加成反应和缩合反应。酚和醛的原料配比不同和所用的催化剂不同，可得到具有不同性能的热塑性酚醛树脂和热固性酚醛树脂。

热塑性酚醛树脂主要用于制造日用品、低压电器和无线电元件的原料——酚醛压塑粉。具有优良的电性能以及较好的耐酸性、耐热性和防霉性能。

热固性酚醛树脂具有良好的综合性能，用途广泛，在防腐工程中以涂料、胶泥、塑料和玻璃钢等多种形式应用。

4. 其他树脂

除了上述的热固性树脂中三大类树脂，即不饱和聚酯树脂、环氧树脂和酚醛树脂，还有开发较早或发展较快、具有某些特殊性能和用途的几种热固性树脂。例如，呋喃树脂、脲醛树脂、三聚氰胺甲醛树脂和有机硅树脂等。

呋喃树脂是指由糠醛或糠醇本身进行均匀缩聚或者与其他单体（苯酚、丙酮等）进行共缩聚所得到的缩聚产物。这类树脂品种很多，其中糠醛—苯酚树脂、糠醇—苯酚树脂、糠醇树脂以及糠醛—丙酮树脂最为重要。呋喃树脂有许多突出性能，如良好的耐化学腐蚀性、耐高温性、机械强度和电绝缘性能。未固化的呋喃树脂最大特点是混溶性极好，它不但可以与许多热塑性和热固性树脂、天然和合成的橡胶混溶，而且还能与一般的有机溶剂（丙酮、醇类、酯类、芳烃及二氧六环等）相溶，利用前者可以达到与环氧或酚醛树脂混合改性的目的。固化后的呋喃树脂最显著特点则是能耐强酸（氧化性的硝酸、硫酸例外）、强碱和有机溶剂的侵蚀，在 200℃高温下仍具有良好的稳定性。

脲醛树脂是由脲素和甲醛缩合而成的体型结构的大分子化合物。按其不同用途可将脲醛树脂分为压塑料脲醛树脂和胶粘剂甲脲醛树脂。脲醛树脂制造简单，使用方便，成本低廉，且性能良好，除部分用压塑粉压制塑料制品外，主要用于人造板或胶合板的胶粘剂。脲醛树脂胶粘剂具有较高的机械强度、较好的耐水性而不受微生物霉菌的破坏，较好的耐热性（长期使用温度可达 60℃）及耐腐蚀性。树脂呈无色透明液体或乳白色液体，因此它不会污染木材胶合制品。

三聚氰胺—甲醛树脂是由三聚氰胺和甲醛缩聚而成的热固性树脂（属改性脲醛树脂，与脲醛树脂以及苯胺—甲醛树脂一起构成了氨醛树脂大类）。由于三聚氰胺（相对分子质量 126）具有很高熔点（345℃），且难溶于水（沸水中溶解度为 5%，冷水中仅为 1.5%）和有机溶剂中（甲酰胺、甲醛例外），所以三聚氰胺—甲醛树脂的固化制品具有良好的耐热性、耐水性、电性能以及机械强度。该类树脂主要用来制造餐具及耐电弧制品。而在层压品工业上主要用于生产纸质装饰板。与脲醛树脂混用作胶粘剂时可制备船用胶合板，以充分发挥它的耐候性。用玻纤布作增强材料的玻璃钢层压板有很高的机械强度，良好的耐热性，优异的电性能及自熄性。

有机硅树脂中主链由硅氧键构成的侧链通过硅原子与有机基团相连的聚合物。Si-O 键键能较高，因此聚有机硅氧烷有很高的耐热性，又由于具有侧链有机基团，故具有一般高分子化合物的韧性、高弹性及可塑性等特征；此外，聚有机硅氧烷还具有优良的耐水性、介电性、耐寒性和耐腐蚀性等特点。按其形态人们将它分为低相对分子质量的液体状的硅氧油、相对分子质量不高的热固性硅氧树脂和高相对分子质量的热塑性的硅橡胶三种。

4.3 成型工艺

4.3.1 层压成型工艺

层压成型系指用若干层附胶材料层叠起来，夹在模板中间，送入热压机或热压炉内，在一定的温度和压力下压制成型的工艺方法。所谓附胶材料即增强材料被树脂渗透后制成的一种连续片状材料，所得成品按附胶材料中所用增强材料的种类分有：纸基、棉布基和玻璃纤维制品基（布、毡）等多种层压塑料。

工业上以玻璃布为增强材料经压制而成的层压塑料是玻璃钢成型工艺中发展较早、也较成熟的一种成型方法。层压工艺的特点：制品质量较高，也较稳定、产量大。

玻璃钢层压板的生产包括干法生产和湿法生产两种。

干法的生产工艺流程主要包括：压制前的准备工作、进模、压制、冷却脱模、加工、后处理、检验、包装。此法生产使用的胶粘剂大多为酚醛树脂、环氧树脂，增强材料以玻璃布为主。

1. 压制前的准备工作

（1）成型模板的准备

成型模板的基本性能要求：该模板一般采用不锈钢板，要求模板表面光滑、无砂眼、无擦痕，粗糙度 Ra 在 $0.20\sim0.80\mu m$ 以内。模板厚度一般选用 3mm 为宜，要求厚度均匀，允差不大于 0.05mm。

模板准备工作：模板接触物料的一面需涂上隔离剂，隔离剂一般采用 2% 硅橡胶甲苯溶液涂覆。隔离剂涂层要求厚度薄而均匀，然后每两块对合在一起，送入压机内加热处理（合模而不加压）。

一般情况下，新模板连续处理三次后再用，正常使用的模板，每经 15～20 模后处理一次。

（2）物料（覆胶片材）的准备

1）覆胶材料的裁剪：材料的裁剪，要求尺寸准确、整齐。将裁好的片材按不同含胶量分别存放，做好标记，放入储藏室内待用。裁剪用切割机或手工裁剪。

2）质检：对胶布外观进行检查，把胶量严重不匀、带有外来杂质及破损片材挑出去。

3）备料：就是装料前准备料的过程。根据制品的规格、压机的生产能力，计算每台压机的产品数量和胶布用量；将选好的片材，按张数和质量准备。

按张数计算每块板的用料量，一般可按下述公式估算：

$$板材厚度＝0.8\times材料厚度\times材料数量$$

式中，0.8 为压缩系数。

按张数计算层压板的厚度，受胶布质量变化的影响，其板材厚度波动范围较大，因此，对于压制厚板，一般采用点张数与称量相结合的方式，并以称量为主的方法用料，这样压制的板材可以保证产品的厚度公差。

按质量下料，一般采用下列计算公式：

$$G＝Lbhd(1+a)$$

式中　G——所需原料质量（g）；

L——片材长度（cm）；

b——片材宽度（cm）；

h——层压板厚度（cm）；

d——层压板密度（g/cm^3）；

a——流胶量（%）。

（3）叠料

叠料的顺序：拖板（铁板）→铜丝网或铅丝网→衬纸（40～60 张）→铜丝网或铅丝网→单面钢板→面子片材→芯子片材→面子片材→双面钢板→面子片材→芯子片材→面子片材→双面钢板→……→面子片材→芯子片材→面子片材→单面钢板铜丝网或铝丝网→衬纸（40～60 张）→铜丝网或铅丝网→钢板。

1）叠料时，每张层压板的坯料两面都放有 1～2 张面子片材。面子片材要求含胶量比芯子片材高，而可溶性树脂含量比芯子片材低，布面也要求光滑、平整、无纱头等。其目的是使层压板表面树脂含量高，板面光滑、美观。面子片材含有隔离剂如硬脂酸钙，这样利于层压板的脱模。

2）芯子片材要注意搭配合理，即含胶量高的与含胶量低的要交叉排布，保证板材厚薄均匀。

3）一份叠合好的坯料，可以由相同厚度的板料组成，也可以由不同厚度的板料组成。

不过当板料厚度不同时，一般是把厚的板料放在紧靠钢板的两面（靠加热板），薄板放在中间。这样处理对薄板的质量有利，薄板不易翘曲。

4）叠合料使用衬纸和铜丝网或铅丝网，其目的是使层压板受压和传热均匀，防止局部过热，也可防止加压时铁板与加热板或铁板与钢板间的接触不良而造成的压力不均，同时也起到保护钢板的作用。为了防止衬纸反复受热、受压后破碎，粘结钢板或铁板，一般在衬纸的两面各放上一张面积与衬纸大小差不多的 40～50 目的铜丝网或铅丝网。

衬纸用过一定次数后，会失去弹性，变脆破碎，起不到缓冲作用，需要重新更换。

2. 进模

将装好的叠合料送入多层压机的热压板间，并检查叠合料在热压板间的位置是否适中、叠合料在推进压机时各块板料是否产生位移，当各方面检查无误，即可进行闭模。

3. 压制

在压制过程中，温度、压力和时间是压制成型三个重要的工艺参数，整个热压过程是片材中的树脂逐步固化完全的过程，因此对于压制温度、压力和时间的选择，首先应从树脂的特性来考虑。此外，还应适当地考虑压制制品的厚薄、性能、玻璃布的强度等因素。

一般压制工艺分三个阶段，即预热阶段、热压阶段和冷却阶段。

预热阶段：从闭模到凝胶前为预热阶段，在这阶段主要是树脂熔化，去除挥发物，使熔融树脂进一步浸渍玻璃布，并使树脂逐步固化交联到凝胶状态。在预热阶段，板材单位面积压力保持在 4.5～5.5MPa，温度逐渐上升，片材在受热受压情况下，树脂开始熔化而呈流动状态，这时熔融的树脂沿板坯边缘流出，观察树脂流胶情况，当流胶不再往下流时，使用玻璃棒与树脂接触并往外拉丝，如果拉出的丝不长，说明树脂已接近凝胶，这时可将压力加到 7～12MPa，温度控制在 160～180℃。当树脂拉不出丝时即为凝胶，预热阶段一般需 30～60min。

热压阶段：从凝胶开始到热压结束这段时间为热压阶段。这时温度在 160～180℃，压力为 7～12MPa，保温、保压时间在 2h 左右。

冷却阶段：热压保温结束后即往加热板中通冷水冷却，这时压力保持不变，冷却时间在 2h 左右，当板材温度降到 50℃以下时即可停止往加热板中通冷水，卸压、出模。

4. 冷却脱模

保温时间到达后，可进行冷却。一般通冷水冷却，也可自然降温，此时压力仍应维持原压，当温度降到 50℃以下，即可脱模。温度高时不可脱模，因板温高脱模会使产品表面起泡，更易产生板材翘曲。

5. 加工

厚度 3mm 以下薄板可用切板机切割加工。4mm 以上板材一般采用砂轮锯片加工。

6. 后处理

层压板进行后处理就是对层压板进行加热处理，其目的是使树脂进一步固化完全，以提高制品的耐热性、机械强度、电性能和其他物理性能。例如：对环氧酚醛玻璃布层压板在 120～130℃下处理 48～72h，以提高其马丁耐热和机械、电气性能。

4.3.2 湿法层压成型

湿法层压成型主要用于不饱和聚酯树脂生产连续波形板、平板等。用不饱和聚酯树脂生产的波形板、平板，具有质量轻、强度高、美观、耐老化等优点。采用不饱和聚酯树脂和无碱玻璃布、毡生产的波形瓦、平板的透光率可达 80％以上，它具有采光和结构材料的功能，广泛应用于农业温室及建筑上。

湿法生产使用的胶粘剂大多为不饱和聚酯树脂，增强材料以玻璃纤维毡或短切玻璃纤维沉降的连续絮状物为主。

1. 以玻璃布为增强材料生产层压板

工艺过程：首先把薄膜和玻璃布牵引好，再于树脂槽中加入已配制好的胶液，准备工作做好后，启动成型机。各卷玻璃布以同一速度进入树脂槽，布卷数根据板材厚度的要求来确定。各幅布从树脂槽浸胶后出来集合在一起，被上、下层薄膜所覆盖，并通过压紧辊，此时压紧辊挤出胶布上过量的胶液并将各层胶布粘结在一起形成"夹芯带"。胶布两面贴上薄膜，其作用：一方面能防止胶布上的胶粘剂粘附在成型机上，另一方面能防止树脂中的交联剂苯乙烯的挥发及隔绝空气。"夹芯带"进入红外线加热的干燥室中，温度控制在 60～80℃。干燥室由两部分组成，下半部是固定的，只供加热用，上半部能上下移动，将干燥室的上半部放下，既能加热，又能对预浸渍材料施加一定的压力，使各幅胶布良好地粘结在一起。预浸渍材料在干燥室内固化成为板材。

已固化的板材经纵向切割刀切去毛边，经横向切割刀切成一定长度的制品。

2. 以玻璃纤维切割沉降法生产玻璃钢波纹板

工艺过程：下薄膜卷筒在牵引机械的牵引下经过导辊进入平台，向前移动。树脂从高位槽流至配料桶，当与其他组分均匀混合后，经过过滤漏斗过滤而流至下薄膜上，树脂在刮刀的作用下向薄膜两边蔓延开来而形成一层均匀的胶液层，上好胶液的薄膜继续向前移动，进入沉降室。

玻璃纤维无捻粗纱通过三辊切割机切成短切玻璃纤维后经松散器使其松散，落在涂好胶液的薄膜上，形成均匀的玻璃纤维毡，为了增强毡的纵向强度和防止短切纤维的串动，在毡上铺数束纵向连续纤维，再覆盖上涂好树脂的薄膜，在数排钢丝刷的作用下，经过几道压辊，纤维毡被树脂胶液浸渍并且经过刮板排除其中的气泡，而形成夹层玻璃纤维毡预浸带——"夹芯带"。

玻璃纤维预浸带向前移动，经过成型模板逐渐形成所要求的波形，在预成型室进行预成型，然后进入低温烘箱使其固化，再进入热固化箱，使其固化完全。加热固化成型的波纹板由卷取机构将上、下薄膜卷取下回收，供以后重复使用，最后由切割机构切去毛边，并切成一定长度的制品。

4.3.3　模压工艺

玻璃钢模压工艺是指将模压料放入金属模具中，以一定温度和压力成型玻璃钢制品的方法。此法具有生产效率高、表面光洁、尺寸精确、价格低等特点。对中小型结构复杂的玻璃钢制品可一次成型，不需要辅助加工（如车、铣、刨、磨、钻等）。

1. 团状模塑料（BMC）的制备

BMC 的制备主要是树脂糊的配制、短切纤维的捏合浸胶、烘干等工序。BMC 的制备整个操作过程分为两步。第一步是在有夹套加热及冷却和搅拌系统的反应釜中进行，首先加入预定重量的交联剂 DAP 单体。然后用蒸汽加热到 60～80℃，在搅拌下，慢慢加入已预热的 3198 树脂。搅拌均匀后，冷至室温（不超过 40℃）待用。再在另一个搅拌桶内，顺序加入 3198 树脂的 DAP 溶液和丙酮（留适当量作稀释 BPO 糊及清洗 BPO 糊容器）。搅拌均匀后，加入 BPO 糊（并用丙酮洗涤容器两次）、硬脂酸锌、氧化锌、滑石粉等。继续搅拌 10～15min，即可停止搅拌，贮存在桶中待用。

第二步将混合好的树脂糊倒入双 Z 形捏合机中，开动捏合机，在半小时内，将已准备好的短切玻璃纤维逐步地、分散地加入。加完短切纤维后，再继续搅拌半小时结束。在捏合过程中，主要控制捏合时间和树脂系统黏度两个参数。如捏合时间过长，则玻璃纤维强度损失就较大，而且还会产生明显的热效应。如树脂黏度控制不当，纤维就不容易被树脂浸渍。对制品强度有显著的影响。因此，在捏合中发现有明显热效应或玻璃纤维强度损失较大时，应立即调整捏合时间。如果捏合时间过短，则树脂和纤维混合不均匀，对制品性能同样带来不利影响。

捏合完毕把物料取出，放于盘中，每盘 3～4kg，于常温先静置过夜，次日再放入烘房中（40～50℃）烘 1～2h，取出冷到室温，包装备用。

在 BMC 的生产过程中，由于要把玻璃纤维蓬松均匀地与树脂和填料系统混合，因此，蓬松和混合时间将直接影响玻璃纤维的强度和树脂对玻璃纤维的浸渍性。故在生产中要严格控制混合时间。

2. 片状模塑料（SMC）的制备

片状模压料主要由 SMC 专用纱、不饱和树脂、低收缩添加剂、填料及各种助剂组成，其生产设备是一套连续运转的机组。

片状模压料的生产工艺流程是先把下薄膜放卷，经过树脂刮刀后，薄膜上被均匀地涂敷上一层树脂糊，当经过沉降区时，切断的粗纱均匀地沉降于其上。承接了短切玻璃纤维的薄膜，在复合辊处与涂有树脂糊的上薄膜复合形成夹层。

夹层在浸渍区受一系列浸渍辊的滚压作用，使树脂浸渍玻璃纤维。当纤维被树脂糊充分浸渍后，即由收卷装置收集成卷。

成卷的片状模压料经稠化处理后，即得可供使用的 SMC 品。

片状模压料生产过程中，较为重要的是树脂糊配制及片状模塑料的稠化。现分述如下：

（1）树脂糊的配制

树脂糊的配制一般可采用两种方法，即单组分法和双组分法。单组分法是将计算好的各组分依次加入，其程序如下：

1）先将聚酯树脂和苯乙烯倒入混料桶内，搅拌均匀。

2）将引发剂加入混合均匀的树脂—苯乙烯溶液中，搅拌均匀。

3）搅拌下加入增稠剂和隔离剂。

4）在低速搅拌下加入填料和低收缩添加剂。

5）在各组分全部加入混合器后，高速搅拌 8～15min，以各组分均匀分散为止，停止搅拌，静置待用。

用单组分混合法制成的树脂糊应立即送入机组使用，一般要求半小时内用完。

双组分混料法是把各组分分为两部分，增稠剂、隔离剂、部分填料和苯乙烯为一部分，其余组分为另一部分。

这种方法的最终混料时间较短，到刮胶板上时的黏度比较稳定，而且由于增稠剂与树脂分为两部分，因此，存放时树脂黏度不会随时间而发生变化。这种混料法的缺点是需要多个贮料容器，另外操作也比较复杂。

（2）片状模压料的稠化

片状模压料的稠化方法也有两种，即自然稠化和加速稠化。

当外界温度高（如夏季）或不需要立即使用时，可以采用室温自然稠化的方法，即将片状模压料室温存放一周左右，即可用于模压制品。反之，如果环境温度较低，而且要求立即使用时，可采用加速稠化的方法。加速稠化一般可在带有鼓风设备的烘房内进行。稠化条件一般为 40~45℃，时间为 24h。

3. 模压成型

模压成型是将一定量的模压料加入预热的压模内，经加热加压固化成型玻璃钢制品的方法。对预混模压料、预浸模压料和聚酯模压料来讲，尽管它们所用的原材料组成不同、形态不一，但是其压制的原理及过程基本相同。

（1）装料量的计算

在模压成型工艺中，对于不同尺寸的模压制品要进行用料量的估算，以保证制品几何尺寸的精确，防止物料不足或物料损失过多而造成废品和材料的浪费。

装料量的计算通常是用该种模压制品的密度乘上制品的体积，再加上物料的损失系数 α（α 一般取 2%~4%），经过几次试压后，确定出理想的装料量。

（2）隔离剂的涂刷

在模压成型工艺中，除使用内隔离剂外，尚需在模具上涂刷外隔离剂，常用的有油酸、硬脂酸和有机硅油等。

所涂刷的隔离剂在满足脱模要求的前提下，用量尽量少些，而且涂刷要均匀，防止降低制品的表面光洁度和影响脱模效果。

（3）模压料的预成型和预热

模压料的预成型是将物料在室温或不太高的温度下，预先压制成与制品形状相似的毛坯，然后经过预热，再放入模具中压制。预成型可使操作方便，缩小模具的装料室，提高生产效率，降低模具的设计和制造费用。

称好的模压料，在压制前，为增加物料的流动性，缩短生产周期，要在一定的温度下进行预热处理。预热处理不仅改善了物料的流动性，而且有利于提高制品质量，提高生产效率。

常用的预热方式有：电烘箱法、红外灯烘烤法、高频加热和热板法等。其中，以高频预热法效果最佳，其预热均匀，可缩短预热时间。预热温度一般为 80~90℃为宜。

（4）表压值的计算

在模压工艺中，首先要根据制品所要求的成型压力，计算出打压时的表压值。所谓成型压力是指制品水平投影面上，单位面积所承受的压力。

（5）压制成型

压制成型包括嵌件安放、装料、闭模、排气、固化、脱模等步骤，现分述如下：

1）嵌件安放

镶嵌在玻璃钢制品中与制品一起压制的金属零件称之为嵌件。安放嵌件的目的是为了提高制品的机械强度或与其他零件连接，或在制品中构成导电通路等。如果在制品中有嵌入件，则在压制前（装料前）先将嵌件准备好安置在模具中。一般常用嵌件有轴套、衬套、螺母、螺栓、接线柱和接线片等。由于玻璃钢制品冷却时收缩率比金属零件收缩率大，因此嵌件能紧紧地被固定在玻璃钢制品中，有时制品会产生裂纹，这是由于玻璃钢收缩率大于金属收缩率，或因温度低、时间短所致，在这种情况下，就要改进操作方法，以避免出现类似问题。

为了使嵌件在制品中牢固连接，嵌件上应有型槽、滚花、凸出棱角或钻孔等措施。金属件加工后需清洗后才能使用，较大金属件压制前要加温预热，以防玻璃钢与金属件之间的收缩差异太大造成废品。

2）装料

往模具中加入制品所需用的模压料过程称为装料。装料量按计算结果，经试压后确定。

3）闭模

加料之后，合模加压过程称闭模。闭模要快，与毛坯接触的速度要慢。放慢速度是使模内空气充分排除，凡带金属嵌件的在合模后要放慢一些速度，以免振动过大而使模具内嵌件损坏，造成制品报废。在密闭加压时，一般情况是缓慢加压，待将要闭合时迅速加压至规定的压力。

4）排气

将物料中残余的挥发物、固化反应放出来的低分子化合物及带入物料的空气排除过程称为排气。排气的目的是为了保证制品的密实性。

排气的方法一般是在闭模后，加压到一定值时，立即稍许提起上模，排除气体，并立即加压。一般制品的排气次数为 2～3 次。排气的操作必须在闭模后进行，以免在制品表面产生皱纹。

另一种方法是闭模后不立即加压，使模具在压机中停放 10～60s。在这段时间内，料中水分和挥发物气体通过模具间隙而逸出。对间隙较大或挥发物较少的物料也可以不放气。因此，排气过程是否需要及排气次数要根据实际情况来决定。

5）固化

热固性树脂的固化是化学变化，因此必须保温一定时间使之固化完全。保温时间是按压制时最后一次加压开始计算的。用同种模压料，压制不同制件时，其保温时间并不相同。模压料的固化与模压料类型、成分、压制温度、压制压力、制件厚度等有关，因此保温时间由试验来确定。如固化时间不足，影响制品质量。但保温时间过长，影响生产周期或使制品颜色变深、发脆，严重时会造成制品内部破裂，影响质量。

6）冷却脱模

待压制保温完成后，即可脱模取出制品。脱模方法有手工法和机械脱模法。工业上常用的方法有螺杆顶出法和压缩空气法。

7）压模的清理和制品的机械加工

制品脱模后，模具本身要进行清理。制品根据设计要求和使用要求，可进行机械加工，常采用车削、钻孔、抛光等加工方法。

4.3.4　其他工艺

1. 手糊成型工艺

手糊成型工艺主要采用不饱和聚酯树脂和环氧树脂两类胶粘剂。不饱和聚酯树脂的原料组分基本都是低毒性物质。生产聚酯玻璃钢的毒性主要来自于苯乙烯，苯乙烯实际上也属于低毒类物质。对苯乙烯的控制应从原材料入手，尽可能采用低苯乙烯聚酯，此外添加石蜡也可以降低其挥发量。

环氧树脂的毒性较低。制备环氧树脂玻璃钢时，主要毒性来自固化剂。胺类固化剂多属于强碱，有的易挥发，具有较强的刺激性。由此可见，降低玻璃钢生产过程中的毒性，一方面可以从降低苯乙烯或胺类固化剂的挥发入手。另一方面，更有效的是改进生产工艺，控制液态挥发，降低对人和环境的影响。

2. 闭模生产工艺

在热固性玻璃钢成型技术方面，近年来由于环保的要求日趋严格，苯乙烯散发严重的开模模塑工艺（如手糊及喷射成型）受到越来越大的压力，闭模模塑工艺（主要是树脂压力注射工艺技术，例如树脂注射工艺 Resin Injection、压力注射工艺 Pressure Injection）特别是 RTM（树脂传递模塑成型 Resin Transfer Molding）及各种在 RTM 基础上改进的工艺方法正在逐渐取代敞模工艺。

RTM 工艺是将增强材料干铺在上下模具中，泵入或吸入树脂。一方面借助压力使树脂强制通过增强材料层，同时在玻璃纤维层和材料的另一面借助真空泵形成的真空增加树脂对纤维的浸透作用。真空辅助的 RTM 工艺可以提高树脂对纤维的浸透度，也能更好地适应制造大尺寸玻璃纤维制品的需求。目前，还有其他一些改进过的 RTM 工艺，而尤以所谓的 SCWP 工艺最为著名，它不用树脂注射而是全部采用真空的办法使树脂流过纤维，按照这种工艺，层合的增强材料铺放在刚性的模具底部，表面上覆盖真空织物袋，这种真空袋的内侧设有许多使树脂分流的渠道，在模具的一端接上真空泵，在真空作用下催化的树脂从模具中心通过真空袋下面的分流渠道均匀流过纤维增强层，从而达到树脂与纤维结合为一体的目的。在抽真空的过程中，增强材料上面覆盖的真空袋会压缩纤维使其致密。这种真空袋是用 PTEE 涂覆的硅橡胶制成的，可反复使用。该工艺适合用于不饱和聚酯、环氧及乙烯基酯树脂。该工艺可以用于制造轻质、大尺寸的结构材料，其成本也较低。最为重要的是，由于它是闭模模塑，苯乙烯在树脂与纤维融合过程中已通过化学反应而基本上消耗殆尽，散发到环境中的苯乙烯浓度不到 10×10^{-6}，大大改善了环境。

3. 微波加热固化

大型玻璃钢构件的制备通常采用模具浇注或手糊成型的方法，这两种方法都有明显缺点：如果铸模不完整、硬化不充分，构件就整个报废；而手糊层压在生产过程中会产生聚苯乙烯，对人体健康有害。除此之外，混合有硬化剂和加速剂的聚酯树脂的硬化速度受环境影响较大，不易控制。

采用微波加热控制玻璃钢的固化过程是德国弗劳恩霍夫化学技术研究所（Fraunhofer-lnstitut far Chemische Technologie. ICT）2006 年已取得的研究成果。在 Rudolf Emmerich 博士带领下，来自德国、斯洛文尼亚和西班牙的研究机构和企业共同组成专业研究小组开发出一种环境友好型生产工艺，不仅可以精确控制玻璃钢构件的硬化过程，还能有效地改善工作环境、减小环境负荷、提高产品质量。该研究项目 50％的费用由欧盟投资承担。

利用微波加热固化，首先要求改善聚酯混合液的性能，将其硬化起始温度提高到 30℃以上，即在一般环境温度下不会硬化。采用这样的树脂原料可以使玻璃纤维或泡沫织物充分浸渍，而且有时间根据树脂浸渍均匀和贴合度进行调整和修补。当混合物在模具中完全固定、贴合后，再在密闭空间内，通过微波辐射加热使构件固化。到目前为止，微波辐射强度控制和聚酯树脂的新化学配方等技术难题已经被攻克，大型样机也已经制备完成。由于微波辐射的加热效果与物体的几何形状有关，如何实现均匀加热是后续研究有待解决的问题，研究人员正在尝试采用活动天线发射微波，并根据构件形状、厚度按需分配微波辐射能量。

4.4 玻璃钢模板的工程应用

玻璃钢在建筑上可用作结构、墙体、屋面及防水、声热绝缘、装饰、门窗等。对减轻建筑物自重、提高建筑物实用功能、改革建筑设计、加快施工进度、降低工程造价、提高技术经济性等有应用价值。由于玻璃钢品种众多，材料性能受到原材料种类、成分配比、成型工艺、制品结构、使用条件等多种因素影响，并不是所有种类的玻璃钢都同时具备所有建筑材料需要的性能。而且，材料性能的好坏也是对应于特定功能、相较于常规材料而言的。例如，玻璃钢作为采光材料、门窗框材时，构件变形小，尺寸稳定性好；而作为建筑结构材料，玻璃钢在高强度的长期荷载下的变形则不能忽略。玻璃钢用作结构材料的致命缺陷是防火性差；而用作非结构材料，阻燃自熄型玻璃钢完全能达到墙体的防火要求。因此，应当客观、辩证地评判材料的性能优劣。

（1）设计灵活、成型加工性好——玻璃钢成型方便、工艺灵活，可以设计成形状复杂、整体型号的大型建筑制品，加上玻璃钢的密度小、比强度高、运输方便，故可在工厂预制大尺寸的构件。

（2）力学性能——玻璃钢的力学性能可在很大范围内进行设计。具有很高的比强度和较高的比刚度。单向玻璃钢的拉伸强度可选 1000MPa 以上，是普通建筑用钢材的 3～4 倍；拉伸弹性模量在 50GPa 以上，约为钢材的 1/4。而玻璃钢的密度只有 1800kg/m³ 左右，是钢材的 1/5～1/4。因此，玻璃钢的比强度为普通钢材的 15 倍左右，而比刚度与钢材相当。玻璃钢更突出的特点是其制件的力学性能可以根据受力需要进行设计，在制造过程中，可以根据构件受力状况局部加强，这样既可提高结构的承载能力，又能节约材料，减轻自重。需要注意的是，玻璃钢尽管非常坚固，但并不适合用于承载高强度的持续荷载，而间隙性的荷载——例如风荷载、维护荷载和短期的雪荷载——是完全可以处理的。因此，玻璃钢特别适合用于屋面和建筑物的侧墙覆面。

（3）装饰性——玻璃钢着色容易，能配制成各种色彩，既可制得光亮表面，也可以在构件成型的同时在表面制造出不同的花纹和图案，很适宜制造各种装饰板以及雕塑等。

（4）透光性——玻璃钢可以制成不同透明度、透光率的产品，透明玻璃钢的透光率可以达到 85％以上。作为采光材料，透明玻璃钢有很多优于玻璃的技术性能，玻璃钢重量轻，可以充分减少结构负荷，降低结构造价；采光柔和、均匀，紫外线透过率低，抗冲击能力强，不易断裂，能透光又能承受荷载，美观实用、安装便捷，用于建筑工程时可以同时发挥结构材料、围护材料和采光材料三者的作用，达到简化采光设计、降低工程造价的目的。

（5）隔热性——普通混凝土的导热系数为 $1.5\sim2.1W/(m\cdot K)$；红砖的热导率为 $0.81W/(m\cdot K)$。玻璃钢隔热性好，夹层结构的导热系数则可达 $0.05\sim0.08W/(m\cdot K)$，是混凝土的 $1/25$、红砖的 $1/10$；玻璃钢导热率低，拉挤型材的导热率约为 $0.25W/(m\cdot K)$，远低于铝合金型材，不到玻璃导热率的 $1/3$。用玻璃钢夹层结构作建筑物墙体材料时，用玻璃钢型材作门窗框材，都可以起到节能作用。

（6）隔声性——隔声效果是评价建筑物质量高低的标准之一，在传统的材料中，隔声效果好的建筑材料往往密度较大，隔热性差，运输安装费用较大。玻璃钢单层板的隔声性虽然不是非常理想，但比一般金属好。此外，玻璃钢和其他复合材料一样具有吸收声波振动和降低音波传播的功效，经过专门设计的夹层结构可以取得隔热又隔声的双重效果。

（7）电性能——玻璃钢的电绝缘性能和透波性能都相当突出，它不受电磁波作用，不反射无线电波，可以在很宽的频段内具有良好的透微波性能。玻璃钢在通信系统用的建筑物、计算机房与实验室等有特殊要求的建筑上得到广泛应用。

（8）耐化学腐蚀性——玻璃钢可以根据使用条件，制成对酸、碱、有机溶剂、海水等具有良好抗蚀作用的制品。玻璃钢有很强的抗微生物作用的能力，特别适用于化工建筑、地下建筑和水上建筑等工程。

（9）透水和吸湿性——玻璃钢的吸湿性、吸水率都很低，几乎不透水。因此可以用于防水建筑和给排水工程。玻璃钢表面光洁，可以降低输水阻力。

需要特别指出的是，玻璃钢的性能可以根据使用要求进行设计，通过调整原材料及其配比、改进材料结构设计、选择适当的成型工艺、进行表面处理等方法来改变材料性能。玻璃钢具有性能可设计性。

玻璃钢的力学性能除了由增强纤维、树脂基体以及组分材料的所占体积比重决定外，还与纤维的铺设方向、铺层顺序等因素有关。因此，可以根据构件的受力状态来灵活地设计玻璃纤维的铺陈方式和含量，确定合理的结构形式，使结构既能满足使用要求又经济合理。

树脂的性能直接影响玻璃钢的理化性能，可以通过选用柔韧型树脂、耐化学药品型树脂、阻燃型树脂、耐热型树脂、耐气候型树脂等加强玻璃钢某一方面的特殊性能；玻璃纤维制品与树脂的不同组合也会带来玻璃钢透明度、透光率的变化。

虽然玻璃钢有上述诸多优点，但任何材料都不会十全十美。在建筑工程应用时，必须针对玻璃钢的材料弱点，在设计中采用必要的技术措施，扬长避短，以充分发挥玻璃钢的可设计性和最大功能。

（1）刚度与建筑构件的结构设计

结构的稳定性与构件的稳定性有关，而构件的稳定性又与材料的刚性（弹性模量）有关。玻璃纤维具有较高的弹性模量，为常用树脂弹性模量的 $20\sim30$ 倍，加入玻璃纤维后的树脂刚度有所提高。只是树脂的弹性模量本身不高，所以玻璃钢的刚性仍较小，其弹性模量只有钢材的 $1/10$，也就是说，在相同的荷载下，玻璃钢的变形较大。由于结构的稳定性还与构件本身的结构形式有关，因此在玻璃钢用作承重结构材料时，应特别注意采用稳定性好的结构形式，通过结构形式上的合理设计来弥补材料的刚性不足，如采用波形、折板形式，双曲面和拱形类的薄壳结构以及夹层结构或加肋结构等，用合理的结构设计来提高结构的刚度和稳定性。要避免不适当地沿用传统的结构形式，片面地从增加材料厚度的角度，来试图达到构件刚性的目的，以免使原材料的成本不合理地增加。

（2）燃烧性能和防火问题

可燃性玻璃钢和其他有机材料一样，耐火性差，遇火后易燃烧；阻燃型、自熄型玻璃钢氧指数有很大提高，能够满足一般的防火要求。尽管如此，防火性能差仍是阻碍玻璃钢在承重结构中应用的主要因素。与钢结构相比，玻璃钢结构在火灾条件下、当温度达到 $80 \sim 100 ℃$ 时即开始丧失其强度和刚度，而钢结构在温度达到 $700 ℃$ 以上时，依然保有近 40% 的强度。不过，钢的导热性比玻璃钢高 200 倍，相较而言，玻璃钢加热升温的过程比钢缓慢得多，因而可以为人们赢得足够的疏散时间。

（3）老化与耐久性

在正常条件下，玻璃钢的耐久性不如钢和混凝土，但在有腐蚀性介质的环境中，如化工建筑、港口建筑等，玻璃钢比后两者耐久得多。其实，一切材料都会老化、都存在着耐久性问题，如钢材生锈、木材腐朽、砖石风化等，只要使用得当，采取适当的防护措施和正确的设计方案，这些材料都可以说是经久耐用的。玻璃钢不锈、不朽、不易碎，如果设计得当、使用合理、管理维护及时，在某些情况下，玻璃钢比玻璃、钢材、木材还要耐久。

玻璃钢的耐候性是最主要的老化性能。玻璃钢的耐候性与环境的温度、湿度、阳光，原材料的组成以及成型过程中的具体情况都有很大关系。我国从 1964 年开始进行玻璃钢的大气暴晒试验，亦即自然老化试验，试样分别被放置在广州、上海、哈尔滨、秦皇岛、兰州、成都、海南岛、吐鲁番等地的典型的气候条件下。测试结果表明，玻璃钢的力学性能破坏较小、较缓慢。10 年内弯曲强度和拉伸强度一般均保留 80% 以上，最大降幅也不超过 30%。玻璃钢外观变化较大，不加防护的表面会出现光泽减退、颜色变化、树脂脱落、纤维裸露等现象。如果采用新型树脂和增强材料、合理的表面处理、加入防老化剂、表面施加树脂含量较高的表面层、胶衣层或涂料等，表面状况会得到改善。从大气暴晒的试验结果来看，玻璃钢建筑制品一般在大气条件下至少可以使用 $10 \sim 15$ 年。若经常采取一些防护、装饰措施，可以延长其使用寿命。就透明玻璃钢而言，在使用 10 年内，材料透光率保持在设计水平，15 年内透光率下降幅度不到 10%，使用寿命则达 20 年，保温隔热型玻璃钢夹芯采光板的色彩和透光率保质期也可提高到 25 年。玻璃钢基本上能满足建筑工程上的要求。

（4）经济性

一般来说，树脂基复合材料比传统的建材要贵。从建筑费用来看，不能仅仅考虑材料的投资费用，而应该从材料带来的综合效果来考虑。玻璃钢可以缩短施工工期，提高劳动生产率；降低结构自重，简化建筑物的结构设计，提高装饰效果；可以充分发挥材料的多功能特点；降低施工、维修、运输和管理费用等。如此综合考虑，玻璃钢的价格尚在可接受的范围，而且通过合理的设计，甚至有可能使造价降低到传统的建筑材料以下。例如，英国 1970 年建的一所综合学校，建筑面积超过 $3700 m^2$，建筑物的围护结构全部采用玻璃钢护墙板，外墙的建筑费用比 1967 年采用传统材料建成的同类学校降低了 15% 以上。合理的材料设计和结构设计有助于降低玻璃钢的造价。在设计时，要以应用为导向，根据建筑构件的不同用途选用原材料、根据不同受力特点采用不同的复合结构形式，使玻璃钢的各组分都发挥最大的作用，做到"材尽其用"，以期达到最佳的技术经济效果。

4.4.1　玻璃钢模板应用

使用玻璃钢材料制作的模板能够一次性达到通高，而且不易与混凝土相互粘结，所浇筑出的混凝土成品没有横向接缝（只是在竖向上会有一道接缝），特别是圆柱体，浇筑出来圆度比较准确，且表面光滑平整，无气泡和皱纹，无外露纤维和毛刺现象，其密封性、表面平整度是木模和钢模所无法比拟的，而且色泽一致，垂直角度的误差也较小。采用玻璃钢制作圆柱模板只需要在接口处用角钢加螺栓予以固定，之后用钢丝缆风绳的一端拉住柱筋上端，而另一端只需固定在浇筑之后的混凝土楼板上即可，不需另外设置柱箍或是搭设支撑架。玻璃钢模板与木模、钢模相比，易加工成型，可以一次性封模，不用接长，而且玻璃钢模板由于质量轻，拆装非常方便，具有便于清洁和维护等特点。因此，使用玻璃钢模板能够明显地减轻劳动强度，提高建筑施工效率，有利于降低工程造价。另外，玻璃钢模板有较强的耐磨性，所以重复利用次数也较多。

4.4.2　玻璃钢模板材料选择

使用玻璃钢模板实现圆形结构柱的清水效果，完全依赖于玻璃钢这种材料的力学特性，其材料自身的强度和刚度是关键。而玻璃钢板材的强度和刚度在组成成分确定的情况下，主要取决于玻璃钢板材的厚度。根据厂商提供的有关资料及一些试验施工经验，通常情况下，结构柱直径 $D \leqslant 800mm$，玻璃钢模采用 3mm 厚板材；当 $800mm < D \leqslant 1200mm$，玻璃钢模采用 3.5mm 厚板材；当 $1200mm < D \leqslant 1500mm$，玻璃钢模需要采用 4mm 及以上厚板材。

玻璃钢模板在施工过程中，在受混凝土侧压后会产生一定比例的膨胀，其材料膨胀率的大小，取决于模板的刚度。根据其材料性能及试验施工经验，对玻璃钢模板的膨胀率取 0.6%。

4.4.3　玻璃钢圆柱模板工艺

玻璃钢圆柱模板的施工工序主要分三个阶段：支柱体模板及混凝土浇筑、拆除与养护柱体模板及安装与拆卸柱帽模板。

1. 支柱体模板并浇筑混凝土

在玻璃钢圆柱模板施工工艺的施行中，柱体模板的支设是一个非常重要的环节，其工序如下：

（1）钢筋绑扎验收合格后，将砂浆铺设在柱脚处，另外于模板下方找平。完成以上工序后将模板竖起，在柱钢筋一边进行定位，将它与柱钢筋对准。

（2）把模板进行组合，拧紧相应的螺钉。

（3）通过水平尺或者其他垂直度测量仪器，对柱模的垂直度进行校正，并使用拉筋把柱模逐个固定好。对每根柱设置 4 根拉筋，每根拉筋的直径为 6mm，拉筋的上部距离柱模顶部约 1/3，下部在楼板上进行紧固。拉筋之间的夹角通常以 45°为宜。拉筋的延长线务必要经过圆柱模板的圆心。通常拉筋上配有螺钉，用于调整其角度。

（4）如果预设的圆柱高度偏大，通常采用整体提模法等方法进行施工。

（5）脚手架的搭设，注意将模板与脚手架完全分离。在浇筑混凝土时应该严格控制其坍落度，必要时要进行进一步的振捣。

2. 柱体模板拆除与养护

（1）当柱体混凝土强度达到 70％左右时，模板就可以进行拆除，拆除过程中要注意拆除的程序。首先取下柱脚卡，松掉接口螺钉，沿着模板口将模板小心地撬开，撬棍的使用要注意方法，避免野蛮施工。模板卸下的时候要两个人共同合作，慢慢放下，稳定放置之后通过 3 个长螺栓连接模板，用塔吊吊起移开即可。

（2）对模板进行清理工作。模板表面要清理干净，并对其涂抹隔离剂，在清理模板的过程中，要注意不要损坏其表面的耐腐蚀纤维层。

（3）出现模板局部部位破损时，首先对其进行修补，尽量保证能够再次使用，对于破损部位较大的模板，可以对其进行修改，作为接头处模板使用。

3. 柱帽模板的安拆

（1）柱帽模板的横梁与顶柱的安装。先可以按照柱帽的形状大小对柱模支架进行安装，其次在柱顶布置钢柱箍。柱箍可以支撑柱帽模板。

（2）柱帽模板边缘采用角钢，分成两块布置。其上部使用型钢，这样可以支撑混凝土的荷载。柱帽对准接口，方便安装螺栓。

（3）绑扎钢筋，校正好柱模的高度，处理好与楼板模板的接缝，然后与楼板同时浇筑混凝土。

（4）钢筋绑扎好之后，对柱模的高度进行校正，对楼板接缝进行处理后浇筑混凝土。

4.4.4　玻璃钢圆柱模板应用

在内蒙古体育馆工程项目中，采用玻璃钢柱模与钢柱模进行清水混凝土柱子浇筑。玻璃钢柔性圆柱模板是依据圆柱的周长及高度，用高强材料制作成具有一定柔性的平板。这种模板具有展开和闭合两种形态，即自然存放时为展开的平板；使用时围裹成近似的圆筒，运用流体力学的原理，当混凝土浇筑时将具有一定柔性的模板自然胀圆，造价比钢圆柱模低 30％～40％，施工简便，工效高，能保证圆柱表面的圆曲光滑，整个柱身无横向接缝痕迹，柱子的垂直度和圆度成型精度高。

世博轴工程于 2008 年 8 月开始进行地下结构清水结构圆柱的施工，到 2009 年 1 月，地下结构及 4.5m 平台清水圆柱全部完成。实际实施中玻璃钢模仅有一条竖向拼缝，通过对玻璃钢模拼缝的有效处理，现场可以做到"无拼缝"效果，保证清水柱的饰面要求。同时，玻璃钢模进行圆柱施工安装便捷，施工周期与其他模板体系相比较，明显缩短。实践证明，实际安装 1 根清水柱模只需 2 个操作工人，约 2～4h 的时间，大量减少了人工，提高了工效，加快了模板周转速度。世博轴工程的运用实践证明，玻璃钢圆柱模板能给清水结构圆柱的施工带来很大便利，在保证清水混凝土结构施工质量的同时，也能为工程项目节省很大成本。

在重庆烟草商务大厦直径 1.5m、高 36.9m 的现浇混凝土圆柱施工时，尝试用玻璃钢作圆柱模板。采用玻璃钢进行现浇混凝土圆柱模板施工，接缝少，平整度好；不需要外部支撑体系；重量轻，强度高，韧性好，耐磨性能好；易成型，装拆方便；成本低，经济效益明显。项目质量达到了预期的要求。此工程荣获 2005 年度中国建筑工程鲁班奖，并获得了很好的经济效益。随后又在天王星 B、D 栋及重庆阳光一百 D1-3 等工程中推广应用，均取得成功。

泰达科技商务园工程位于北京市顺义区天竺综合保税区 A 区院内，主要为产业用房。楼座多呈丁字十字等造型，楼座边角多为 135° 切角，因此 135° 暗柱的混凝土观感质量是本工程模板施工控制的重点。采用由不饱和聚酯树脂作为胶结材料，用低碱玻璃纤维布作为骨架逐层粘裹而成的玻璃钢模板，确保了异形框架柱的混凝土施工质量，取得了较好的效果。

4.5　玻璃钢模板的发展前景

目前，我国人均资源占有量为世界平均值的 40%，但能源消费总量已达到世界第 2 位，其中建筑用能源成为我国能源消费的大户，能耗约占所有产业能耗的 30%。玻璃钢凭借其优异的性能，在建筑节能方面的应用日益受到人们的青睐。在建筑领域研发和使用玻璃钢材料，对于节约能源、改善设计、减轻建筑物自重、提高建筑物的使用功能和提高经济效益具有十分重要的意义。从国内外的应用情况来看，玻璃钢是国际市场上产量最大、用途最广的产品。在美国、日本、德国等工业发达国家，玻璃钢已经进入大规模使用阶段。我国通过自行研究开发和吸收国外先进技术，近几年来玻璃钢国产技术装备水平有了较大幅度的提高。随着国家相关产业振兴规划的实施和基础设施投资力度的加大，对玻璃钢的需求也将持续增长。从目前国内外玻璃钢材料的发展情况看，当前正朝着高性能、多功能、低成本和高的环境相容性方向发展。随着玻璃钢工艺的发展和不断拓展产品种类，玻璃钢在建筑工程中的应用将会越来越广。

建筑业是国民经济的支柱产业之一，在国民经济中占有很重要的地位。建筑业的发展方向是节约能源、保护环境、提高经济效益和社会效益，玻璃钢作为新型的高性能复合材料，必将成为未来新建节能建筑选材和既有建筑节能改造的首选材料，成为传统结构材料的重要补充，并逐步替代传统的非节能建材。随着我国建筑节能标准的不断提高，玻璃钢材料作为第 4 代新型复合材料在建筑结构中的应用前景将会更加广阔。

参考文献

［1］　李雷．玻璃钢在建筑中的应用［J］．中国科技博览．2010，20：294-294.

［2］　温森华，李家驹．复合材料简介及玻璃钢在建筑中的应用［J］．广州大学学报：社会科学版，1991，1：70-80.

［3］　薛志俭．玻璃钢在建筑上的应用［J］．玻璃钢/复合材料．1982，04.

［4］　卢显平．玻璃钢圆柱模板在建筑施工中的应用［J］．企业科技与发展，2010，8：140-141.

［5］ 刘先华．玻璃钢模板在现浇混凝土圆柱施工中的应用［J］．重庆建筑，2009，2：35-36.

［6］ 朱明甫．浅析玻璃钢模板在房屋建筑施工中的应用［J］．经营管理者．2011，15.

［7］ 钱峰．论玻璃钢模板在房屋建筑施工中的应用［J］．现代装饰：理论，2011，09.

［8］ 郭芳芳，耿运贵．玻璃钢/复合材料在建筑结构中的应用与发展趋势［J］．建材技术与应用．2014，05：11-14.

［9］ 邵俊华，薄峥辉．玻璃钢模板在世博轴工程中的应用［J］．建筑施工，2009，31：524-526.

［10］ 李景洲．玻璃钢模板在内蒙古体育馆工程中的应用［J］．科技情报开发与经济，2008，15：209-210.

［11］ 唐在权，邱云胜，胡冰．柔性玻璃钢圆柱模板施工应用［J］．施工技术．2006，35：17-19.

［12］ 曾兆平，罗惠平．平板玻璃钢模板在国家大剧院圆形柱中应用［J］．施工技术．2003，02：35-36.

［13］ 陈拥军．圆弧钢模板、八片柱头钢模板及玻璃钢模板在工程中的应用［J］．建筑技术，2009，40：232-235.

［14］ 单超．定型玻璃钢模板施工技术［J］．施工技术．2012，41：148-150.

［15］ 李晓辉．玻璃钢与玻璃钢制品生产技术工艺流程及质量检验标准实用手册［M］．吉林：吉林音像出版社，2003.

第5章　木塑模板

据世界能源会议统计，世界已探明可采煤炭储量共计 15980 亿 t，预计还可开采 200 年；探明可采石油储量共计 1211 亿 t，预计还可开采 30～40 年；探明可采天然气储量共计 119 万亿 m³，预计还可开采 60 年。面对即将到来的能源危机，一方面需要采取必要的措施节约能源，另一方面需加大对新能源材料的开发，以减轻对煤炭、石油、天然气等不可再生能源的依赖性。

另外，随着时代的发展，天然木材成为绿色、健康、尊贵、时尚的代表，具备合成材料无可比拟的优点，社会需求量日益增长。因生长周期长的问题，故天然木材的短缺也已成为当今世界面临的问题之一。目前，各国政府都在致力于保护天然资源，加强了森林保护法的实施力度。我国是世界上木材资源相对短缺的国家，森林覆盖率只相当于世界平均水平的 3/5，人均森林面积不到世界平均水平的 1/4。我国又是一个木材消费大国，每年木材需求量约达 3 亿多 m³，而且我国对木材的综合利用率仅约为 60%，远低于发达国家的 80% 以上，故我国应加强节约和循环利用木材。

基于此，木塑复合材料（WPC，Wood-fiber Plastics Composites）应运而生了。木塑复合材料是以聚乙烯、聚丙烯、聚氯乙烯等热塑性塑料及植物纤维粉（如木屑、竹粉、稻壳、秸秆等）为原料，按一定比例混合，并添加特制的助剂，经高混、挤压、成型等工艺制成的一种新型复合材料[1,2]。其中热塑性塑料可采用新塑料或工业、生活废弃的各种塑料，而植物纤维粉可采用木材加工的木屑、稻壳粉、麦秆、棉秆等加工而成，因此木塑复合材料的研制和广泛应用有助于减缓塑料废弃物的公害污染，也有助于减少农业废弃物焚烧给环境带来的压力。木塑复合材料的生产和使用不会向周围环境散发危害人类健康的挥发物，材料本身还可以回收进行二次利用，因此它是一种全新的绿色环保复合材料。

与人造板相比，木塑复合材料的无毒、环保是它最大的优势；作为木材的替代品，木塑复合材料不仅具有原木特有的木质感，而且它具有较好的机械性能，尺寸稳定性好，耐水性、耐磨性、耐化学腐蚀性优良，不怕虫蛀，易于着色，维护要求低，使用寿命长，易于成型，可二次加工等众多优异性能。另外值得一提的是，它还可以充分利用回收木材、余料、木屑等原来被废弃的木料，大幅度提高天然木材的利用率，并可解决废弃木料所造成的垃圾污染及处理问题，具有保护自然环境，提高人造木材制品附加价值的功效。此外，由于木塑复合材料的生产过程采用挤出成型，可实现自动连续生产，长度任意裁定，这是原木所不能及的。在北美，木塑复合材料现已广泛应用于建筑业、汽车工业、运输业、航空业等。

5.1 木塑模板的发展历程

5.1.1 国外木塑模板的发展历程

人类对利用植物纤维与树脂进行复合的研究已有较长的历史，最早是采用植物纤维以粉状形式作为填料加入到热固性塑料中。1907 年，Leo H. Bend 博士利用热固性酚醛树脂与木粉复合首先制备了一种复合材料，所制得的纤维板应用为房屋等建筑材料。1916 年，用作变速器的球形柄是该技术的第一个工业产品，但由于木粉和塑料的相容性差，当木粉含量增大时所得的复合材料性能较差，因此该技术并没有得到推广，而改善材料的界面相容性则变成了后续研究的主要目标之一。

1963 年，Bridge Ford 发明了一种催化体系，将不饱和单体接枝到木材纤维上，改善了木材纤维和塑料之间的相容性。1965 年，美国的耶尔在纽约举行的专题讨论会上发表了在单体中引入化学引发剂，用催化加热法制造木塑复合材料的论文。次年，美国 AMF 公司 Bouling 分部建成了世界上第一条催化加热法生产木塑复合材料的生产线，以甲基丙烯酸甲酯为浸渍单体，主要用于生产台球杆。1968 年，美国 ARCO 化学公司采用 γ 射线生产的木塑复合材料问世，用其制作镶木地板。同年，Mayer 首次将偶联剂应用于木塑复合材料中。偶联剂的出现使木材纤维和高聚物的界面特性得到了很大的改善，复合材料的物理和力学性能得到明显提高。

从 20 世纪 80 年代开始，偶联剂成为 WPC 的研究热点。1980～1990 年产生了一系列的偶联剂专利，其中包括异氰酸酯和马来酸（MA）、邻苯二甲酸酐、聚亚甲基聚苯基异氰酸酯（PMPPIC）、马来酸酐改性聚丙烯（MAPP）、马来酸酐改性苯乙烯-乙烯-丁烯（SEBS-MA）和硅酸盐类等 40 多种偶联剂。实验证明，有机偶联剂效果较好，目前最为常用的是 MAPP 和 PMPPIC。而同时，各种热塑性塑料都成为木塑材料研究的对象，如聚丙烯（PP）、聚乙烯（PE）、聚氯乙烯（PVC）、聚苯乙烯（PS）等。目前，木塑复合材料研究的重点主要是木粉的预处理、复合材料的增韧增强、材料的吸水性及回收废旧塑料的应用等几个方面。

1973 年，Sonnesson Plast AB 公司销售商品名为 Sonwood 的 PVC/木粉复合材料，该材料是由木粉和 PVC 复合制成片状，然后挤塑成型的。同期，意大利 Bausano 公司和 ICMA San Giorgio 公司开始从事木粉填充塑料配混料加工设备工作，并用异向锥形双螺杆机生产 50％木粉和 50％PP 的热成型板材。1983 年，美国公司 Woodstock 采用意大利技术生产汽车内衬件，最后成为福特汽车的内衬板材，木塑复合材料优异的性能以及其传统的塑料生产加工方法使得 Woodstock 的产品具有价格低廉、强度好、硬度高等特点，所以 "Woodstock®" 至今仍然被广泛使用。1990 年初，Trex 公司开始生产由 50％左右木纤维与聚乙烯组成的实体 WPC，制成铺盖板、园林风景用木、野餐桌、工厂地板等。1993 年，Anderson 公司开始生产木粉增强 PVC 的法式门底槛。1996 年，几家美国公司开始用木材纤维与塑料混合生产颗粒型原料。1997 年，Doroudiani S 等成功将 HDPE 与牛皮纸浆、木粉进行混合，经过造粒，注射成样条。

近几年，奥地利维也纳的辛辛那提公司生产出最新一代 Fiberex 系列的锥形挤出成型机，主要利用定型和真空技术，以水冷替代通常的气冷，起到快速定型的目的。此外，日本的 EIN Engineering 公司开发出了专门用于医院、诊所、候诊室、厕所等场所的抗菌木塑复合材料技术。1991 年，在威斯康星州麦迪逊召开了有关木纤维/塑料复合材料的第一次国际会议。之后，隔年在北美和木塑复合材料市场有所增长的地方召开，该国际会议的目的是把塑料工业界和林产工业界的研究人员和行业代表集中到一起，共享 WPC 领域的思路和技术。美国农业部林产品研究所、威斯康星大学麦迪逊分校、密歇根技术大学木材研究所、加拿大多伦多大学、英国威尔士大学生物复合材料中心、日本京都大学木质科学研究所、瑞典卡米技术大学、法国爱沙罗公司以及美国惠好公司等对木塑复合材料的研究，从基础理论到实用技术都取得了较大进展[3]。

5.1.2　国内木塑模板的发展历程

我国木塑复合材料方面的研究起步较晚，到 20 世纪 80 年代中期，福建林学院杨庆贤等才率先在国内进行 WPC 的研究，对木粉和废旧塑料的复合进行了初步的探索研究并开发了几种产品。随后，中国林科院木材工业研究所开始对木材纤维/PP 复合材料进行研究。我国华东化工学院和上海木材应用技术研究所对塑料、合成树脂与南方阔叶树材的复合进行了研究，并取得成效。上海交通大学高分子材料研究所用马来酸酐接枝聚丙烯作为偶联剂应用于纸粉或纤维素填充的体系中，并对提高材料相容性的机理进行了研究。昆明理工大学的刘如燕等研究了不同界面处理剂对废弃物复合材料性能的影响，并使用现代测试方法红外光谱对其进行初步探讨。处理剂包括钛酸酯偶联剂、硅烷偶联剂等，经过处理后材料性能明显提高，同时，实验结果表明，丙烯酸单独使用时不能改善复合材料的界面，当辅以过氧化二异丙苯（DCP）时，能很好地改善界面粘结情况，提高复合材料性能。北京化工大学塑机所于 1998 年就开始研究木粉/PE、PP 以及 PVC 复合材料，研究了木粉各种不同的处理方法对复合材料性能的影响，以及木粉的填充量、种类、尺寸等对复合材料的流变性能、力学性能以及微观结构等的影响，研制了不同木塑复合材料的制备及型材挤出成型设备及工艺技术，成功地开发出包装托盘产品和木塑宽幅板材、各种中空型材制品。浙江大学的方征平等人研究了乙烯—丙烯酸共聚物（EAA）对线形低密度聚乙烯（LLDPE)/木粉复合材料力学性能的影响，并与其他几种弹性体的影响进行了对比，发现 EAA 对体系有良好的增容作用，能明显提高材料的拉伸强度和冲击强度。北京化工研究院在木粉填充塑料挤出成型的工艺、配方、专用设备、制品模具设计等方面已取得了较大突破。北京工商大学、唐山塑料研究所、国防科技大学、广东工业大学等也在木粉改性填充塑料方面进行了研究开发。我国台北学者也同步开展了 WPC 的研究，但他们对木粉和废弃塑料复合材料的研究较早，力图通过 WPC 来解决台北的废塑料问题[3]。

我国的科研工作者在木塑复合材料方面做了大量的工作，对各种树脂基体的复合材料、界面相容性、挤出加工的实现等问题都进行了大量的研究。

在生产应用上，我国 WPC 制品的生产一直没有形成工业规模化生产，且产量和产品档次都比较低。目前，国内一些企业正着手引进国外木塑材料生产的先进技术。加拿大未来技术有限公司于 1998 年将木塑复合技术全面在我国推出，在北京成立了技术开发中心，全面开展木塑复合材料的研发和生产。北京化工大学和北京汽车有限公司针对福田汽车的车用需求进行了 WPC 产品专用设备的开发。安徽蒙城县铝塑型材有限公司与蒙城县铝塑研究所合作，研究开发的木塑复合材料生产线申请了国家专利。无锡市南丰塑业有限公司研制成功的组合型木塑托盘通过了由中国包装协会组织的技术鉴定，并申请了国家专利。广东森林建材有限公司在充分吸收国外成功经验的基础上，经一年多的努力，成功研制出了以木粉为填充料的合成木型材，彻底打破了合成木材不够高档的定论，生产出来的制品已经达到了以假乱真的程度，且生产成本低于木制品，在使用性能上却远超过木制品。青岛远东塑料工程有限公司和北京化工大学合作，成功开发了木粉复合木塑材料，木粉添加量在 50％以上；另外，南京聚峰新材料有限公司、重庆江津宏伦建筑材料有限公司、武汉现代工业技术研究所等成功地研制生产了木塑复合材料产品。产品也逐渐由低端的托盘等向室内外装饰材料等方向发展。此外，江苏、山东、浙江等地也有企业在对木塑复合材料的生产工艺及专用设备进行研究。

　　总之，WPC 的发展方向是开拓更多的应用领域，发展轻质（发泡）、高性能（结构用）、高纤维含量产品，开发各种木塑复合材料加工技术（挤出、挤压、注射和模压等），研制不同纤维与多种塑料的复合材料及可降解木塑复合材料，改善木塑制品应用中存在的诸如密度大、尺寸稳定性不能满足实际需要等问题，从而不断扩大木塑制品的应用领域[3]。

5.2　木塑模板生产工艺

5.2.1　原料

1. PVC 基本概况

　　聚氯乙烯（Poly Vinyl Chloride，简称 PVC）树脂是由氯乙烯（Vinyl Cholride，简称 VC）单体聚合而成的热塑性高聚物，因其优越的性价比在国民生产中的应用越来越广泛。PVC 是历史最长的热塑性塑料。从 1931 年德国法本公司工业化生产以来，经过 80 多年的历程，已发展成为最重要的、产量仅次于聚乙烯（PE）的大宗塑料品种，也是我国产量最大的热塑性材料。PVC 制品可粗略分为软质（加入大量增塑剂的）PVC 制品和硬质（加入少量或不加增塑剂的）PVC 制品，其中，不加增塑剂的硬质材料，通常叫作未增塑 PVC，简称 UPVC。PVC 树脂的分子量、结晶度、软化点等物理性能随聚合反应条件（温度）而变化。一般而言，PVC 树脂的基本性能如下：

　　（1）热性能。85℃ 以下呈玻璃态，85～175℃ 呈黏弹态，无明显熔点，175～190℃ 为熔融态，190～200℃ 为黏流态。脆化点 −50～60℃，软化点 75～85℃，玻璃化转变温度在 80℃ 上下，100℃ 以上开始分解，180℃ 以上快速分解，200℃ 以上剧烈分解并变黑。

　　（2）燃烧性能。PVC 在火焰上能燃烧，并释放出 HCl、CO 和苯等低分子量化合物，离火自熄。

　　（3）电性能。耐电击穿，可用于 10kV 低压电缆。

　　（4）老化性能。较耐老化，但在光照和氧作用下会缓慢分解，释放 HCl，形成羰基、共轭双键而变色。

　　（5）化学稳定性。在酸碱和盐类溶液中较稳定。

　　聚氯乙烯塑料的突出优点是难燃性、耐磨性、抗化学腐蚀性、气体水汽低渗透性好。此外，综合机械性能、制品透明性、电绝缘性、隔热、消声、消振性能也好，是性价比最为优越的通用材料。但是其缺陷是热稳定性和抗冲击性较差，纯硬质 PVC 的缺口冲击强度只有 $3～5kJ/m^2$，属于硬质材料，特别是低温韧性差，降低温度时迅速变硬变脆，受冲击时极易脆裂；而软质 PVC 的增塑剂迁移性较大，使用过程中容易发生脆裂。但是 PVC 比较容易改性，通过化学或物理方法可大大改善其加工性能、抗冲击性、耐热性和增塑剂迁移性等缺陷，并且可以通过分子链交联或引入功能基团等手段赋予其新的功能。

2. 木质纤维的结构及特性

　　（1）木质纤维的结构及特性

木材的主要化学成分由纤维素、半纤维素和木质素三种天然高分子化合物组成，大约占木材总重量的90％以上，这三种成分构成植物体的支持骨架。其中，纤维素组成微细纤维，构成纤维细胞壁的网状骨架，而半纤维素和木质素则是填充在纤维之间和微细纤维之间的"胶粘剂"和"填充剂"。

1）纤维素的结构

纤维素是自然界中储备量最大，分布最广的天然有机物，纤维素是高等植物成熟细胞壁的主要组成物质。纤维素的含量木材中约为40％～50％，禾本科植物如稻草、竹子、芦苇的茎干中约40％～45％，棉花中含量最高，达95％～99％。

纤维素是由β-D-吡喃葡萄糖单元通过（1→4）苷键连接而成的高聚糖（图5-1）。纤维素分子是完全线性的，并且在分子之间和分子之内具有形成氢键的强力倾向。纤维素分子束就是这样聚集在一起成为微纤丝，其中排列高度规则（结晶）区和排列规则性较差（无定形）区相互交替。微纤丝构成细纤丝，最后成为纤维素纤维。由于纤维素的纤丝状结构和强力氢键，因此它具有高的抗张强度和不溶于大多数溶剂。

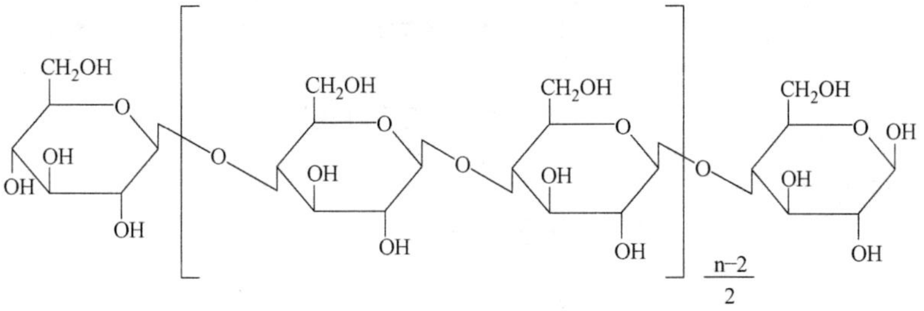

图5-1　纤维素的链结构

2）半纤维素的结构

半纤维素是一类非均一的高聚糖，它们是一群复合聚糖的总称。和纤维素一样，大多数半纤维素的功能是作为细胞壁的支持物质。半纤维素比较容易被酸水解成它们的单体组分（图5-2），如D-木糖、D-甘露糖、D-葡萄糖、D-半乳糖、L-阿拉伯糖、4-O-甲基-D-葡萄糖醛酸、D-半乳糖醛酸、D-葡萄糖醛酸以及少量的L-鼠李糖、L-岩藻糖等。大多数半纤维素的聚合度只有200。

3）木质素的结构

木质素与纤维素、半纤维素共同存在于植物体内，是构成细胞壁的主要成分之一，在细胞壁中起加固作用，在胞间层中起粘结相邻两细胞的作用，它是由苯丙烷单元（简写为C6-C3）通过醚键和碳-碳键连接起来的天然芳香族高聚物，且醚键占三分之二以上。苯丙烷单元主要包括以下三类：愈创木基丙烷、紫丁香基丙烷、对-羟基苯基丙烷，其结构如图5-3所示。由实验得知，木质素的三种主要结构基团在针叶木、阔叶木和竹类植物木质素中存在的比例各不相同。在针叶木木质素中主要存在愈创木基丙烷结构，有少量的对-羟基苯基丙烷结构单元；在阔叶木和竹类植物中，主要存在紫丁香基丙烷与愈创木基丙烷结构单元，有少量的对-羟基苯基丙烷结构单元。木质素的结构单元由芳香族的苯环及脂肪族的侧链构成，其上还连有各种功能基如苯环上的甲氧基、反应性能活泼的酚羟基和醇羟基以及羰基等。

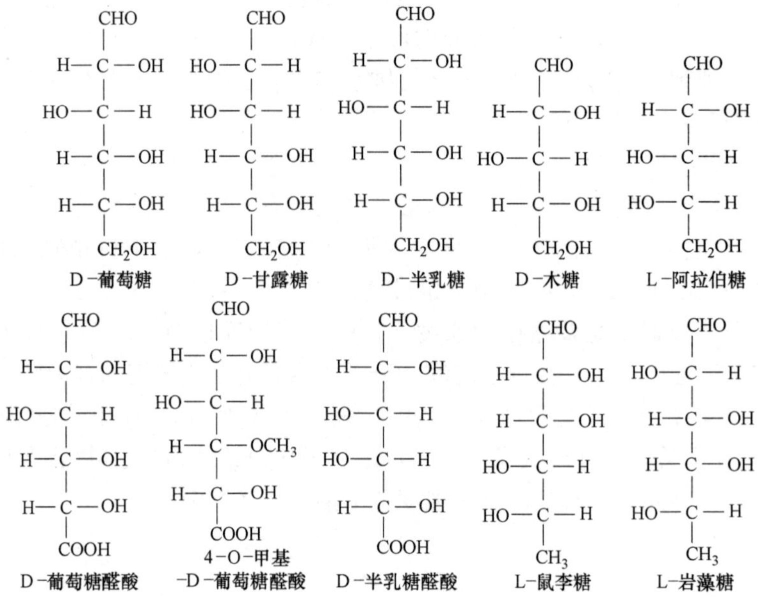

图 5-2　半纤维素糖基开链式结构

（2）木质纤维的特性

木材作为几大主要材料之一，对国民经济和人类生活起着很大的支持作用。其主要特性如下：

1）热学性质

木材在受热条件下，其物理力学性质会发生不同程度的改变或劣化，主要原因在于木材的结晶结构和化学组分在受热后会发生改变。在一定温度下进行木材热处理时，在适当的时间段内可发生非结晶纤维素中部分结晶化的效

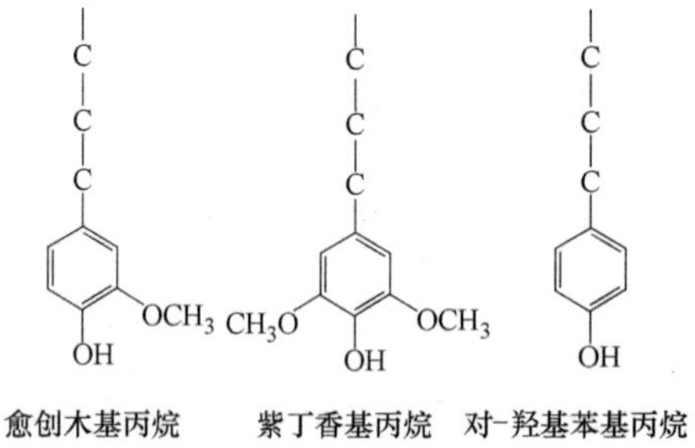

图 5-3　木质素苯丙烷结构单元

应，导致木材吸湿性降低，弹性模量提高，如继续延长热处理时间，就会造成木材化学成分的热分解，导致木材力学性质降低。

木材在空气介质中被加热时，首先因其结构中的化学变化而呈现变色现象；此外，由于加热使得木材因部分物质挥发而产生收缩，细胞壁物质和超微结构也发生变化。加热温度低于 100℃ 的条件下，木材性质不会发生明显的改变，木材全干质量仅有微量减少，是半纤维素微量分解所致，在 130℃ 以上温度热处理之后，木材吸湿性明显降低，认为主要是由于吸湿性较强的多糖类的热分解所致。

2）力学性质

木材作为一种非均质的、各向异性的天然高分子材料，许多性质都有别于其他材料，而其力学性质更是与其他均质材料有着明显的差异。木材所有力学性质指标参数会因其含水率的变化而产生很大程度的改变，木材会表现出介于弹性体和非弹性体之间的黏弹性，会发生蠕变现象，并且其力学性质还会受荷载时间和环境条件的影响。

3）加工性能

木质纤维在共混过程中受到热和机械双重作用，会发生热降解、氧化降解、机械降解等现象。当温度在 25～150℃时，内部水分受热蒸发；150～240℃时，某些葡萄糖基大分子链开始断裂；240～400℃时，酸苷键开始断裂；大于 400℃，将形成石墨结构。此外，木质纤维的破坏还表现在热的时间积累效应上，在持续长时间低于 50℃环境下，木质纤维也会发生显著的降解，当加工温度低于 240℃时具有较好的结构稳定性。

木质纤维的分子量具有多分散性，性能不一。在共混过程中，树脂基体必须很好地浸润纤维，复合材料的性能才会较好，但由于两者极性不同，相互间相容性差，界面层薄，界面张力大，很难形成物理或化学键的结合，因此，共混比较困难。

广义上讲，WPC 所用的木质纤维主要有锯末、刨花、花生壳、木枝、稻壳、麦秆、玉米棒花、植物茎叶、树叶及其他农作物和植物纤维等，这些木质纤维经过粉碎研磨、烘干，达到复合生产的状态即可。其来源十分广泛，且价格低廉，本身就是治理污染、美化环境的一种途径。目前，常用木塑复合成型的木粉、刨花、木材纤维的大小为 20～400 目[3]。

5.2.2　原料处理方法

1. 界面理论

木纤维与热塑性塑料进行复合时，木材的纤维含大量的羟基，表面具有强极性和吸水性，而聚合物的表面一般是非极性或极性很小，大多是疏水性的，木粉填料与树脂基体界面间不能形成很好的粘合，因此复合材料力学性能较低。同时，木材纤维素分子内含氢键，加热时会聚集在一起，使其在基体中分散不均，影响复合材料的性能。改善木塑界面的相容性及混合的均匀性是制取优良性能的木塑复合材料的关键。

界面是复合材料中普遍存在且非常重要的组成部分，是影响复合材料行为的关键因素之一。复合材料界面的脱胶、撕裂、滑移等现象是破坏形式中最常见的，复合材料宏观性能的好坏很大程度上取决于基体和增强相之间的界面结合状况，界面往往就是材料的最弱环节，而温度、时间引起的界面反应是复合材料中大多数承载体不能发挥最佳性能的主要原因之一。为了获得更高的强度，应该形成稳定的界面结合。界面不是没有厚度而是具有微小厚度的面，它的作用是不容忽视的，界面太弱会造成复合材料强度性能下降，界面过强会造成宏观裂纹容易扩展、断裂韧性降低，从而降低材料的强度，这些都是和破坏机理相关的。

人们根据复合材料中的不同破坏现象，提出了不同的界面理论：如化学键理论、表面浸润吸附理论、变形层理论、拘束层理论、机械互锁理论、扩散理论、电子理论等。但比较具有代表性的是化学键理论、表面浸润吸附理论、机械互锁理论三种理论。

化学键理论：化学键理论的主要观点是处理填料的改性剂应既含有能与填料反应的基团，又含有与基体树脂作用的官能团，由此在界面上形成共价键。纤维复合材料往往是两种（或两种以上）完全不同性质的材料复合而成，它们本身不存在化学键，必须采用偶联剂的方式进行表面处理。偶联剂在化学结构上有二种官能团，一种可与纤维反应产生化学键，另一种能与树脂基体反应产生化学键，而偶联剂就像在增强纤维与树脂基体之间架起的桥梁，使二者能更牢固地粘结起来，有效抵制水及其他介质对纤维的浸蚀，因此提高了纤维复合材料的物理、力学性能，特别是显著地提高湿态强度性能和老化性能。

表面浸润吸附理论：纤维表面浸润是界面粘结的基础，良好的表面浸润可使增强纤维与树脂基体之间紧密接触，并发生吸附作用，使界面分子间产生巨大的范德华力，从而提高了复合材料强度。浸润良好的界面，其范德华力往往比树脂内聚力大，因此复合材料断口往往出现树脂本身开裂，纤维上粘有树脂基体等现象。良好的浸润，也能排除纤维表面吸附的气体，减少界面的孔隙率，从而提高界面的机械粘结强度，达到具有良好的复合材料性能的目的。

机械互锁理论：从微观角度，增强纤维表面粗糙不平，并有许多微裂纹，当树脂基体渗透到纤维中的凹坑及微裂纹中，固化以后形成类似锚钉的结构，把两者牢固地连结在一起，使复合材料有较高的粘结强度。纤维与树脂基体有相差较大的热膨胀系数，在热固化冷却过程中由于不同的收缩产生较大的残余应力，不同的配方、不同的原材料组合、不同的成型工艺有不同性质的残余应力，会在界面上产生拉应力或压应力，拉应力不利于界面粘结，压应力增强界面的摩擦力，从而提高复合材料的粘结强度。另外，增强纤维表面浸润，减少表面气体，从而减少复合材料孔隙率，提高界面摩擦力，有效地传递应力，从界面的机械粘结理论角度来看，也提高了纤维复合材料的粘结密度，因此提高纤维复合材料的物理、力学性能。

其他理论：填充塑料中的界面具有应力松弛作用，变形层理论和拘束层理论对此问题的阐明有所补益。前者因为填料经表面处理后，在界面上形成了一层塑性层，它能松弛和减小界面应力；后者认为，处理剂构成界面区的组成部分，其模量介于填料和树脂之间，能起到均匀传递应力、减弱界面应力的作用。此外，还有一种可逆水解理论，认为有水存在时，偶联剂和纤维填料之间的化学键可逆的断裂与重新形成，起到应力松弛作用。

2. 木塑复合材料界面改性方法

目前，改善复合界面相容性的主要方法有：原材料表面的预处理，改性剂提高复合界面相容性。

（1）对原材料表面进行预处理

1）对塑料表面进行预处理

由于塑料和木纤维的极性不同，为了改善两者之间的相容性，必须使其极性相似或相近。通过对塑料进行表面处理使其极性增加，能够起到改善其与木纤维界面相容性的效果。具体方法是：①采用溶剂来改变塑料的极性；②把塑料和添加剂直接投入双螺杆挤出机，挤出造粒使塑料在熔融状态下发生接枝反应等改变极性。例如，在自由基存在的条件下用顺丁二烯二酸酐（MA）对聚乙烯进行加成反应，将 MA 上的极性基团引入非极性的聚乙烯分子中，使改性后的聚乙烯分子具有一定的极性，在与木纤维复合时可以提高WPC 的力学强度。

2）对木纤维表面进行预处理

采用物理或化学的方法，可以对木纤维的表面进行处理，改变木纤维表面的结构和性能，以达到改善表面相容性的目的。

① 物理方法是不改变纤维的化学组成，但改变了纤维的结构和表面性能，从而改善了纤维与基体树脂之间的物理粘结能力。它包括表面原纤化及放电处理，如低温等离子放电、溅射放电、电晕放电等。低温等离子体处理技术依据所用气体不同，可以进行系列化

的纤维表面处理，使纤维表面生成自由基和功能团，引起化学注入、蚀刻、聚合、自由基形成、结晶等。溅射放电处理主要引起物理方面的变化，比如表面变得粗糙等，以增强界面间的粘结性能；电晕放电是通过改变纤维素分子的表面能来降低复合材料的熔融黏度。放电处理可以降低纤维聚合物熔体的黏度以改善复合材料的力学性能。其他的方法还有拉伸、压延、混纺等，用来改变纤维的结构和表面性质，以利于复合过程中纤维的机械交联。

② 化学方法主要是在木纤维表面通过对极性官能团进行酰化、醚化、接枝共聚等进行改性处理，使其生成非极性化学官能团并具有流动性，使木材表面与塑料表面相似，以降低塑料与木质材料表面之间的相斥性，达到提高界面黏合性的目的。

酰化处理是用酸酐、酰氯等活性酰基化试剂处理木纤维，使其表面的纤维素、半纤维素分子的部分羟基与之反应生成酯。因强极性的羟基被弱极性的酯基取代，部分结合氢键被破坏，木纤维表面的极性降低，从而提高了木塑之间界面的相容性。秦特夫等用乙酸酐对不同木纤维及其主要成分进行了酰化处理。红外光谱（IR）表明，酰化度随木纤维的不同有差别：木质素、纤维素和半纤维素都有新的弱极性酯（—COO—）官能团生成，极性官能团羟基（—OH）数量减少；木质素酰化程度大于纤维素；半纤维素在酰化过程中结构会发生分解。光电子能谱或者化学分析用电子能谱（ESCA）表明，不同木纤维表面化学特征有很大差别，说明该酰化方法也可降低木纤维的极性。

木纤维的醚化包括甲基醚化和羟乙基醚化等。木纤维的甲基醚化，一般是通过甲基氯与经过碱处理的木纤维反应；羟乙基醚化是木纤维与环氧乙烷或 2-氯乙醇在碱存在条件下的反应。

接枝共聚是指马来酸酐、丙烯腈、甲基丙烯酸甲酯、苯乙烯等单体在引发剂的作用下被引发生成自由基，与热塑性聚合物或木纤维表面发生接枝共聚，从而引入与塑料基体相容性较好的分子链。阎昊鹏等用过氧化氢（H_2O_2）为引发剂，引发苯乙烯单体分别接枝不同木粉及其三大主要成分。研究表明：在引发剂作用下，木纤维有较高的接枝率是因为木纤维中的木质素与苯乙烯接枝共聚，但其中的纤维素和半纤维素不与苯乙烯反应，改性后木纤维的临界表面张力均低于改性前，即木纤维表面能降低，一定程度上改善木材极性。

（2）改性剂提高复合界面相容性

1）相容剂

用于 WPC 的相容剂主要是带有酸酐基团和羧基的高分子树脂，如马来酸酐接枝聚丙烯（PP-g-MAH）、异氰酸酯、亚甲基丁二酸酐等。相容剂所带酸酐基团和羧基能与木粉表面的羟基反应产生化学联结，而其非极性或弱极性的高分子链能与树脂较好地相容，从而增加木塑间的相容性。相容剂与木粉的配比也存在一个最佳值，相容剂的用量以恰好能覆盖所有木粉表面为最理想，过少不能充分发挥相容作用，过多则由于相容剂本身的力学性能较差，复合材料的性能会降低。陈国昌等人利用 PP-g-MAH 对聚丙烯基木粉进行改性研究。结果表明，加入相容剂后，PP 和木粉的界面相容性得到改善，颗粒引起的应力集中和产生缺陷的几率大大降低，复合材料的弯曲强度、拉伸强度、断裂伸长率、硬度、维卡软化温度、加工流动性能和冲击强度均有不同程度的提高。相容剂的用量对木塑复合材料的综合性能和加工性能也有影响，用量为木粉质量的 10% 左右时，性能最佳。吴远楠等比较了乙烯/醋酸乙烯酯共聚物（EVA）、乙烯/丙烯酸共聚物（EAA）、PP-g-MAH、

PE-g-MAH 对 HDPE 基 WPC 的改性效果，发现 EAA、PP-g-MAH 和 PE-g-MAH 均能显著提高复合材料的力学强度，三者中以 PP-g-MAH 的改性效果最好。

2）偶联剂

偶联剂能分别使塑料与木粉木纤维表面间产生强的界面结合，同时能降低木粉木纤维吸水性，提高木粉木纤维与塑料间相容性与分散性，使复合材料力学性能提高。偶联剂分子具有两个或两个以上的官能团，一个官能团与纤维素的羟基作用，另一个官能团与聚合物基体的官能团作用。硅烷偶联剂和钛酸酯偶联剂是应用最广泛的两类偶联剂。一般偶联剂的添加量为木粉添加量的 1％～8％。廖兵等用钛酸酯偶联剂处理木纤维增强 LLDPE，发现其拉伸性能高于未经处理的木塑复合材料。而且随着纤维含量的增加，拉伸强度提高。用硅烷偶联剂 A-172 处理木纤维时，木纤维与聚合物之间的结合力增强，复合材料的拉伸强度也提高了。Laurent M. Matuana 等采用氨基型硅烷偶联剂（A-1100）处理植物纤维表面，从电子得失、酸碱性界面机理研究 PVC/木纤维复合材料张力性能，制备的复合材料张力、断裂伸长率、冲击性能都有明显的提高。

3）润滑剂

常用的润滑剂有硬脂酸（HSt）、白油、石蜡等，主要通过与木粉混合，均匀地覆盖在木粉表面，从而提高其与聚合物基体的粘结。同济大学材料学院的方晓钟、黄旭东、钟世云等讨论了两种润滑体系在 PE 木塑复合材料中的应用，测试了材料的力学性能和加工性能。结果发现，润滑剂需用量约为 2％，并保持物料较快塑化、形成较大的挤出压力，才能使 PE 木塑复合材料获得较高的挤出速度和较好的外观质量，产品的力学性能则基本不受润滑剂品种的影响。Li T. Q. 等考察了不同润滑剂对木粉/HDPE 复合材料流动性能的影响。研究表明，酯类润滑剂不仅能提高木粉在基体中的分散性，还能够起到很好的外部增塑效果。同时还发现，酯类润滑剂和马来酸酐接枝聚乙烯（MAPE）在提高复合材料力学性能方面有很好的协同效果，在增塑方面，一是外增塑，二是内增塑，两者互不干涉。

4）表面活性剂

表面活性剂能降低木质纤维和塑料基体的表面活化能，从而促进两者能够更好地结合。四川大学的杨鸣波等人使用了一种含酯键的表面活性剂处理秸秆粉，制备秸秆/PVC 木塑复合材料，研究结果表明，秸秆/PVC 复合材料的拉伸强度、弯曲强度和冲击强度随秸秆含量增加而下降，但下降幅度较小。所选用的处理剂对复合材料的力学性能及加工性能有比较好的改善作用。

（3）其他方法

采用高分子包覆方法也是提高界面相容性的一种方法，它将含有一定量水分的植物纤维粉，与引发剂和聚合促进剂的浸渍剂（即一些不饱和有机化合物）混合，引发聚合。这些浸渍剂可能与纤维素、半纤维素或木质素发生接枝聚合，也可能彼此自聚，在植物纤维粉粒外形成一层高分子包覆层，包覆的植物纤维成了亲油性，与树脂亲和性较好，从而提高了它的相容性。

5.2.3　PVC 基木塑复合材料的研究进展

廖兵、黄玉惠等研究了化学接枝改性木纤维对 PVC 基木纤维复合材料力学性能的影响。他们在一定的溶剂和温度的条件下加入丙烯腈，通过接枝反应，将木纤维上的—OH基团接枝上有机基团—CH_2—CH_2—CN，使木纤维表面变成亲油性质，提高了木纤维与PVC界面黏着力，同时也使木纤维在复合材料中更易分散。

北京化工大学钟鑫等利用接枝的方法改性木粉，提高其与PVC树脂的界面粘合性，利用XPS验证接枝结果，测试了复合材料的拉伸、弯曲、冲击性能，比较了硅烷偶联剂处理、碱浸泡与硅烷偶联剂双重处理、接枝改性3种木粉处理方法的改性效果。结果表明：接枝改性的处理方法可以改变木粉与PVC树脂的界面粘合性，相应的复合材料的各方面性能得到很大提高，拉伸强度、冲击强度几乎比只用硅烷偶联剂处理的复合材料增加一倍，材料的韧性和强度都有较大提高。

廖兵等就硬脂酸和ABS作为相容剂在PVC基木纤维复合材料中对木纤维进行改性后对复合材料的力学性能的影响进行了讨论，结论是硬脂酸可提高复合材料的拉伸强度而对冲击强度影响不大，用ABS则可同时改善上述两种性能。

王新波等人将木粉和PVC共混，同时加入相容剂POE-MAH，三者经挤出机挤出形成化学反应相容，生成PVC塑化木粉。研究了该塑化木粉的吸水性。研究表明，体系中PVC比例增加、木粉比例减小时，临界含水量变小，即吸水性变小。

赵义平等选用热塑性塑料PVC和100目木粉填料为原料，研究了木粉的不同处理方法（4种）对填充体系力学性能的影响。研究结果表明：采用处理剂处理木粉可明显提高填充体系的拉伸强度，但材料的冲击强度却稍有降低；4种处理剂处理相比较，效果有所不同，采用NaOH预处理后再进行处理剂处理，可明显提高填充体系的相容性，使材料的力学性能有所提高。

中国科学院广州化学研究所刘雪宁等以制糖副产品蔗渣为原材料，经超声化学处理，表面化学改性后（马来酸酐改性）与聚氯乙烯（PVC）共混挤出，制备了木塑复合材料。通过常规分析和偏光显微镜、热失重分析等仪器分析、研究了蔗渣改性后成分及结构的变化，以及热稳定性能的变化。并对所制得的木塑复合材料的基本性能进行了表征，结果表明：蔗渣结构蓬松，表面增大，为表面改性提供了更好的条件；同时其热稳定性能的提高也有利于其与塑料树脂进行共混加工，加工成型的产品较之市场上的同类产品具有更好的综合性能。

Ghaus Muhammad Rizvi研究了木粉热失重性能及木粉添加量、木粉经硅烷及铝酸酯改性、加工工艺对PVC木塑挤出发泡的影响。结果表明，木粉经表面处理后改善了木塑材料的力学性能，木粉加入PVC后使发泡孔隙率降低，力学强度也明显降低；加入MBS等改性剂对冲击性能有所提高，但会导致拉伸强度降低。

Bhavesh L. Shah等研究了天然高分子甲壳质和壳聚糖作偶联剂对提高木粉/PVC复合材料力学性能的影响。其作用机理可能是，含有氯原子的PVC材料显示酸性，分子链中含乙酰氨基的壳聚糖显碱性，两者形成很好的结合，同时乙酰氨基也可以和纤维素中的羟基发生反应。

Matuana L. M. 等发现，改性剂CPE可提高PVC木塑复合材料的冲击强度、弯曲强度、压缩强度。使用ACR作为抗冲改性剂，能促进复合材料的塑化，使塑化时间缩短。与CPE相比，具有优良的抗冲击效果，玻璃化温度低，低温冲击性能好。其加工温度范围宽，易操作，生产稳定性好、成品率高。产品表面光泽度和尺寸稳定性好，且适合高速挤出。

5.2.4　成型设备及工艺

1. 成型设备

国外木塑复合材料的研究已经有近百年的历史。从 1907 年发明酚醛树脂开始，人们采用模压法将其与木粉复合制成"电木"材料，并一直沿用到今天。模压法为间歇生产，生产效率低，但也特别适合热固性塑料与木粉的复合。为了提高效率，使用热塑性塑料如聚丙烯（PP）、聚乙烯（PE）、PVC 等与木粉等植物纤维复合。采用注塑法与挤出法制备木塑复合材料面临着许多现实问题，如木粉的耐热性、挤出物的熔体破裂、复合材料的强度等。因而热塑性塑料与木粉等植物纤维复合也不得不采用模压法来生产。随着塑料助剂、挤出设备的不断开发以及人们对保护森林资源等环保问题的关注，开发生产高效新型木材替代品的呼声也越来越高。因而世界上知名的大公司也纷纷参与进来，例如意大利可维玛公司（COVEMA）是国际上有代表性的生产硬质微发泡聚氯乙烯板材和型材的著名企业。此外，日本 OKURA、SEKISUI，德国的 MOLLER，韩国的 PLAWOOD、DA-RIM-S&E、LG 化工，泰国的 TPC 等公司也有木塑复合材料制品出售。我国从 20 世纪80 年代开始研制热塑性塑料与木粉复合制作木塑复合材料，但在产品外观质量、力学性能及设备制造上都不够理想，与国外差距较大，直到 90 年代开始，以加拿大未来技术有限公司、新加坡绿可公司为代表的国外木塑复合材料制造技术传入我国，并迅速得到响应。目前，热塑性塑料与木粉等植物纤维复合制作木塑复合材料挤出工艺中所用的机械，主要有单螺杆挤出机、异向锥形双螺杆挤出机、同向平行双螺杆挤出机等。

单螺杆挤出机：单螺杆挤出机设备简单，投资少，也是人们开发及生产中一种选择。但常用两步法来生产木塑复合材料。即先用一台挤出机造粒后，再用一台挤出机挤出成型。这是因为，单螺杆挤出机混合、输送及塑化能力差。对于结构蓬松的木粉等植物纤维不易喂料，因此，常规的单螺杆挤出机在木塑复合材料挤出过程中受到较大的限制。经改进后的如采用销钉型排气式单螺杆挤出机可用一步法生产木塑复合材料。

异向锥形双螺杆挤出机：与平等双螺杆挤出机相比，异向锥形双螺杆机被称为低速、低能耗"型材"型设备，非组合式螺杆。与一般螺杆挤出机相比，为适应热敏树脂加工要求，有许多新的特点和要求，要求螺杆设计能适应的加工范围宽，对木纤维切断少，树脂少时仍能使木纤维均匀分散和物料完全熔融。由于木粉、植物纤维密度小、填充量大，加料区体积比常规型号的大和长。若木粉、植物纤维加入量大，熔融树脂刚性大，要求耐高背压齿轮箱，螺杆推动力强，采用压缩和熔融快、计量段短的螺杆，确保木纤维停留时间短，防止其断裂和性能劣化。

同向平行双螺杆挤出机：目前，同向平行双螺杆挤出机为木塑复合材料造粒的主要加工设备。挤出机依靠正位输送原理输送物料，螺杆中设的捏合盘对物料有很好的剪切、分散作用。通常设有两段排气，能够充分地排除木粉中的可挥发成分；木粉用量相对较低时，物料在双螺杆中停留时间短，不会出现木粉烧焦。它可适用于高含水的植物纤维与塑料一起造粒，是一种理想的造粒设备。美国 Andex 公司在木塑复合材料加工设备方面居领先地位，并在美国、加拿大、日本获得了多项专利证书。我国的兰泰塑机、科亚等公司纷纷推出系列木塑造粒设备。

其他配套设备，见表 5-1 所列。

其他配套设备   表 5-1

序号	设 备 名 称	作 用
1	破碎机	废旧塑料的破碎
2	磨粉机	废旧塑料的研磨，使其粒度达到要求
3	高低混合机组	PVC 或 PE 或 PP 等、助剂、木粉等的混合
4	双螺杆生产线	制品的挤出生产
5	挤出模头	挤出生产不同幅宽的制品
6	冷却定型模四节	制品冷却成型
7	模温机	辅助设备:控制模头温度
8	冷水机	辅助设备:给定型模提供循环低温冷却水
9	冷却风塔	辅助设备:降低水温
10	空压机	辅助设备:提供空压气

2. 传统成型工艺

木塑复合材料工业化生产中所采用的主要成型方法有：挤出成型、热压成型和注射成型。

（1）挤出成型：由单螺杆挤出机、异向锥形双螺杆挤出机、同向平行双螺杆挤出机等挤出成型，可直接用粉料挤出或粉料经造粒后挤出，分为一步法和两步法挤出成型。一步法，即直接使用同向平行双螺杆挤出机进行木塑复合材料的混合与成型。两步法，即先进行共混造粒，再进行成品挤出。该工艺加工周期短、效率高，可实现连续生产各种异型材或板材。如图 5-4 所示。

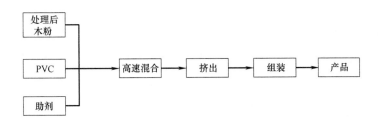

图 5-4 木塑复合材料挤出工艺流程图

（2）热压成型：该工艺可成型一定规格的不连续板材，加工工艺类似于密度板成型工艺。如图 5-5 所示。

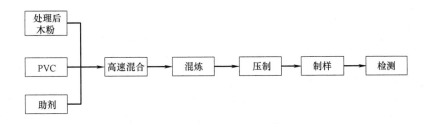

图 5-5 木塑复合材料热压工艺流程图

（3）注塑成型：将粒状或粉状的木塑原料经注射机注塑成型，该工艺成型周期短，能一次成型外形复杂的木塑制品。如图 5-6 所示

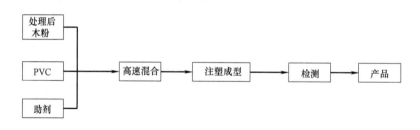

图 5-6　木塑复合材料注塑工艺流程图

3. 发泡成型工艺

为了增加木塑复合材料的木质感，降低木塑复合材料的密度，改善木塑复合材料的性能，人们对木塑复合材料进行了大量的发泡研究工作。Andrzej K. t 等人利用聚丙烯与不同含量木粉在马来酸酐接枝聚丙烯作相容剂，制备出密度下降 40％的发泡木塑复合材料。Qingxiu Li 等研究了高密度聚乙烯（HDPE)/木粉复合材料的挤出发泡，并讨论了发泡剂的含量、类型及偶联剂的类型对发泡物泡孔结构的影响。发现对 HDPE/木粉复合物挤出发泡成型，无论用什么类型的化学发泡剂，其含量对泡孔尺寸的影响并不大，而且若用聚合物携化学发泡剂，可有效增强其分散性。对 HDPE/木粉复合材料配方中加入适量的偶联剂可得到孔隙率较大的发泡制品。Ghaus zvi 等用木粉中的水分作发泡剂，在合适的挤出加工温度下制备了发泡倍率达 20％的聚苯乙烯/木粉发泡复合材料，是一种完全环保的产品。

Matuana 等利用微孔发泡技术研究了微孔发泡结构对 PVC/木纤维复合材料强度的影响，发现微孔发泡结构提高了 PVC/木纤维复合材料的缺口悬臂梁冲击强度，而且随着孔隙率的增加，发泡材料的缺口悬臂梁冲击强度增加，同时微孔发泡 PVC/木纤维复合材料阻止了断裂伸长率的降低。同时，研究中还发现，通过良好木纤维表面处理，能提高 PVC 与木纤维之间的相容性及制品的孔隙率，发泡制品的冲击强度、断裂伸长率等也有明显提高。

通常，不发泡的木塑复合材料密度都比较大，相同体积的制品树脂用量也比发泡材料多。一般树脂成本要占材料成本的 80％～90％，采用发泡技术可大量节省成本。与非发泡木塑复合材料相比，发泡型木塑复合材料存在刚性与拉伸强度不高等缺陷。为了增加刚性，就要增加型材截面积或改变型材截面形状。提高冲击性能，则需要提高木粉与塑料界面的亲和性和相容性。木塑微发泡挤出成型需经历三个阶段，即气泡核生产阶段、气泡成长阶段和泡体固定成型阶段。要获得泡体塑化优良，泡孔数量多、直径小、分布均匀、外表平整光滑的型材，选择合理的工艺条件与配方是关键。

（1）木塑复合材料发泡成型原理

木塑复合材料发泡的设计思想来源于泡沫塑料的成型原理。无论采用何种发泡方法和成型工艺，WPC 的发泡过程可以分为 3 个阶段：气泡核的形成、泡孔的增长、泡孔的稳定和固化[4]。

1）气泡的形成

所谓气泡核，就是发泡气体分子最初聚集的地方，它是生成泡孔的原始单元。因此，在 WPC 发泡过程的初始阶段，能否形成大量的气泡核，对成型泡体的质量起着至关重要的作用。理论上，泡孔的成核数量决定泡孔的密度，在温度和压力一定的情况下决定泡孔的直径，最终决定制品的密度和发泡倍率。存在于木质纤维和塑料混合物中的发泡剂在外界条件作用下产生饱和气体，由于热点的存在，饱和气体开始向成核点聚集，当聚集的气体分子能量足以克服相变过程中的自由能垒时，气体就会从混合物中逸出形成气相，即气泡核。

2）泡孔增长

气泡核形成后接着进入生长阶段。此时体系属于热力学不稳定体系，当气泡内的压力大于混合物熔体的压力和表面张力的合力时，气泡壁附近形成浓度梯度，熔体中的气体就向气泡扩散，气泡开始膨胀，内压力也随之下降。在木塑复合材料发泡过程中，由于木质纤维的存在使得气泡容易破裂，这就要求基体的熔体强度要高，而且要求木质纤维与树脂基体相容性良好，减少形成热量集中的部位，均匀分散气泡。

3）泡孔的稳定和固化

泡孔的稳定是在达到控制的发泡倍数时，使泡体得到及时冷却，终止泡孔膨胀的过程。一般通过冷却使熔体的黏度上升，流动性逐渐下降，从而固化定型。在木塑发泡复合材料的泡孔冷却过程中，由于木质纤维的热导率大于塑料的热导率，故其冷却装置的冷却强度和冷却效率一般低于普通发泡塑料制品的同类装置，但高于非发泡塑料制品的同类装置。

（2）木塑发泡复合材料的配方体系

1）基体树脂

受木质纤维热稳定性的影响，用于发泡成型的 WPC 的塑料基体一般为熔点在 200℃以下或在 200℃以下可被加工的塑料，生产中常用的多为热塑性塑料，主要包括聚乙烯（PE）、聚丙烯（PP）、聚氯乙烯（PVC）和聚苯乙烯（PS）等，既可以是新料，也可以是回收料或者二者的混合料。对塑料基体的选择主要从其自身性能、产品要求、供给情况、成本及加工设备等几方面来考虑。例如，PP 主要用于汽车制品和生活日用品等；PVC 主要用于建筑门窗、铺盖板等。目前，市场上的木塑复合材料仍以 PE 为主，其次是 PVC、PP 木塑复合材料。

塑料的熔体流动速率（MFR）对 WPC 的性能也有一定影响。在相同加工工艺条件下，树脂的 MFR 越高，木质纤维的总体浸润性越好，木质纤维的分布也越均匀。而木质纤维的浸润性和分布影响 WPC 的力学性能，尤其是冲击强度。

PE 熔体的塑化温度必须略低于主发泡剂 AC 的分解温度，PE 树脂平均聚合度越低，熔体塑化所需要的加工温度越低。因此，选择熔体流动速率约为 1g/10min（190℃，32.6kg）的 PE 树脂为宜。高熔体流动速率的 PP 基体树脂有助于改善泡孔的形态及其分布。对于 WPC，选择 K 值为 57～60 的较为合适。

2）木质纤维

木质纤维主要包括木纤维和植物纤维，由于其来源丰富、价格低廉、可生物降解等优点，被作为塑料的增强填料或填充填料。木纤维有木粉、刨花、锯末、竹子等；植物纤维包括粉碎处理过的各种树叶、树皮、稻秆、麦秸秆、玉米秸秆、花生壳、甘蔗渣、亚麻、黄麻、剑麻等。

各种机制木粉的长径比（L/D）不同，用途也不同。长径比大于 15 的木粉可作为增强材料，然而价格高昂；长径比小于 2.5 的木粉则不能作为增强材料。木粉的粒径必须控制在适当的范围内，以保证在复合材料中能最紧密配置，使木粉颗粒被 PE 等很好地湿润。同时，木纤维较长有利于提高复合材料的强度，但另一方面给发泡气体提供了易散的通道，在一定程度上影响发泡效果。

与挤出发泡成型用木质纤维相比，注塑发泡成型用木质纤维尺寸更加细密，一般要求在 $177\mu m$ 以下，木质纤维含量也比较少，质量分数一般为 20%～35%，这主要是因为木质纤维的粒径越大，加入量越多，混合物熔体的流动性就越差，而注塑制品需要熔料具有较好的流动性。同时，注塑发泡成型对木质纤维的种类要求也比较苛刻，适用于注塑发泡成型的木质纤维相对来说比较少。

3）发泡剂及发泡助剂

用于木塑发泡复合材料的发泡剂依据发泡过程中产生气体的方式不同，一般分为物理发泡剂和化学发泡剂两大类。物理发泡剂包括不活泼气体和低沸点的液体两类。不活泼气体包括氮气和二氧化碳；低沸点的液体包括丁烷、戊烷、二氯氟甲烷、二氧二氟甲烷、三氟三氯乙烷、二氯四氟乙烷等。其中，丁烷、戊烷易燃易爆，在挤出过程中会由于静电聚集放电产生火花而引起火灾；而氯氟烃（CFC）系列对地球臭氧层具有破坏作用，各国已经禁用。

化学发泡剂主要有吸热型发泡剂（如 $NaHCO_3$）和放热型发泡剂（如偶氮二甲酰胺 AC）两种，由于它们的热分解行为不同而影响聚合物熔体的黏弹性和发泡形态。吸热型发泡剂可冷却基体和稳定气泡结构；而放热型发泡剂可能导致不可控制的热量增加并降低熔体黏度，结果出现气泡合并或产生大气泡现象。但是用木粉作为填料时，化学发泡剂的类型对复合材料发泡成型中气泡结构、形态的影响有所不同。现在木塑发泡复合材料加工大多采用 AC 发泡剂为主发泡剂，用量一般在 2 份（质量份）左右。当然也可以和其他发泡剂复配形成复合发泡剂，或添加辅助发泡剂改进发泡效果。

发泡助剂是用于调节发泡分解温度和分解速度、改进发泡工艺、稳定泡沫结构和提高泡沫质量的一类助剂。常用化学发泡剂偶氮二甲酰胺（AC）的发泡助剂多为氧化锌、硬脂酸铅、硬脂酸镉、联二脲等。由于硬脂酸铅、硬脂酸镉作为 AC 的发泡助剂均有一定的毒性，联二脲则有特殊的气味，因而无毒无异味的氧化锌是很有应用前景的 AC 发泡助剂。AC 发泡剂与发泡助剂的使用比例为 1：（1～3）（质量比）。

4）界面改性剂

木质纤维材料由纤维素、半纤维素、木质素及抽提物等组成，是一种不均匀的各向异性天然高分子材料，其表面含有大量的羟基和酚羟基等极性官能团，具有很强的吸水性和化学极性。而热塑性树脂多数为非极性的，基体表面能低，具有疏水性，所以两者之间的相容性，界面的粘结力较小。因此，需加入界面改性剂来提高界面的相容性，常用的界面改性剂有铝酸酯、钛酸酯、硅烷偶联剂及马来酸酐接枝聚合物等，用量一般为木质纤维的 1%～8%（质量分数）。

5）润滑剂

在 WPC 注塑发泡成型过程中，要求熔体具有较好的流动性，但是木质纤维内含有较强的分子氢键，使得木质纤维易聚集成团，造成分散性不佳，进而聚团的现象，还可能造成气泡结构恶化，故必须在原料中加入一定量的润滑剂以达到降低树脂熔融黏度、改善熔融流动性的目的。润滑剂对模具、机筒、螺杆的使用寿命，以及制品的表面粗糙度、低温耐冲击性能都有一定的影响。润滑剂用量太大时，会造成塑化困难，WPC 的力学性能下降，使熔体流动性差，物料阻力增大。常用的润滑剂有硬脂酸锌、聚酯蜡、硬脂酸、硬脂酸铅、聚乙烯蜡、石蜡、氧化乙烯蜡等，用量一般为 1%～3%（质量分数）。

此外，抗紫外线剂、抗氧剂、光稳定剂、防菌剂的加入能够使木塑复合材料的户外耐候性提高，使用寿命增加，着色剂的加入可以满足人们的不同审美需求。

总之，对于不同的产品和使用场合，应根据实际要求选择合适的加工助剂及用量。

（3）木塑复合材料连续挤出发泡成型技术

目前，木塑复合材料发泡成型的主要方法是连续挤出成型法和注塑成型法。连续挤出成型法由于具有加工周期短、产量大、效率高、成型工艺简单等优点，在工业化生产中与其他加工方法（模压成型、注塑成型）相比有着更广泛的应用。鉴于木塑类塑料模板产品多为 PVC/木粉复合材料，下面我们以聚氯乙烯（PVC）/木粉复合材料挤出发泡成型为例，详细分析木塑复合材料连续挤出发泡成型的关键技术。

1）主要成型设备

① 单螺杆挤出机

单螺杆挤出机可以完成物料的输送和塑化工作，但是单螺杆挤出机的输送工作主要靠摩擦完成。由于木粉结构蓬松，不易对挤出机螺杆喂料，且木粉的填充使聚合物熔体黏度增大，增加了挤出难度，所以用于填充木粉的单螺杆挤出机必须采用特殊设计的螺杆。该螺杆应具有较强的混炼塑化能力，由于单螺杆挤出机的排气效果较差，不能有效地排出木纤维在挤出过程中释放的水分和挥发物，使物料在机筒中停留的时间较长。在挤出过程中，当木粉用量较大时挤出物的颜色变深，有木粉烧焦的气味；且熔体强度随木粉填充量的增加而迅速降低，难于进行挤出发泡，这使得单螺杆挤出机的应用受到较大的限制。目前，在木塑复合材料的挤出发泡成型中，单螺杆挤出机主要用于混炼造粒。

② 双螺杆挤出机

目前，双螺杆挤出机为 WPC 的主要加工设备。双螺杆挤出机又分为同向平行双螺杆挤出机、异向平行双螺杆挤出机和异向锥形双螺杆挤出机。

同向平行双螺杆挤出机往往是由双阶挤出机组成的，将木粉干燥和树脂熔融分开进行。可以直接加工木粉或植物纤维，在完成木粉干燥后，再与熔融的树脂混合、连续挤出，因此称为"木材用挤出机"。尽管这种双阶挤出机可以进行木粉的干燥，但对原料木粉的水分含量有一定要求，一般为 4%～8%（质量分数）。另一种类似的挤出机是木粉加入挤出机主料口，挤出机前段为脱水、脱挥装置，然后通过侧加料器加入塑料树脂、添加剂，因此该类挤出机相对较长，螺杆长径比（L/D）可达 44～48，其中 2/3 用于除水和脱挥。塑木材料加工业称同向平行双螺杆挤出机为高速、高能耗"配混"型设备，一般为组合式螺杆，可调节螺杆长径比和构型（捏合块角度及其块数、不同捏合块组合方法），灵活设置脱气口。

异向平行双螺杆挤出机螺杆转速低，适合对剪切敏感产品的加工，正位移输送，与同向双螺杆挤出机相比建压能力强，缺点是功率低、产量低、分散混合能力差。

异向锥形双螺杆挤出机被称为低速、低能耗"型材"型设备，非组合式螺杆。与一般锥形双螺杆机相比，为适应木粉、植物纤维密度小、填充量大的特点，用于 WPC 生产的异向锥形双螺杆机的螺杆加料区体积应比常规型号的大且长；对木纤维切断少，树脂少时仍能使木纤维均匀分散，和物料完全熔融，加工范围宽。若木粉、植物纤维加入量大，熔融树脂刚性大，要求耐高背压齿轮箱，螺杆推动力强，采用压缩和熔融快、计量段短的螺杆，确保木纤维停留时间短，防止其断裂和性能劣化。

③ 串联式挤出机

目前，串联式挤出机是国内发展的一种新颖的挤出发泡系统。这种系统弥补了以前设备的缺点，在连续挤出过程中能有效地排出挥发物、水分等，从而能得到具有良好泡孔结构的木塑复合材料发泡制品。这种串联式挤出机的排出口恰好位于两阶挤出机的交接处，排气温度很容易调整，因而可很好地控制第二阶挤出机中挥发物的量。但是，为防止化学发泡剂提前分解，排气口的温度也要受到限制。总之，在这种挤出系统，第一阶挤出机中聚合物熔融塑化良好，也能与木纤维充分地混合，同时随着加工温度的提高，木纤维中逐渐释放的挥发物可在两阶挤出机的交接处有效地排出。

2）PVC/木粉挤出发泡成型的配方

材料配方设计是 PVC 木塑复合发泡的关键步骤之一。PVC 中加入木纤维，其熔体黏度、刚度都有所增加，难以获得高的孔隙率。另一方面，由于木粉具有较强的吸水性，且极性很强，而 PVC 树脂为非极性，具有疏水性，所以两者之间的相容性较差，界面的粘结力很小，需加入适当的添加剂来提高木粉与 PVC 树脂之间界面的相容性。同时，也需要加入各种助剂来改善其加工性能及其成品的使用性能。见表 5-2 所列。

PVC 木塑复合材料配方实例

表 5-2

配方实例	质量份
PVC（SG5、SG7 型）	100
稳定剂	4～5
润滑剂	2～3
增塑剂	8～16
着色剂	2～2.5
改性剂	8～12
发泡剂	0.3～1
偶联剂	1～1.5
木粉	50～80
超细碳酸钙	6～8
其他	1～2

3）PVC 基木塑复合发泡材料界面改性

在 PVC 基木塑复合发泡材料中，木粉在 PVC 的分散性以及木粉与 PVC 界面的粘结性对材料的物理性能和力学性能有着至关重要的影响。木纤维表面能高、极性强，而 PVC 表面能低、极性弱，它们之间存在着较大的极性差。当木粉与 PVC 复合时，尽管在宏观上得到均匀的共混体，但微观上呈现非均相体系，粘合强度比较弱，这对于复合材料的力学性能有着消极的影响。因此，为了使最终制品的泡孔分布均匀、尺寸理想，首先必须对 PVC/木粉进行界面改性。目前，对 PVC/木粉界面改性的方法可以分为物理方法和化学方法，其中又以化学方法为主。

① 物理改性

物理方法不改变纤维的化学成分，但改变纤维的结构和表面性能，从而改善纤维与基体聚合物的物理粘合，最常用的处理工艺有热处理和碱处理两种。

热处理能够去除植物纤维中吸附的水分和低沸点物质，但不能去除大部分的果胶、木质素及半纤维素。由于植物纤维各成分热膨胀系数的差别和水分等物质的挥发，使纤维产生孔洞缺陷，导致木纤维拉伸强度、弹性模量和韧性随着热处理温度的升高而下降。

碱处理不改变纤维素的化学结构，但能使植物纤维中的果胶、木质素和半纤维素等低分子杂质被碱溶解，使表面变粗糙。在不使用溶剂的情况下，塑料基质对木粉的浸润性差，较高的表面粗糙度会使复合材料的界面处更易形成孔洞缺陷，从而使复合材料力学性能下降。使用相容剂可以改善塑料对木粉的浸润性，提高复合材料的拉伸强度和冲击强度。

除了上述方法外，还有拉伸、压延、热处理、混纺、电晕、低温等离子体、辐射等物理方法。

② 化学方法

化学改性方法通过改变木粉或 PVC 表面的化学结构，以改善其极性，增强纤维与基体树脂的界面粘结性，也有利于纤维在基体中的均匀分散，是目前木粉处理的主要方法。

A. 偶联剂处理。用铝酸酯偶联剂和丙烯酸丁酯预聚物处理木纤维，铝酸酯偶联剂处理可以提高 PVC/木塑发泡板材的拉伸强度和冲击韧度，而丙烯酸丁酯预聚物处理能够改善熔体流动性。

B. 接枝反应。采用表面接枝甲基丙烯酸甲酯的方法处理木纤维，用硝酸铈铵作为引发剂在木纤维表面羟基处形成自由基，这些自由基与甲基丙烯酸甲酯发生反应，形成接枝物，可增强其与 PVC 树脂的界面粘结性。

C. 界面的化学反应。通过火焰、热空气以及碱、酸等化学物质与纤维或 PVC 发生界面化学反应，使 PVC 带上极性官能团或使木纤维带上非极性官能团，以此来减小两者之间的极性差。

D. 低温等离子体反应。这种方法的实质就是采用含有氧的极性基团改性非极性表面，提高非极性表面的表面能，增加润湿性。低温等离子体界面改性可以描述为三步：产生激发态分子；分解成自由基或离子（消耗能量）；反应改性。采用低温等离子体处理木粉会产生各种表面效应，如表面能、官能团数目的改变，表面附近范围内产生交联等。

其他常用的化学表面处理剂有多异氰酸亚甲基多苯酯、甲基丙烯酸甲酯、马来酸酐等。

多种木粉表面处理方法相结合，利用组分之间的协同作用，往往可以获得更好的界面性能。如用适当质量分数的 NaOH 溶液浸泡木粉，然后再用硅烷偶联剂处理木粉。碱溶液降低了木粉的亲水性，使硅烷偶联剂更易与木粉中的羟基发生反应，其界面性能比只用硅烷偶联剂处理木粉更好。

4）成型工艺

① 工艺流程

与传统塑料制品挤出发泡工艺相似，PVC/木粉复合材料挤出发泡成型也是采用两步法和一步法两种工艺流程。两步法即先造粒后成型。将经干燥处理和表面改性的木粉与PVC置于高速混合机中，经充分搅拌后由单螺杆或双螺杆挤出机造粒，可提高木纤维在PVC基体中的分散性，且造粒后加料也较容易，但这会使整个工艺过程比较复杂。一步法即采用表面改性后的木粉与PVC粉经高速混合后直接加料挤出，可省去造粒这一工序，但是对设备的要求更高。其工艺流程如图5-7所示。

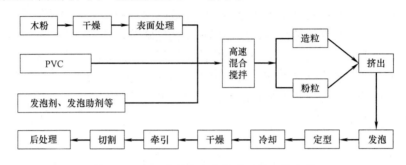

图 5-7　PVC/木粉挤出发泡成型的工艺流程

② 加工工艺条件控制

A. 温度。挤出机各段温度是保证挤出发泡正常的重要参数之一。因为发泡率主要取决于气泡数量和气泡的生长，而气泡的生长主要由发泡温度和发泡时间决定，发泡温度影响熔体强度和气体的扩散速度，而最终影响泡孔结构。总的来说，挤出温度应根据PVC的熔融、分解温度，以及发泡剂的分解温度和木粉烧焦降解的温度来设定。

挤出成型温度的设定应满足PVC树脂与助剂等物料在挤出机筒内的物理、化学反应过程的需要。加料段的温度不宜过高，以避免化学发泡剂在加料段内提前分解。通过挤出温度设定使PVC等物能快速熔融是必要的，目的是形成对喂料口的熔体密封，并且于发泡剂开始分解之前在机筒内形成高压，以防止化学发泡剂分解的气体（即使在加料段内发泡剂已开始分解）逸出并促进气体在熔体中溶解。因此，其压缩段和计量段温度要足够高以保证化学发泡剂的正常分解和PVC树脂的充分塑化。但温度设置也不能过高，否则会造成AC发泡剂的分解速率过高、木粉的烧焦或PVC分解等，影响口模处的挤出发泡效果。

机头温度对发泡成型的影响尤其重要。一般要得到表面良好的挤出发泡制品必须使含气熔体在机筒内与机头处不发泡，直到离开机头后因压力突然释放而使溶于熔体中的气体处于过饱和状态，发生两相分离而发泡。因此在机头内使熔体保持良好的流动性的同时，还要保证足够的熔体黏度，以维持机头内的熔体处于高压下，使之在机头内不发泡。机头温度的高低势必影响机头内的PVC熔体黏度，从而影响发泡。常见实际加工过程中的温度控制见表5-3所列。

挤出温度控制（℃）　　　　　　　　　　　　　　　　　　　　表 5-3

	1 区	2 区	3 区	4 区
机筒	155～160	160～165	170～180	160～175
机头	160～170	165～175	—	—

B. 压力

挤出压力不足会造成制品表面粗糙、强度差，而挤出压力适当不仅能控制机头内的含气熔体不提前发泡，而且使机头口模内外压差大，从而使压力下降速率提高，有利于气泡成核，成核的气泡数量增多，发泡倍率也随之增大，有利于得到均匀细密的泡孔结构。要得到适宜的机头压力，可以通过调节螺杆转速、机头温度及口模形状来实现。

C. 螺杆转速。螺杆转速对挤出发泡的影响主要体现在以下几个方面：一是影响挤出压力，转速越高，挤出机内压力越大，从而越有利于成核，成核的泡孔数目也越多，发泡倍率也就越高，但压力过大时成核的泡孔生长将受到抑制，影响泡孔的充分生长；二是螺杆转速越高，剪切作用越强，剪切作用过强时容易使泡孔合并或破裂，影响发泡体质量和低密度泡沫塑料的形成；三是螺杆转速过高或过低，使停留时间过短或过长，容易发生提前发泡或发泡剂分解不充分等现象，不利于形成均匀细密的泡孔结构。因此，在其他影响因素不变的情况下，螺杆转速存在一个最佳值，一般在 $12\sim18r/min$ 之间。

③ 加工难点

A. 混料和喂料。由于木粉具有较强的吸水性，且极性很强，而 PVC 极性稍弱，具有一定疏水性，所以两者之间的相容性较差，界面的粘结力也很小。此外，木粉的密度较低，与其他矿物填料相比，它与树脂基体的混合较困难。要得到良好的泡孔结构，必须使木纤维在 PVC 基体中分散均匀。

亲水性的木纤维有相互缠结的倾向，但与疏水性的聚合物之间却没有这种倾向，因此木纤维在通过大多数加工设备的较小加料口时很容易堆积，而聚合物却很容易加入挤出机中。这不仅导致木纤维在 PVC 基体中的分散不均，而且有时还会堆料，堵塞挤出机。因此，为了均匀加料，需严格控制加料速率，并要防止加料过程的堵塞。

此外，在 PVC 中加入的木粉大部分为粉料，由于其结构蓬松而不易喂料，同时 PVC 基体与木粉不能以理想的混合体均匀地加入挤出机中，不可避免地会出现"架桥"现象。特别是木粉中含有水分较多时这一现象更为明显。加料的不稳定不仅会直接影响挤出产量，而且还会使挤出出现波动现象，造成挤出质量降低。同时，由于加料中断、物料在机筒内停留时间过长而将导致物料烧焦变色，影响制品的内在质量和外观。因此，必须对加料方式和加料量进行严格的控制，一般采用强制加料装置以保证挤出的稳定。

B. 加工过程中的水分。发泡挤出加工过程中的水分主要来自木纤维，木纤维所携带的水分有细胞腔中的自由水、细胞壁中的结合水及分子结构中以羟基形式存在的氢和氧三种形式。在木塑复合材料的挤出发泡过程中，木纤维中的水分是一个很重要的问题，因为它会引起泡孔结构的劣化。水分对发泡过程影响显著，可能使设备腐蚀，产生较差的泡孔结构，使制品表面出现水迹，以及因水分凝缩而导致制品尺寸收缩等。在挤出发泡过程中，如果木纤维中的水分没有及时去除，机筒最后一段释放的水分和挥发物在高温和压力下会包裹在熔体中。挤出到机头时，由于熔体温度还很高，当压力降低到大气压时水分会立即挥发。在熔体冷却之前这种高温下的快速膨胀会使气泡壁变得很薄，导致气泡破裂和气泡合并的发生。而且当冷却到 100℃ 以下时，水分凝缩致使气泡内变为真空，也会导致发生泡体的萎缩。

为了能控制气泡生长和得到均匀的泡孔结构，必须去除木纤维中的水分，而且应该在尽可能高的温度下去除水分。另一个基本问题是，无论多么干燥的木纤维，其水分和挥发物是逐渐释放出来的，因此最大限度地降低木纤维中水分对发泡过程是有利的。

C. 加工过程中对温度的精确控制。挤出机各段的温度分布与发泡制品的泡孔结构和分布密切相关，并最终影响到发泡制品的密度和力学性能。更重要的是，为了得到良好的泡孔结构，必须精确控制挤出机各段的温度，对挤出设备和控制系统也就提出了更高的要求，特别是要有较好的温控系统。

5.3　分类及应用

木塑复合材料是一种介于木材和塑料材料性能之间的新型材料，可在实际应用中替代塑料或木材使用。由于其环保性和经济上的优势，在今后的发展过程中应用领域将更加广泛，尤其在建筑领域应用前景广阔。

根据树脂基质种类可以分为：PVC 木塑模板、PE 木塑模板、PP 木塑模板等；按结构可分为：发泡木塑模板、中空木塑模板、夹芯木塑模板等；按产品用途可以分为木塑托盘和包装箱等包装制品、铺板和铺梁等仓储制品、室外栈道和座椅等城建用品、地板和建筑模板等建材用品、汽车内装饰和管材等其他产品[5]。

5.3.1　在建筑工业中的应用

建筑工业用木塑复合材料在建筑业得以应用的主要原因是：与塑料相比，其刚性大、膨胀小、重量轻；与木材相比，则表面光滑、无木材的节疤缺陷，加工成型方便、吸水性小（尤其适用室外）、使用寿命长。

木塑复合材料已应用于室外铺板、室内地板、门窗型材、围栏、护栏、装饰及板材等木材应用的方面。我国武汉现代工业研究院利用废旧塑料和废木材纤维制成了新型木塑复合仿木装饰线条。门窗型材制造厂是使用 WPC 的另一个市场，木塑异型材在隔热保温、防腐、装饰效果和使用方面都优于传统建材。一种是如安徒生公司的将填充木材的 PVC 与未填充木材的 PVC 一起挤出成型，未填充木材的 PVC 包在外层来增加耐久性。另一种是如 CertainTeed 公司的将 PVC 的芯子与填充了木材的 PVC 表层一起挤出，表层可涂饰或染色。如沈阳飞科木塑门窗有限公司生产的木塑门窗采用了 ACR 改性 PVC 和国际先进的软硬复合成塑挤出技术，充分发挥两种材料的优点。上海千也化工科技有限公司使用彩色木塑颗粒，通过包容共挤的生产工艺生产了 2 个系列的型材。

木塑复合材料目前在建筑工业中的应用主要以非结构材料应用，随着木塑复合材料性能的改进将逐步推广应用于建筑的建筑结构材料之中。其中，建筑施工用模板的研究尤其值得重视。我国曾开展了聚氯乙烯木塑建筑模板的研究工作。据介绍，使用该种模板具有以下优点：①抗湿性能好、节省用工量；②脱模容易、施工混凝土表面质量好；③耐磨性能好、可反复使用；④重量轻、施工方便；⑤适用于各种建筑施工操作。日本也对木塑复合材料作建筑模板进行了研究，并在实际工程中进行了应用推广。其采用废木材和废塑料为主材，产品尺寸为 1820mm×600mm×12mm，重量 12kg。

经过近几年的研究和开发，木塑复合材料建筑模板的应用在技术和经济方面存在的问题已得到解决，尤其经济问题。目前，木塑建筑模板已经在多个工程项目中得到了应用。

例如，郑州三力建材有限公司已完成了像郑州国际会展中心、郑州新郑机场等多个大型项目。

5.3.2 在汽车工业中的应用

木塑复合材料在汽车工业中的应用具有以下特点：①绿色环保产品；②减轻汽车重量；③降低汽车制造成本；④可回收利用。

木塑复合材料在汽车中主要作为内饰材料，如内装饰板、地板、座椅、行车架和仪表盘等。

5.3.3 其他用途

木塑复合材料除主要应用于建筑和汽车工业外，还可应用于以下几个方面。

（1）包装工业：各种包装箱、托盘、垫仓板等。

（2）家具工业：各种家具，如桌、椅、板凳、书架、沙发和衣柜等，尤其适合室外桌椅的应用。

（3）其他：各种耐水工业板材、农用大棚架、铁路枕木、高速公路防撞护栏和隔声板等。

5.4 木塑模板发展前景

木材作为工业应用的四大材料之一，是一种具有良好的力学性能，并可大量再生的天然高分子材料。人类对木材的利用已有数千年历史，其对人类社会发展作出了巨大贡献。但是，随着人类对木材资源的需求日益增多，导致森林被大量砍伐，生态环境遭到严重破坏。1998 年，我国为保护生态环境，实施了天然林保护工程。现在木材来源已逐渐由天然林转变为人工速生林，并且为节约木材，大力倡导使用木材砍伐、生产加工过程的剩余物利用，以及使用报废后的木材回收利用，以使木材这一国内短缺资源充分合理地得到应用。然而，木材作为一种天然材料，也存在如吸水变形、腐朽和易被虫蛀、室外使用寿命低等缺点，限制了其使用范围。

塑料是 20 世纪发展起来的合成高分子材料，其以加工容易、耐水、耐腐蚀、长寿命等诸多优点而迅速发展，现已在各个行业中得到大量广泛的应用，成为继钢材、水泥和木材之后的第四大工业材料。随着人们对塑料加工与应用研究工作的深入，塑料的一些弊病也越来越显现。如：生产原料来源于不可再生的石油资源，长远来看原料有限；其次，塑料热稳定性差，易老化变质，且由于不易在自然界中降解，大量使用报废后的废弃塑料造成严重的环境污染，其中以农膜、快餐的饭盒尤为突出，被称为"白色污染"，如何消除塑料的白色污染已成为人们关注的热点。

基于上述木材与塑料的基本情况，在 20 世纪 60 年代，国际上提出并开始研究与开发木塑复合材料，并迅速在欧美发达国家发展起来。木塑复合材料的主体植物纤维可以使用人工速生林木材及其加工废弃物或者非木质植物纤维材料，如农作物的秸秆、稻壳、甘蔗渣以及麻纤维等，而塑料可以选择新塑料或者废弃塑料。通过这两种材料复合制成的木塑复合材料，相对于木材具有良好的尺寸稳定性、耐水性，相对于塑料提高了强度和热稳定性，并具备比单一材料更好的力学性能。木塑复合材料解决了木材和塑料这两种材料应用中存在着的不足，是提供材料高性能低成本利用的一个有效新途径，也为废塑料和废弃植物纤维的回收利用提供了一个有效新途径。因此，木塑复合材料可以在很多使用木材或塑料的领域取代二者应用，还可以进一步扩展在二者应用以外的其他新领域，其有更为广阔的市场应用发展前景。

建设资源节约型社会已经成为我国未来社会发展的主流方向。因此，将废弃木材或植物纤维与塑料复合制成环境友好的木塑复合材料建筑模板并加以应用，对节约木材、保护生态环境、建设资源节约型社会具有重要现实意义。

5.5　木塑模板存在的问题及建议

木塑复合材料虽然具有诸多优点，但是，同时也具有冲击强度低和密度大等缺点，一定程度上限制了它的工业应用。针对以上缺点，前人在提高木塑复合材料的界面相容性方面做了大量的工作，制备出了一些性能比较优异的木塑复合材料，但是，无论从科研角度还是工业应用的角度，仍存在许多有待解决的问题。

（1）碱处理虽然能有效去除木粉内的木质素，提高纤维含量，但是处理过程中产生的废水对环境污染严重。而聚氨酯预聚物虽然改性效果很好，但是由于异氰酸盐的剧毒性以及—N＝C＝O基团的不稳定性，限制了它的应用。此外，针对不同的树脂基体，含有不同端基的硅烷偶联剂的选择性还有待进一步研究。因此，新的木粉处理方法还有待提出。

（2）采用接枝共聚法能有效提高木塑复合材料的界面相容性，但是目前接枝改性聚烯烃共聚物大多是针对 PE 或者 PP 的，而商品化的这些接枝改性物又全部是在树脂基体端的接枝。如果使分散性不理想的木粉与官能化的单体发生接枝，势必对提高材料的力学性能更有利。

（3）作为目前研究热点的超临界 CO_2 技术在木塑复合材料上的研究较少，当木塑复合材料经过超临界发泡之后，由于测试力学性能所需的样条制备存在困难，对发泡材料的研究仅限于泡孔形态和孔隙率等，并没有涉及力学性能方面。

（4）目前，国内外对 WPC 的研究主要集中在 PE、PP 和 PVC 与木粉或其他植物纤维的复合材料，研究的重点集中在如何提高 WPC 材料中木纤维的含量；如何增强疏水性的塑料基体与亲水性木纤维填料之间的界面粘合力；如何提高 WPC 材料加工成型效率等问题上。在这些问题中，又以解决植物纤维与树脂的界面粘合作用、提高木塑复合材料性能最为关键，也是目前 WPC 研究的热点问题。

参考文献

［1］　文君. 木塑复合材料：用途广泛的新型环保材料［J］. 建筑装饰材料世界，2005，1：44-45.

［2］　孔展，张卫勤，芦成等. PVC/木粉复合材料的发泡研究［J］. 塑料. 2007，35（6）：31-35.

［3］ 沈凡成 . PVC 基木塑复合材料的制备及其性能的研究［D］. 中北大学，2011.

［4］ 牟文杰，吴舜英 . 微孔泡沫塑料成型技术［J］. 塑料. 2001，30（3）：33-36.

［5］ 刘玉强 . 木塑复合材料建筑模板的研究［D］. 昆明理工大学，2006.

［6］ 张正红 . PVC 木塑复合材料配方及性能研究［D］. 浙江工业大学，2009.

［7］ 陈浩 . PVC 木塑复合材料的耐热增强改性研究［D］. 北京化工大学，2012.

［8］ 薛平，贾明印，王哲丁 . PVC/木粉复合材料挤出发泡成型的研究［J］. 塑胶工业. 2006，8（5）：1-6.

［9］ 冯嘉，李秋义，宋菁等. 木塑建筑模板力学性能与经济性分析［J］. 低温建筑技术. 2010，9：27-30.

［10］ 马炳辉 . 浅析塑料模板在工程顶板施工中的应用［J］. 城市建设理论研究（电子版）. 2014，2.

［11］ 邓运红，赵良知，李及珠 . PVC/木塑复合材料挤出发泡的研究进展［J］. 塑料. 2008，37（6）：81-84.

［12］ 薛平，贾明印，王哲等 . PVC/木粉复合材料挤出发泡成型的研究［J］. 工程塑料应用. 2005，32（12）：66-70.

［13］ 毛晨曦 . PVC/WF 木塑复合物综述［J］. 橡塑助剂信息. 2005.（V00）：135-143.

第 6 章　塑料模板的淘汰检验标准研究

目前，建筑工地上到处充斥着各式各样的塑料模板，每种模板的生产厂家宣称着或多或少的使用次数。但是至今仍没有一个较为明确的塑料模板淘汰（报废）标准，导致在塑料模板使用及淘汰问题上极为混乱。

6.1   问题分析

（1）产品类型丰富多样，难以制定统一的标准。
（2）使用过程管理混乱，没有一致的淘汰报废参数可供参考。
（3）工程中为提高工程安全系数，提前淘汰模板。
（4）产品市场混乱，产品质量参差不齐。

6.2   造成的影响

（1）很多塑料模板在没有完全发挥其使用价值之前就遭到报废处理，降低了材料的利用率，极大地浪费了社会资源。

（2）塑料模板多数为可回收再利用模式，在没达到使用次数上限时进行淘汰报废、回收再加工处理，在单位使用次数内的加工次数上升，浪费了大量的加工能源及资源。

（3）塑料模板超期使用后果更为严重，有可能导致混凝土施工质量降低，甚至造成工程事故，必须引起高度重视。

（4）塑料模板的过早报废，严重误导市场及使用人员对塑料模板的认知，也一定程度上影响了人们对其的认可度，认为塑料模板的性能差，进而影响了该类产品的进一步推广。

6.3   解决方案

6.3.1   改善市场对塑料模板的认知

在推广塑料模板的过程中，注重对模板特性的推广，做到真实到位的介绍，让广大用户对塑料模板的认知从感性认识上升到理性认知，让人们了解到塑料模板的真实优越性，通过真实的数据、优异的性能、卓越的施工质量来改变人们对塑料模板的态度。

6.3.2   相关行业政策的制定

塑料模板行业标准已经于 2014 年颁布实施，同年还出台了《建筑塑料复合模板工程技术规程》JGJ/T 352—2014，对市场上主要类型的塑料模板性能进行了规范化要求，为市场规范化发展奠定了基础。

其次，希望通过相关政策制定的推动工作，对产品质量差、工艺水平低、资源浪费严重的塑料模板厂家进行整改，保证市场上应用模板的质量可靠性。

最后，建议建立模板工程质量监督制度，在施工设计阶段就对施工模板提出相应的质量等级要求，质量监督管理部门有权力对施工中使用的模板进行质量监督，对于质量不合格的模板，有权责成施工单位停止使用。

6.3.3 塑料模板淘汰报废标准的研究

目前，尚无塑料模板的淘汰报废标准，相关研究工作可以从材料性能的角度由以下两个方面来考虑：首先，是由于材料自身老化导致了其性能的降低，当性能降到一定程度，即可进行报废处理；其次，在使用过程中，模板出现了破损现象，当破损程度超过一定的限度，必须进行报废处理。

1. 性能老化报废标准

塑料模板性能指标中会随时间推移产生老化现象而导致其性能下降的项目有：表面硬度、冲击强度、弹性模量、弯曲强度等。其中，弹性模量对施工安全性及施工质量影响最为显著，可以作为塑料模板报废的主要性能指标。由于该性能参数与其形变挠度直接相关，可以在使用过程中在模板中间位置作支撑，观察模板两端在自重作用下产生的挠度进行直观的判断。

此外，当材料由于老化变脆时，应立即对模板进行报废处理。具体检测方法为：对模板进行钉钉操作，若模板发生碎裂现象则应对模板进行报废。

2. 模板破损报废标准

塑料模板在使用过程中难免发生磕磕碰碰，尤其是在其搬运、拆模过程中会经历一个跌落的过程。作为片状材料或者说板材，跌落过程中最容易发生一角先落地的现象，直接导致了模板角部受损。而在实际使用过程中，确实是模板的边角首先遭到破坏。在使用过程中，还容易发生重物跌落到模板上，造成面板冲击受损。

通过以上分析，可以得出：角部破损面积超过 $5cm^2$，或者角部任何一边受损长度达到 $5cm$，受损深度超过 $1cm$，应该对其进行报废；工作面冲击损坏无法修复，且面积达到 $5cm^2$ 时，应予以报废。

从使用质量管理角度看问题，可以有以下报废标准：

（1）模板施工过程中，出现非施工质量原因导致明显漏浆时，塑料模板应予以报废处理。

（2）每次模板施工拆模后，对施工质量进行检验，混凝土成型平整度、垂直度等参数不达标，施工质量不能满足要求时，塑料模板应予以报废处理。具体检查项目包含但不限于混凝土成型面光滑度、平整度、整体性等。

第 7 章　塑料模板行业标准研究

7.1 研究塑料模板行业标准的必要性

标准化是"在经济、技术、科学及管理等社会实践中，对重复性事物和概念通过制定、发布和实施标准，达到统一，以获得最佳秩序和社会效益"的过程。标准是构成国家核心竞争力的基本要素，是规范经济和社会发展的重要技术制度，标准在经济和社会发展中所发挥的作用和所处的战略地位日益突出，在未来的国际竞争中，标准的竞争将成为各国竞争的焦点[1]。

整个塑料模板行业诞生较早，但是一些塑料模板企业看到商机，争抢市场，以劣质低价产品参与竞争，降低原材料性能指标，市场上出现了鱼龙混杂的局面，因此，虽然塑料模板出现时间很长，但是在市场上的占有率不高，这显然存在着一些问题。塑料模板行业缺乏有序良性的竞争，缺乏一个标准，对整个行业来讲就缺乏了方向，没有标准，很容易使一个行业走向散、乱，最终可能会导致这个行业被淘汰，所以塑料模板标准的制定是很有必要的。在这种情况下，由中国模板脚手架协会负责起草的行业标准《塑料模板》JG/T 418—2013 已于 2014 年 2 月 1 日起实施[2]。

7.2 塑料模板行业标准的主要内容

在《塑料模板》JG/T 418—2013 中，主要规定了塑料模板的性能要求、性能测试方法和尺寸要求。

7.2.1 塑料模板性能要求

1. 尺寸偏差

（1）塑料模板厚度允许偏差应符合表 7-1 的规定。

厚度允许偏差（mm）   表 7-1

公称厚度	允许偏差
≤10	±0.2
12	±0.3
15	±0.4
18	±0.5
≥20	±1.0

（2）板的长度和宽度允许偏差为 0～−2mm。

（3）板的四边边缘直角偏差不应大于 1mm/m。

（4）板的翘曲度不应大于 0.5%。

（5）每张板对角线允许偏差不应大于 2mm。

2. 外观质量

塑料板的外观检验项目及质量要求应符合表 7-2 的规定。

外观检验项目及质量要求　　　　　　　表 7-2

项目	质量要求
板面	板面光滑平整,无裂纹、划伤,无明显的杂质和未分散的辅料
波纹与条纹	不应有明显的波纹和条纹
凹槽	允许离板材纵向边缘不超过板材宽度的五分之一的范围有深度不超过厚度极限偏差、宽度不超过10mm的凹槽两条
凹凸	不应有超过1mm的凹凸,10mm×10mm以下的轻微凹凸每平方米不应超过5个,且成分散状
缺料痕迹	不应有明显的缺料痕迹
刮痕	允许有轻微手感的刮痕,但不应成网状

3. 物理力学性能指标

塑料模板物理力学性能指标应符合表 7-3 的规定。

塑料模板物理力学性能指标　　　　　　　表 7-3

项　目	单位	指　标		
		夹芯塑料模板	带肋塑料模板	空腹塑料模板
吸水率	%	≤0.5	≤0.5	≤0.5
表面硬度(邵氏硬度)	H_D	≥58	≥58	≥58
简支梁无缺口冲击强度	kJ/m^2	≥14	≥25	≥30
弯曲强度	MPa	≥24	≥45	≥30
弯曲弹性模量	MPa	≥1200	≥4500	≥3000
维卡软化点	℃	≥80	≥80	≥80
加热后尺寸变化率	%	±0.2	±0.2	±0.2
施工最低温度	℃	—10	—10	—10
燃烧性能等级	级	≥E	≥E	≥E

7.2.2　塑料模板性能测试

1. 尺寸的测定

塑料模板尺寸的测定用成品样板,应从提交检查批中随机抽取。

(1)试验设备测量工具精度应符合表 7-4 的规定。

试验设备测量工具精度表　　　　　　　表 7-4

项　目	精度要求
钢卷尺、钢直尺	分度的读数精度为1mm
游标卡尺	分度的读数精度为0.02mm
百分表	分度的读数精度为0.01mm

(2)塑料模板长度、宽度、厚度的测定应按《人造板的尺寸测定》GB/T 19367 的规定进行。

(3)板边的测定。

塑料模板的边缘直度、垂直度的测定应按《人造板的尺寸测定》GB/T 19367 的规定进行。

（4）翘曲度的测定。

塑料模板翘曲度的测定应按 GB/T 9846—2015 的规定进行。

（5）对角线差值的测定。

塑料模板的两条对角线差值应采用精度为 1mm 的钢卷尺测量。

（6）外观质量的测定。

塑料模板外观质量的测定应按表 7-2 的规定检查。

2. 物理力学性能测定

（1）试样制备及试验的环境

试样应在温度为 $23\pm2℃$ 的环境中，放置 24h 以上。

（2）吸水率的测定

带肋塑料模板、空腹塑料模板吸水率的测定按《塑料吸水性的测定》GB/T 1034—2008 规定进行，夹芯塑料模板按《纤维增强塑料吸水性试验方法》GB/T 1462—2005 的规定进行。

（3）表面硬度的测定

塑料模板的表面硬度测定按《塑料和硬橡胶使用硬度计测定压痕硬度（邵氏硬度）》GB/T 2411—2008 的规定进行。

（4）冲击强度的测定

带肋塑料模板、空腹塑料模板冲击强度的测定按《塑料简支梁冲击性能的测定　第 1 部分：非仪器化冲击试验》GB/T 1043.1—2008 的规定进行，夹芯塑料模板按《纤维增强塑料简支梁式冲击韧性试验方法》GB/T 1451—2005 的规定进行。

（5）弯曲强度和弯曲弹性模量的测定

带肋塑料模板、空腹塑料模板弯曲强度和弯曲弹性模量的测定按《塑料弯曲性能的测定》GB/T 9341—2008 的规定进行，夹芯塑料模板按《纤维增强塑料弯曲性能试验方法》GB/T 1449—2005 的规定进行。

（6）维卡软化点的测定

塑料模板维卡软化点的测定按《热塑性塑料维卡软化温度（VST）的测定》GB/T 1633—2000 的规定进行。

（7）加热后尺寸变化率的测定

1）试样

沿板材长度边缘取边长为 $100\sim200mm$ 的正方形试样 3 块。

2）试验步骤

在每个试样上沿板材纵向横向边长的垂直平分线 AB 和 CD，采用游标卡尺分别测量 AB、CD 的距离，将其平放于 $80\pm2℃$ 鼓风干燥箱内的瓷砖板上；在鼓风的条件下，保持温度 $80\pm2℃$，恒温 2h；加热后，将试样连同瓷砖板取出，采用游标卡尺分别测量 AB、CD 的距离。如图 7-1 所示。

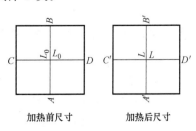

加热前尺寸　　加热后尺寸

图 7-1　板加热后尺寸变化

3）结果计算

加热后尺寸变化率按下式计算：

$$\mu = \frac{L - L_0}{L} \times 100\%$$

式中　μ——加热后尺寸变化率（％）；

　　　　L_0——加热前尺寸（mm）；

　　　　L——加热后尺寸（mm）。

7.2.3　塑料模板尺寸要求

（1）夹芯塑料模板的规格应符合表 7-5 的规定。

夹芯塑料模板规格（mm）　　　　　　　表 7-5

公称厚度	宽度	长度
6、8、10、12、15、18、20	900、1000、1200	1800、2000、2400

注：对规格、尺寸有特殊要求，由供需双方确定

（2）带肋塑料模板的规格应符合表 7-6 的规定。

带肋塑料模板规格（mm）　　　　　　　表 7-6

结构特性	模板厚度	面板厚度	宽度	长度
密肋塑料模板	12、15、18、35、40、45、50	4、5、6	900、1000、1200	1800、2000、2400
有边肋和主、次肋塑料模板	55、60、70、80、100	4、5、6	50、100、150、200、250、300、350、400、450、500、550、600、900	300、600、900、1200、1500、1800

注：对规格、尺寸有特殊要求，由供需双方确定

（3）空腹塑料模板的规格应符合表 7-7 的规定。

空腹塑料模板规格（mm）　　　　　　　表 7-7

模板厚度	单层面板厚度	空腹平板		空腹带肋板	
		宽度	长度	宽度	长度
12、15、18、40、45、55、65	3、4、5	600、900、1000、1200	1800、2000、2400、3000	100、150、200、250、300、450、500、600	1800、2000、2400、3000

注：对规格、尺寸有特殊要求，由供需双方确定

7.3　模板行业标准对塑料模板行业的贡献

《塑料模板》JG/T 418—2013 的制定和实施，为了我国塑料模板行业的生产企业提供了一个参考，将产品的标准做了提升，有效避免了低端产品充斥塑料模板市场。同时，对原材料、生产工艺、出厂检测等制定统一的标准，出厂的塑料模板能够让使用者更放心。这对塑料模板行业来说也是非常有益的。

参考文献

［1］ 廖清华. 浅析企业标准化与企业核心竞争力的关系［J］. 国防技术基础. 2010，5：23-25.

［2］ JG/T 418—2013. 塑料模板.

第 8 章　塑料模板的修复
和回收再利用

8.1　概述

随着全球经济的高速发展，能源与环境已经成为世界面临的两大最重要的课题。我国作为能源消费大国，废旧塑料的回收循环利用可以为国家节约资源，缓解塑料供需矛盾，是对我国塑料原材料紧缺的有效补充方式。废旧塑料回收加工再利用，还可以减少对石油化工原料的消耗。对废旧塑料进行回收并加以科学合理的利用，不仅可以提供能源，而且可以保护环境，实现可持续发展，因此回收利用废旧塑料具有战略意义。

8.2　塑料的分类

塑料是一种以高分子量有机物质为主要成分的材料，它在加工完成时呈现固态形状，在制造以及加工过程中，可以借流动来造型。根据各种塑料不同的理化特性，塑料可分为两大类，即热塑性塑料和热固性塑料。热塑性塑料是指在特定温度范围内，能够反复加热软化和冷却硬化的塑料，主要有聚乙烯（PE）、聚丙烯（PP）、聚氯乙烯（PVC）、聚苯乙烯（PS）、ABS、聚甲基丙烯酸甲酯（PMMA）、聚酰胺（PA）、聚碳酸酯（PC）、聚甲醛（POM）、热塑性聚酯（PET、PBT）、改性聚丙醚（PPO）、聚四氟乙烯（PTFE）、聚苯硫醚（PPS）、聚砜（PSF）、聚醚砜（PES）、聚醚醚酮（PEEK）等。这类塑料加工性能好，其废旧塑料利用率较高。热固性塑料是指受热后分子发生交联，形成网络结构，成为不溶不熔物质的塑料，主要有酚醛树脂、环氧树脂、不饱和聚酯、聚氨酯、氨基塑料、有机硅、聚醚亚胺等。这类塑料只能成型加工一次，不能通过加热再次利用，其废旧料一般通过粉碎、研磨为细粉，再以 15%～30% 的比例作为填充料掺混到新树脂中去[1]。

在以塑代木、以塑代钢的政策下，我国的塑料建筑模板已发展 30 余年，形成了以 PP、PVC、不饱和树脂等为主要原材料的塑料模板体系。

8.3　废旧塑料的处理方法

塑料制品大规模生产和广泛应用的同时会产生大量塑料废弃物，易破坏环境并危害人类健康。面对日益严重的塑料废弃物污染，许多发达国家已经建立了比较完善的塑料废弃物回收体系并制定了相应的法律法规。近年来，我国也越来越重视塑料废弃物的回收和再利用，特别是关于《中华人民共和国循环经济促进法》、废旧物资回收的增值税政策及其他相关配套政策措施的制定和调整，将对我国再生塑料产业的发展起到深远的意义和影响。

世界各国处理回收塑料废弃物的主要方法是丢弃、填埋、焚烧或者运往他国。欧洲2003 年回收的废旧塑料仅有 11% 得到了真正再利用，14% 运往国外，21% 被焚烧。2003年，欧洲塑料制造商协会（APME）在布鲁塞尔举行的塑料回收工艺会议上，专家们认为欧洲塑料回收业处境艰难。我国对每年产生的废弃塑料处理方法中，填埋占 93%，焚烧占 2%，回收利用率仅为 5%[3]。

1. 填埋法

这是目前我国对废旧塑料的主要处理方法。填埋法是利用土壤把垃圾掩埋其中，压实并依靠自然的环境氧化分解。其优点是技术成熟，垃圾不需分类。但填埋处理后，塑料留在土壤内长期不分解，使土壤处于不稳定状态，有害物质（改性助剂、颜料等）从塑料中溶出，污染土壤和地下水，造成二次污染。并且填埋要占用大量的土地，对土地资源而言也是一种浪费。

2. 焚烧法

在日本，焚烧垃圾是最主要的处理方式。废旧塑料的组成是碳氢化合物，具有较高的热值和良好的燃烧性能。聚烯烃的燃烧值很高，为 43.3MJ/kg，接近于燃料油的 44.0MJ/kg，比煤的 29.0MJ/kg 高，比木材的 16.0MJ/kg 或纸的 14.0MJ/kg 要高得多。能量回收是废旧塑料利用的一个有效途径，优点是处理废旧塑料的量大，效率高。但是，焚烧会产生许多有毒的气体，也产生大量二氧化碳，造成二次污染，并且高温焚烧易损坏炉子，维护成本较高；对有毒有害气体的进一步处理，后续流程很长，需要昂贵的燃烧器和废气处理设备，综合经济成本较高。

3. 回收利用法

再生利用法是废旧塑料经收集、分离、提纯、干燥等程序后，加入稳定剂等各种助剂，重新造粒，并进行再次加工生产的过程。虽然采用该法费用最低，但它要求原料一般应为组成单一、无污染的废旧塑料。对于污染严重、分离困难、分离不经济的材料往往不能加以利用。另一方面，重复循环利用的材料因大分子降解而导致性能大大降低，甚至不能再应用。因此，其应用也受到了限制。

4. 化学循环法

化学循环法是利用光、热、辐射、化学试剂等使聚合物降解成单体或低聚物的过程。降解产物可用作油品或化工原料（如单体可用于合成新的聚合物），应用不受限制，并且生产过程中也不会造成大气污染，因此该种技术被认为是最有前途的废旧塑料回收方法。化学循环的主要方法是化学降解。聚乙烯（PE）、聚丙烯（PP）、聚苯乙烯（PS）及聚氯乙烯（PVC）约占城市固体垃圾废旧塑料含量的 90%。对以上体系，主要采用裂解，即热化学循环的方式进行回收。

8.4　废旧塑料的回收价值

可回收利用的废旧塑料可分为四个等级，每个等级的废旧塑料的价值不同[4]。

一级回收料：是指采用一般的加工方法，不用进行改性处理，就能生产出与新原料所生产出的制品性能相近的制品的废旧塑料。

二级回收料：是指经过改性或多种工艺技术，可生产出比新料制品性能稍差的制品的废旧塑料。

三级回收料：是指无法直接或改性使用，只能通过热裂解提炼燃油或化工产品的废旧塑料。

四级回收料：是指无法再利用，只能通过焚烧从中回收热能的一类废旧塑料。

8.5 建筑塑料模板的回收处理

在发达国家，塑料在建材行业中的应用已占据了相当大的比例。水泥、钢铁、玻璃、塑料已是我国现代建筑上的四大重要材料。在"以塑代木、以塑代钢"的政策下，我国的塑料建筑模板已发展 30 余年，形成了以 PVC、PP、不饱和树脂等为主要原材料的塑料模板体系[5]。

与废旧塑料相比，建筑塑料模板的回收再利用要简单和方便。塑料模板回收时的种类相对单一、不存在多种塑料混合在一起，降低了再生利用中分选的难度；塑料模板成分的稳定，降低了回收料的配方设计和加工工艺设置的难度。

8.5.1 复合材料的回收利用

复合材料的回收利用，如图 8-1 所示。

工业材料的回收再利用有助于整个工业进程的可持续发展。目前，金属、玻璃、热塑性塑料等众多工业材料都得到了很好的回收再利用，而作为特种材料的复合材料却没有（包括基体和增强材料）。究其原因，主要是由复合材料的基体和增强材料的异相性造成的，其中热固性树脂

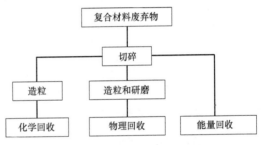

图 8-1 复合材料的回收利用流程图

基复合材料更加难以再循环利用。当下和以后的废弃物处理的相关法规都要求将报废的工业材料进行回收再利用。回收循环利用可以节约复合材料用增强材料和基体的生产资源和能源消耗。

碍于技术和经济可行性两方面因素，目前主流复合材料回收技术仅有极少数实现了商业化生产。复合材料回收中最基本的问题就是如何将其分解成均匀的颗粒，分离过程一直受到纤维或其他增强材料、基体（尤其是热固性树脂基体）或胶粘剂的制约。因此，回收过程绝大多数情况下只能将复合材料转化为热量，极少能分离出纤维。

复合材料回收技术概述，见表 8-1 所列。

复合材料回收技术概述 表 8-1

复合材料类别	回收技术	技术特点	技术现状
热塑性树脂基复合材料	重熔重塑法	纤维与基体不需要分离	还需要在生产过程废料的回收上开展大量的研究
		再次研磨后磨压或注射成型	是否已经商业化生产还不确定
		再生材料产品成圆球或薄片	
		回收过程纤维受损,再生纤维性能降低	

续表

复合材料类别	回收技术	技术特点	技术现状
热塑性树脂基复合材料	化学回收	需要使基体溶解	此类研究不多
		回收过程纤维受损,再生纤维性能降低	
	热处理	通过燃烧或焚化回收热量	此类研究不多或者报道太少
热固性树脂基复合材料	机械回收	粉碎—研磨—精磨	有商业化案例
		产品为再生纤维和填料	ERCOM公司(德国)
		再生纤维性能降低	Phenix Fibreglass公司(加拿大)
	热回收	通过燃烧或焚化回收热量	有发展前景
		通过硫化床热处理技术回收纤维	
		通过热分解技术回收纤维和基体	发展受困于再生纤维的市场需求
	化学回收	通过化学方式溶解基体	研究仅在试验室阶段
		醇解(超临界有机溶剂)/水解(超临界水)	有发展前景
		可回收得到高性能的纤维,也可能得到树脂	
		溶剂不易回收,可造成污染	

8.5.2　热塑性塑料模板的回收利用

根据实际使用过程中对塑料模板的破坏程度,可以将塑料模板的回收进行分级处理。

一级:塑料模板强度及结构基本保持不变,只是使用过程中表面稍微破坏。

该种回收塑料模板可以采用相同组分的粉料在破坏的模板表面进行热压修复,减少了二次加工时对塑料分子链的破坏,可保持其强度。

二级:塑料模板强度基本保持不变,结构外形破坏。

该种回收塑料模板可以选择板面形状较好的部分进行裁切,组成非标板,可继续使用。而裁切剩余废料,进行预处理后备用。

三级:塑料模板强度和结构均遭到破坏。

该种回收塑料模板需要进行清理、破碎、造粒等预处理后备用。

1. 物理再生利用方法

废旧塑料模板的再生利用有直接再生利用和改性再生利用。直接再生利用是将回收的废旧塑料模板经过分类、清理、破碎、造粒后直接加工成型,其工艺比较简单,但再生模板的性能相对再生前的有所降低。改性再生利用是指将再生料通过物理或化学方法改性(如复合、增韧等)后,再加工成型,工艺较复杂,需要特定的机械设备,但再生模板的性能好。目前,国内的模板生产厂家主要是采用直接再生利用,但改性利用是今后发展的重要方向。

（1）预处理

预处理包括分选、破碎、清理、干燥等。

分选的目的是根据不同破损程度和不同污染程度对废旧塑料模板进行分级分类处理，挑选出破损严重、污染严重的模板，方便对其进行清理破碎。对于污染不严重的塑料模板，可以直接进行破碎、清洗和干燥。较大模板应先粗破碎或切割后再细破碎。对于污染严重的塑料模板，需要先进行粗清理，除去混凝土和铁钉等异物，以防止其损坏破碎机。破碎后进一步进行清洗，进一步清除颗粒表面的混凝土，清洗后干燥备用。

（2）再生料的成型前处理

经预处理得到的粉料，可按不同比例，或直接塑化成型，或经造粒后再成型。为了防止塑料模板的性能因废旧料的加入降低，在此之前，往往需要重新进行配料、捏合等。

1）配料

回收的废旧塑料模板一般都有不同程度的老化，材料性能降低，为了保证再生后的塑料模板性能稳定不降低，应当重新设计配方，与新的母料以不同比例进行配制，并且加入各类配合剂，如稳定剂、着色剂、润滑剂、增塑剂、填充剂和各类改性剂等。再生 PVC料中可以选取配合碱式铅盐类、脂肪皂类、复合稳定剂等；PP 再生料可以选用 1010 稳定剂等。废旧塑料常有一定含量的杂质或者着色物质，故常用深色的着色剂，如炭黑、铁红、酞菁紫、塑料棕等。润滑剂也是回收料中必不可少的助剂，再生 PVC 料中加入极性润滑剂比非极性润滑剂效果好，如用氯化石蜡比用普通石蜡好，而对于 PP、PE 再生料用普通石蜡即可。由于原塑料模板制品中的小分子增塑剂容易发生迁移现象，所以再生的PVC 模板中需要补充一些增塑剂，用量需根据制品的性能要求制定。常用的填充剂有碳酸钙、滑石粉、木粉等，填充剂应经偶联剂（如钛酸酯偶联剂）活化，针对不同的填充剂，可选择适宜的偶联剂。

2）捏合

再生回收料与各类添加剂的捏合是十分必要的，它能使需要配合的各组分在塑化混溶前达到宏观上的均匀分散而成为一个均态多组分的混合物。捏合一般在混合造粒之前，如果不需要造粒而直接加工成型，那么捏合应在成型之前进行。捏合的温度、时间、搅拌速度、加料顺序等操作及调整可参照新生塑料模板回料捏合工艺。

3）造粒

废旧塑料经过预处理，再经干燥，使水分含量不超过 5%，这样的碎料经与其他组分配合与捏合后即可造粒。

PVC、PP 经预处理后的粉料 → 配合 → 捏合 → 挤出 → 切粒 → 冷却
　　　　　　　　　　　└──配合剂、改性剂、母粒

（3）成型

再生塑料模板的成型方式有模压、挤出、注塑等，可根据塑料模板的种类和经济状况合理确定。比如，模压法可通过更换模具生产不同形状和结构的制品；挤出法用不同的口模可以挤出各种连续的型材；压延法可生产不同的片材。

2. 化学回收处理

另外，亦可以采用化学的方式，对其进行分解加以利用。

（1）裂解 PVC 塑料模板

聚氯乙烯是稳定性最差的碳链化合物之一，在热、光、电及机械能的作用下均会发生降解反应。这种不稳定性为 PVC 废料的处理提供了一条重要的途径，即可以通过高温裂解、催化裂解、加氢裂解等方法，将 PVC 废料分解成小分子化合物而加以利用。

1）氯化氢的脱除及其利用

PVC 中含有约 59% 的 Cl，与其他碳链聚合物不同的是，裂解时聚氯乙烯支链先于主链发生断裂，产生大量的 HCl 气体，HCl 气体会对设备造成腐蚀，并会使催化剂中毒，影响裂解产品的质量。因此，在 PVC 裂解时应先进行 HCl 脱除处理。常用的脱除方法有：裂解前脱除 HCl、裂解反应中脱除 HCl 和裂解反应后脱除 HCl。

① 裂解前脱除 HCl

在不同的裂解温度下，PVC 裂解机理会发生变化。在 350℃ 以下时，PVC 脱 HCl 的活化能为 54～67kJ/mol。PVC 裂解的主要反应是脱 HCl，且脱出的 HCl 对脱 HCl 反应有催化作用，使脱除速度加快，生成的挥发物中 96%～99.5% 为 HCl。在 350℃ 以上时，脱 HCl 的活化能为 12～21kJ/mol，但此时主要是碳碳键的断裂，断裂机理发生了变化。因此，一般是在较低温度下（250～350℃）先脱去大部分 HCl，然后再升温进行裂解。

② 裂解反应中脱除 HCl

在裂解物料中加入碱性物质如 Na_2CO_3、CaO、$Ca(OH)_2$ 或加入 Pb 等，使裂解产生的 HCl 立即与上述碱性物质发生反应，生成卤化物，减少了 HCl 对设备的腐蚀和对催化剂的破坏。

③ 裂解反应后脱除 HCl

该方法是在 PVC 裂解后，收集产生的 HCl 气体，以碱液喷淋或鼓泡吸收的方式加以中和。以上几种方法脱除 HCl 经处理后可以重新用于合成氯乙烯单体，进而聚合成 PVC 树脂。

2）聚氯乙烯裂解制油

经初步脱除 HCl 的 PVC 产物在更高温度下进行降解反应，生成线形结构与环状结构的低分子烃类混合物。对混合废塑料的裂解，目前世界上已有多种装置，大体可分为高温裂解、催化裂解、加氢催化裂解三大类，主要回收物为汽油、柴油、可燃气体以及 HCl。

① 高温裂解

高温裂解一般在槽式反应器中进行。将废塑料在槽内隔绝空气加热到 400～450℃，将熔融废塑料干馏气化。分解槽上布有冷凝器，回流温度在 200～300℃，分解气经过时，高沸点物质被冷凝，从裂解槽下部返回继续热解，未冷凝的气体经冷却气冷至常温后，液体进入储油罐。分解生成的其他气体进入吸收塔，用水吸收生成盐酸，经油水分离器分离后进入盐酸储罐。

② 催化裂解

催化裂解是使用催化剂使废塑料在较低的温度下发生裂解。催化裂解一般采用两段法工艺，脱除 Cl 的废塑料先在 350～400℃ 下发生降解，经回流冷凝器分离出重烃，余下的进入填满催化剂的催化裂解槽催化裂解。裂解后的物料经冷却器进入油水分离槽。分解气作用加热炉的燃料，分解油在分流塔中分离成汽油、柴油、煤油等馏分，产率一般在 80%～90%。

③ 加氢裂解

将粉碎并除去金属及混凝土的 PVC 废料与油或类似物质混合形成糊状，在氢化裂解反应器中于 500℃、40MPa 高压氢气气氛下进行热裂解，脱除 HCl。裂解产物在洗涤器中除去无机盐，液体产物经分馏得到化工原料、汽油及其他产品，挥发性的碳氢化合物作为裂解供热用的气体燃料。与一般裂解法相比，气体和油的收率更高。但这种方法因使用加压氢气，投资与操作费用昂贵。

3）聚氯乙烯裂解制炭化物

PVC 热解脱除 HCl 后的产物，在高温裂解时采用适当的方法，如调节升温速率、引入交联结构及加入添加剂等措施，可以避免产生简单热解时形成的易石墨化的炭化物，而制得具有牢固键能的立体结构的高性能活性炭。例如，将 PVC 于 350℃脱除 HCl 后，生成物以 10～30℃/min 的速度加热到 600～700℃，得到的炭化物在转炉中用水蒸气在 900℃活化，制得的活性炭比表面积为 400m²/g。亚甲基蓝脱色能力 120mg/g 左右。

（2）焚烧聚氯乙烯利用热能与氯气

单纯焚烧废 PVC 塑料会释放出 HCl 和二恶英，释放到大气中会造成大气污染，形成酸雨，损坏庄稼，污染空气和食品，对人体造成严重危害，其中的 HCl 会腐蚀焚烧的锅炉。所以，对含 PVC 的废旧塑料制品，一般利用其发热量大的特点，使其与各种可燃垃圾（如废纸、木屑、果壳和污泥等）混配，制作成热量达 212MJ/kg、粒度均匀的固体燃料（RDF），这样，既便于储存和运输，也可以代替烧煤锅炉和工业窑炉的燃料，又能使氯得到稀释，提高热效率。

3. 废旧 PP 塑料模板回收

（1）热裂解回收

废聚丙烯塑料中的高分子链在热能作用下发生断裂，得到低分子化合物，PP 的热解产物组成复杂，但很少有丙烯单体。反应产物经冷却大部分转化为液体，其中 C5～C11 为汽油馏分，C12～C20 为柴油馏分，C1～C4 为可燃性气体。

废聚丙烯塑料裂解制备燃料油（汽油、柴油、液化气）的技术目前已经比较成熟，该法通常包括：热裂解、催化裂解以及热裂解-催化改质。PP 在 300℃左右开始分解，在 400℃即完成分解反应。为了降低热裂解的反应温度，提高目的产物的收率，特别是提高柴油的十六烷值和汽油的辛烷值，常需催化裂解。热裂解-催化改质法是将废塑料熔融后进行热分解，再将分解产物催化改质，制取高品位汽油。

催化剂的选择是将废聚丙烯塑料油化的关键。硅铝分子筛、无定形硅酸铝、$ZnCl_2$ 粉末是聚丙烯裂解的几类常用催化剂。裂解反应中，催化剂的成分、酸性、孔隙结构和晶粒大小直接影响其催化裂解活性，裂解产物的分布和所得汽油的辛烷值。另外，O_2 的存在能降低裂解反应的活化能，增加裂解产物的量。

废聚丙烯塑料与其他物质的共裂解能克服单一塑料裂解时导热性差、反应温度不均匀导致转化率低的弱点。利用低温煤焦油与废聚丙烯塑料共裂解制油，转化率可达 86%。用页岩油与废聚丙烯通过一段低温热解制油的产率可达 93%～95%，而加入木炭与聚丙烯共热解可使热分解在更低的温度下进行。

（2）焚烧

废聚丙烯塑料的焚烧可释放大量的热。其燃烧热为 44MJ/kg，与燃料油平均热值相当。焚烧取热法处理废塑料数量大、效率高、成本低，且燃烧后的残渣处理方便，但是燃烧产生的大量有害气体成分复杂，进行处理的工艺流程长且费用高，这一点大大限制了焚烧法的应用。

（3）其他方面再生回收方法

当回收的料性能已经降低到无法再生利用或回收料过多无法充分利用，此时已不能通过物理方法的回收破碎，与新料或添加助剂共混使用。对于此种塑料模板，可以将回收的料用于其他方面，比如混凝土方面[2]。

8.5.3　废旧塑料模板的其他应用

1. 混凝土方面的应用

将再生塑料粉碎成不同粒径的颗粒直接加入混凝土材料中制作成新型混凝土，称为再生塑料改性混凝土。目前，将再生塑料应用到混凝土，中仍然处于实验室研究阶段，对再生塑料改性混凝土的研究并不多见，国内目前亦未有对再生塑料改性混凝土进行研究的报道。从国外已经发表的文献资料来看，主要是将再生塑料颗粒部分替代或者全部替代混凝土中的骨料，并进行了一系列再生塑料改性混凝土的物理、化学和力学性能的研究。

香港理工大学的 S. C. Kou 等用再生 PVC 管颗粒和膨胀黏土制作了非承重的轻质混凝土，该轻质混凝土具有低密度、更好的延展性、低干缩和较高的抗氯离子渗透性等特点。

可见，将再生塑料应用于建筑材料中可以达到相应的标准，并且能够获得优良的力学和物理性能，因此在建筑工程中的应用将会越来越广泛，发展再生塑料改性建材具有非常广阔的前景。

2. 热固性复合材料的回收

人们对以下提到的三种热固性复合材料的回收技术都已经进行了大量的研究，在未来的工业化生产中都具有某种程度的商业化可行性[6]。

（1）机械回收

机械回收是先将待回收物通过低速切割或碾碎成 50～100mm 的碎片，再用锤磨机或其他高速精研机加工成 10～50μm 大小的颗粒，随后再用旋风分离器将这些颗粒筛分成富纤维部分（粗糙颗粒）和富树脂部分（细腻颗粒）。

近期有一项研究正在针对再生玻璃纤维替代原生玻璃纤维进行复合材料生产，其研究重点方向是开发用于汽车部件（团状和片状模塑产品）回收的全封闭机械回收设备。一种可以进行机械回收并分离出纤维级产品的小型空气分离技术已经开发出来，再生玻璃纤维性能可以与原生新玻璃纤维媲美。但通过比较纤维强度和纤维复合材料的拉拔强度研究纤维和树脂基体间的界面结合强度，再生玻璃纤维与树脂的界面结合强度较差。目前，再生玻璃纤维在不改变原有复合材料生产工艺的情况下生产的复合材料性能可以受到最低程度的影响，但随着再生玻璃纤维填充量的增多，复合材料的弯曲强度和冲击强度明显降低。

绝大多数机械回收采用简单的碾碎和精磨手段，不但消耗大量的能源，而且再生产品的性能较差，只能作为复合材料的增强填料使用。德国的 ERCOM 公司和加拿大的 Phoenix Fibreglass 公司已经实现了复合材料机械回收的工业化生产。

（2）热回收

热回收会涉及高温处理过程，通常包括以下三个过程：

复合材料的焚化和燃烧，此时只对热量进行回收；

利用回收的热量对复合材料进行氧化分解，得到纤维和填料；

热分解，回收得到纤维和燃料。

因为燃烧和焚化过程只对热量进行回收，并没有涉及材料回收，即便此时产生的无机残留物可以用于水泥生产，此过程仍不能成为一项单独的回收技术，不过市政固体焚烧炉仍然可以作为单独的"回收"热量的设备。"回收"与"回收循环利用"技术在一些欧盟关于回收循环利用技术的相关文件中进行了区分。因此，热回收技术只有以下两种：燃烧硫化技术和热分解硫化技术，其中后者更有发展前途。

1）燃烧硫化技术

诺丁汉大学采用燃烧硫化技术，利用塑料燃烧产生的热量回收玻璃纤维和碳纤维。汉堡大学则采用热分解硫化技术在回收增强纤维的同时对树脂降解产生的二次燃料进行回收，此项技术稍后再做介绍。

用于回收玻璃纤维和碳纤维而开发的硫化技术，可以将复合材料中的有机树脂用作燃料，并利用废热回收系统对燃烧产生的热量进行回收使用（图 8-2）。首先将 25mm 大小的复合材料碎片喂入硫化炉沙床，并通入热气，聚乙烯树脂硫化需要在 450℃ 下进行，环氧树脂则需要高达 550℃ 的反应温度。此方法可以回收得到表面完好的纤维，平均直径在 $6\sim10\mu m$。450℃ 下回收得到的玻璃纤维拉伸强度降低了 50%，而经过 550℃ 高温回收得到的碳纤维的强度仅降低了 20%。Pickering 在他的文章中对再生玻璃纤维和碳纤维的物理形态、纤维长度、机械性能等作了详细的描述。

不同于原生纤维的连续化形态，通过硫化技术回收得到的玻璃纤维和碳纤维是一种蓬松的短纤维形态，其长度最高可到 10mm，纤维模量并没有降低且表面状态同原生纤维类似，但拉伸强度却仅为原来的 75% 左右。较低的机械性能限制了它们在模塑复合材料中的应用。同时，Pickering 表示，硫化回收技术只有达到年回收复合材料 10000t 才能真正实现商业化生产。鉴于碳纤维的高价值，只有碳纤维回收可以实现小规模生产。虽然再生材料具有一定的市场价值，但其较低的性能和市场价格依然是影响其商业化进程最大的阻碍。

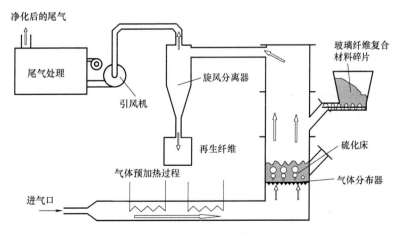

图 8-2 硫化技术对纤维和热量的回收过程

2）热分解回收技术

为了提高再生纤维的长度和模量，热分解技术必须在高温下使树脂降解或者在 300～

800℃的无氧环境下使树脂解聚。虽然可以在高达 1000℃的温度下进行处理,但得到的纤维性能会受到更大程度的破坏。此项技术可应用于塑料基材复合材料的回收。热分解技术可以同时对增强纤维和树脂基体进行回收处理,其中回收树脂可以得到诸如油、煤气和硬质焦等小分子产品。热分解反应温度和反应时间是影响整个解聚过程和纤维完整度最大的因素,Pickering、Kamingsky 和 Blazo 对此进行了详细的研究。

燃烧回收过程使树脂氧化产生二氧化碳和水蒸气,同时产生热量;与此不同,热分解回收过程会破坏树脂的分子链结构,从而生成具有更小分子量的有机化合物,例如油、煤气和硬焦。由于这些小分子量产品有可能作为其他化学反应的原料使用,使得热分解技术在回收树脂基方面具有相当大的优势。热分解回收技术既可以应用于玻璃纤维复合材料,也可以应用于碳纤维复合材料。同样是基于碳纤维在市场上的高价值,碳纤维增强复合材料的回收商业化更加具有可行性,此项原则同样适用于其他复合材料回收技术。热分解可以在很多设备中进行,例如固定床反应器、螺旋裂解器、回转炉和硫化床,其中硫化床和回转炉是最合适的设备。热分解处理会产生多种再生产品,这可能是工业化生产中需要解决的一个难题。热分解得到的固体产物通常为纤维、填料和硬质焦的混合物,要想得到可以循环使用的纤维和填料,还需要对它们进行分离。液体产物大都由各种复杂的有机化合物(具有与汽油一样的高热容,30~40MJ/kg)组成,有机化合物的种类取决于复合材料的树脂基体。气体产物通常是一氧化碳、二氧化碳和碳氢化合物的混合物(热容相对较低,15~20MJ/kg),这些气体产物的燃烧可以作为热分解反应(吸热反应)的热源使用。

这三种热分解产物各自所占的比例取决于复合材料类型和热分解温度,通常情况下,固体产物所占质量比重最高(50%,甚至可以高于 2/3),液体产物占 10%~50%,气体产物仅占 5%~15%。

为了获得完整度好的纤维,实际生产过程中复合材料的热分解要与燃烧同时进行,这其实是一种热解和气化燃烧过程,但是此过程中的高温环境和氧化反应会降低纤维的强度。丹麦已经利用热解气化技术(纤维再生)回收风力发电机叶片中的玻璃纤维和过程中产生的热量。在发电机现场,先用液压剪板机将叶片分割成集装箱大小的形状,随后再运到工厂处理成手掌大小的碎块。在无氧回转炉 500℃的高温作用下,叶片中的树脂基体会热解生产天然气,产生的天然气可以用于发电或者用于回转炉的加热。复合材料经过一到两次回转炉热解处理后就可以得到当中的玻璃纤维,其中含铁杂质可以在生产过程中利用磁力除去。

强度较低的再生玻璃纤维不建议再用于生产风机叶片,但可以用于生产绝热材料。同样,由于经济原因,热解气化技术也没有实现商业化生产,因为将风机叶片直接填埋的成本更低。

(3) 化学回收

化学回收是利用化学降解或者化学溶解去除纤维周围的树脂基体。化学回收在重新得到纤维和填料的同时,还可以使树脂基体降解生成聚合单体或者用于化工石油行业的原料。化学溶解根据溶剂的不同可分为水解、醇解和酸解。水解和醇解通常需要利用高温高压达到亚—超临界条件进行,以提高反应速度和效率。而酸解一般是在标准条件下进行,但反应速度可能会非常慢。

醇解可以使环氧树脂降解成单体,重新作为化工原料使用。同时,化学溶解过程还会生成超临界水和超临界醇。采用水和醇类化合物作为溶剂不仅仅是因为环境因素，通过溶液蒸发或蒸馏可以回收循环使用溶剂（水和醇）同样是一个考虑因素。化学溶解技术可以回收包括玻璃纤维和碳纤维在内的很多增强材料，而且对再生纤维性能的破坏很小。虽然在溶解过程中可以加入碱性化合物（如 NaOH、KOH）用作催化剂来提高溶解速度和效率，但如何去除再生产品中的碱性催化剂、再生产品（高黏度油类化合物）的纯化却成了一个难题。

在 20 世纪 70 年代，通用汽车集团对聚氨酯泡沫的醇解回收技术就已经开展了大量的研究，在高压蒸汽和高温（232～316℃）作用下可以利用醇解技术使聚氨酯泡沫降解生成二元胺、多元醇和 CO_2。在最近的多项研究中提到，用于碳纤维增强复合材料回收的超临界条件如下：超临界水，250～400℃、4～17MPa；超临界醇类化合物（甲醇、乙醇、正丙醇和丙酮），300～450℃、5～17MPa。加入碱性催化剂（如 KOH）后，超临界水可以使树脂基体的降解率达到90%以上，再生碳纤维的性能只降低了2%～10%[4]；超临界醇（350℃下）则可以将树脂基体降解率提高到98%，同时保留 85%～99% 的纤维原生性能[5]。

但以上这些结论都是在实验室通过 10ml 不锈钢高压容器得到的，还需要在更大的反应设备中进行更多的实验验证。化学溶解的回收效率取决于有机树脂基体的种类，其中提前做好复合材料的分类是化学溶解的关键步骤。因此，当明确知道复合材料种类的情况下，可以使用化学溶解技术进行回收；而在多种复合材料混杂在一起，机械手段无法对它们进行分类的情况下，就无法使用化学溶解技术。

8.6　机遇和挑战

复合材料的设计本身就已经决定了其回收的难易程度，涂料和复合材料要获得优异的力学性能必须进行复杂的结构设计，还要其便于分离并具有较好的可回收性，这本身就是自相矛盾的事情。整个材料工业必须先从两个层面来考虑复合材料的回收问题：一是对在役复合材料的回收技术研发；二是开发更加易于回收的新一代复合材料。

复合材料面临的难题是，如何开发一种低成本、高效率的回收技术。要实现这一目标，在商业化道路上有很多障碍：

（1）有效的回收技术，包括纤维、填料和基体的回收；

（2）材料回收工业的规模要与待回收的复合材料废料数量相匹配；

（3）再生材料在当前复合材料应用中要具有适用性；

（4）禁止垃圾填埋和焚烧处理法令的出台；

（5）回收生产成本及其将造成的环境负荷控制在可以接受的程度。

要确保复合材料回收工业的盈利能力和可持续发展。

要克服以上这些发展障碍，Pimenta 等人觉得要解决以下几个问题：在全球范围内有组织地联合复合材料生产企业、复合材料产品使用方、回收厂商和研究人员共同努力；需要政府的政策来鼓励回收厂商，对复合材料填埋处理的企业进行惩罚并对积极回收复合材料的企业进行奖励；制定恰当的政策支持回收技术的发展并对材料处理和能量回收制定限额管理制度（类似于欧盟的报废车辆处理法令）[2]；各方面通力合作，对复合材料废料进行分类和预分离，建立持续稳定的复合材料碎片供应链；确定再生材料的目标市场和价格；对回收工艺过程和再生材料进行寿命周期分析；最重要的问题是在相继解决以上几个问题的同时如何开拓再生材料的应用市场。

新一代更易回收的复合材料的开发同样是材料科学家、制造商和材料应用行业面临的挑战。相比之下，进一步开发热塑性树脂基复合材料应该会有一定的发展前景。此外，增强材料与基体的性质相同或者相似的情况下，也可以使复合材料更易回收，聚合物复合材料（Polymer-polymer Composites）就是一个很好的例子。但是开发聚合物复合材料的系列化产品，并在目前复合材料应用市场中拓展其应用领域还需要有很长的路要走。

聚合物复合材料是一种新型复合材料，可以通过对聚合物颗粒进行表面改性处理使原本相容性不好的聚合物相互结合。改性后的颗粒与不同的聚合物相结合可以产生性能优异的复合材料，制造过程中伴随的材料性能可自由变化的特征，可以对复合材料进行个性化定制。目前，聚合物复合材料已经实现了物理性能的定制。

由于其本身存在的多相性，复合材料回收技术的设计和回收生产迄今为止仍是一件非常困难并具有挑战性的工作。基本上热塑性树脂和金属基体都具有可重熔和重塑的特性，只有这两种复合材料的生产过程废料可以在不改变其原始形态的情况下进行回收和再次使用。对于大多数热固性树脂基复合材料来说，不可能再次直接用于复合材料生产，因此只有对其组分，如增强纤维、填料、树脂等进行回收，得到的再生材料才可以用于复合材料的生产。大多数情况下，由于再生增强纤维性能在回收生产中损失不少，其无法再用于同类型复合材料的生产，只能应用于低端复合材料领域。

就目前回收技术实际发展情况而言，除非采用化学方法使树脂解聚合，否则无法保证再生纤维性能与原生纤维保持一致。虽然热分解回收得到的再生碳纤维性能仅有较小的损失，但要使用再生碳纤维生产同类型的复合材料仍是一项待攻克的技术难题。化学分解技术可以分离出复合材料的各个组分，但其还处于研究阶段，无法实现商业化生产。多数科研人员认为，只有化学分解技术才能实现真正意义上的复合材料回收，但一定要将回收过程对环境的影响控制到最低限度，控制再生增强材料和再生树脂的生产成本达到市场可接受的水平。

参考文献

[1]　玉龙. 废旧塑料回收制备与配方 . 北京：化学工业出版社，2008.

[2]　黄海滨，刘锋，李丽娟. 塑料回收利用与再生塑料在建材中的应用［J］. 工程塑料应用. 2009，37（7）：56-59.

[3]　汤桂兰，胡彪，康在龙等. 废旧塑料回收利用现状及问题［J］. 再生资源与循环经济. 2013，1：31-35.

[4]　钱伯章. 废旧塑料回收利用及技术进展［J］. 橡塑资源利用. 2007，2（0）：2.

[5]　周祥兴. 建筑用塑料制品的生产配方和生产工艺. 北京：中国物资出版社，2010.

[6]　Yongxiang Yang, Rob Boom, Brijan Irion, et al. *Recycling of composite materials* ［J］. *Chemical Engineering and Processing：Process Intensification*. 2012. 51：53-68.

第 9 章　建筑塑料模板未来的发展方向

建筑模板的最终使用者是建筑工人，所以塑料模板要尽可能做到高强、轻质，方便操作，亦即轻量化发展方向。目前，轻量化技术的实现主要有以下几种途径[1]：①轻质材料的研发和应用；②结构轻量化设计与优化；③新型制造工艺技术的开发和使用。国内外一直致力于新型制造工艺技术的开发，也取得了一定成效；然而，由于新型制造工艺技术的开发周期较长，同时投入较大，因此目前主要从开发新型轻量化材料和对产品现有结构进行优化设计两个方面来进行轻量化研究。

此外，根据建筑施工领域产品应用的特点，体系化发展应该是塑料模板产品的重要发展方向；而针对各种工程项目复杂多样的现场需求，以及塑料材质易于加工的特点，功能化是塑料模板产品的必然选择；最后，随着建筑施工领域技术的进步，去人工化设计和智能化施工将是塑料模板乃至模架体系技术的最终发展方向。

9.1 轻量化复合材料

轻量化技术实现的一个重要途径，就是轻量化材料的加工和新型材料的研发。复合材料是轻量化材料的典型代表。自20世纪40年代开始，各种复合材料以及复合结构相继问世并迅速在各个领域得到了广泛的应用。

轻量化材料的加工和新型材料的研发是实现轻量化技术的重要途径之一[2]。复合材料是近年来发展速度较快的一种应用材料，这种类型的材料普遍具有良好的工艺性能、较轻的重量和极强的耐腐蚀性等特点，因此被广泛地应用在航空航天、汽车、建筑等行业[3]。复合材料是由两种或多种不同性质的材料用物理和化学方法在宏观尺度上组成的具有新性能的材料。一般复合材料的性能优于其组分材料的性能，并且有些性能是原有组分材料所没有的，复合材料改善了组分材料的强度、刚度、热学等性能。

常用的复合材料包括纤维增强型复合材料、叠层复合材料和粒子增强型复合材料。常用增强纤维主要有玻璃纤维、碳纤维、硼纤维、碳化硅纤维、Kevlar有机物纤维等。随着树脂与玻璃纤维技术的不断完善，生产厂家的制造能力普遍提高，使得玻纤增强复合材料的价格成本已被许多行业接受。它由基体材料和增强材料两种组分组成。基体采用树脂，增强材料采用纤维或颗粒等材料。其中，增强材料在复合材料中起主要作用，提供强度和刚度，基本控制其性能；基体材料起配合作用，它支持和固定纤维材料，传递纤维间的荷载，保护纤维，防止磨损或腐蚀，改善复合材料的某些性能。

夹层结构复合材料是复合材料的一种特殊类型，除了具有高的比强度和比刚度以外，同时具有良好的抗振动、保温、防腐蚀等特殊优点，是塑料模板轻量化的最佳选择。因此，其应用范围也逐渐扩大，见表9-1所列。

近年来，作为结构材料和功能材料，先进复合材料越来越广泛地应用于航空航天、汽车、船舶和公共交通等领域，极大地促进了这些领域的发展。复合材料夹层结构（以下简称夹层结构）是复合材料的一种特殊结构，从产生到发展，至今已有几十年的历史。夹层结构的出现更大程度地适应了现代工业尤其是航空航天、汽车和高速列车等领域中对于高强度、高刚度和轻型材料的要求，因而在航空航天、汽车、建筑及其他工程领域中得到了广泛的应用。

夹层复合材料和单一材料性能对比 表 9-1

材料属性	单一材料（厚度 t）	夹层结构复合材料 （夹芯厚度 2t）	夹层结构复合材料 （夹芯厚度 4t）
图示			
刚度	1.0	7.0	37.0
强度	1.0	3.5	9.2
重量	1.0	1.03	1.06

夹层结构主要包括面板层和夹芯层，它们之间通过胶粘剂粘结而成。一般面板层较薄，采用强度和刚度比较高的材料，芯子采用密度比较小的材料。夹层结构具有质量轻、弯曲刚度与强度大、抗失稳能力强、耐疲劳、吸声和隔热等优点。目前，对于夹层结构的研究主要集中在复合材料面板层的结构优化设计、夹芯材料的选型、夹芯结构的优化设计、新型胶粘剂的研究、夹层结构的吸声性、夹层结构的隔热性、动态稳定性等方面。夹芯是夹层结构的重要组成部分，目前主要包括蜂窝、泡沫、轻木等夹芯结构。

随着夹层结构的广泛应用，越来越多研究机构开始着手进行夹层结构的优化设计研究，开发出更优的夹层结构材料。近年来，出现一种新型的 Z-pin 增强泡沫夹层复合材料 X-core。X-core 夹层结构是采用 Z-Pinning 技术增强的新型泡沫夹层结构，具有比蜂窝夹层复合材料更优越的性能[4]。

采用纤维增强聚合物复合材料（FRP）实现结构轻量化的主要方法及技术。实现结构轻量化的三个主要方法，一是复合材料的高性能化，即通过进一步提高复合材料的比强度和比模量实现结构减重；二是复合材料高效承载结构构型优化设计，即通过复合材料优势承载能力与结构传力路径的优化配置实现结构减重；三是复合材料复杂结构整体成型，即通过摒弃连接赘重实现结构减重。并给出了实现上述三种结构轻量化方法的技术途径。

9.2 体系化塑料模板是重点发展方向

传统观念认为，建筑模板就是混凝土成型之用，但仅仅是模板产品并不能完成混凝土成型的任务，需要将其配成完整的模架体系，才能科学、安全、保质保量地完成混凝土工程施工任务。竹木胶合板与钢模板因其具有截然不同的物理化学性能而设计配备了风格迥异的支撑体系，与之不同的是，目前塑料模板并没有真正专有的支撑体系，甚至在竹木支撑体系基础上改进的专有支撑体系也没有正式提出过。进一步而言，也还没有专业化的塑料模板模架体系施工工艺的发布、实施、推广等。

相较于其他的塑料模板，有背楞类 ABS 注塑成型类塑料模板的发展已经走在了前列。经过横向模板、竖向模板的发展，目前其横竖向模板体系化施工技术已经发展成熟，并得到了很好的应用。借鉴竞争产品的发展，其早拆体系化塑料模板产品研发工作已经完成，目前正准备展开市场推广工作。

9.3 功能化塑料模板产品是必然选择

功能化塑料模板产品就是能够根据工程施工的需要设计出具有各种功能的塑料模板产品。

就建筑施工领域而言，模板施工向来是重头戏，关系整个项目的运营，模板工程的施工时间与安全性能直接决定整个项目的施工管理质量问题，所以具有早拆功能的塑料模板产品体系将成为人们选择模板产品的重要考察指标。

针对不同的混凝土施工外形设计不同的塑料模板产品将成为人们对塑料模板产品的关注热点。设计各种成型效果（清水混凝土、装饰混凝土、自养护混凝土等）将成为塑料模板产品设计的重要发展方向。

9.4 智能化塑料模板产品是终极目标

随着社会的发展，社会劳动力正在逐步减少，世界性的人口结构老龄化问题日趋严重，如何使用更少的劳动力完成更多的施工任务将成为建筑施工管理的首要任务；而随着科技的进步，人们也将逐步摆脱体力劳动桎梏，解放身体，转而从事更加高级、复杂的事务。以上两大发展趋势将导致建筑施工技术的去人工化发展方向。而该发展方向就是将自动化与智能化的高度结合，研发出智能、高效、安全、可靠的新型塑料模板及模架体系产品并加以推广，届时建筑施工领域将迎来里程碑式的进步与发展。

参 考 文 献

［1］ 高顺德. 轻量化技术在工程机械设计中的应用［J］. 建设机械技术与管理. 2010，10：66.
［2］ 唐靖林，曾大本. 面向汽车轻量化材料加工技术的现状及发展［J］. 金属加工：热加工. 2009，11：11-16.
［3］ 陈绍杰，申屠年. 先进复合材料的近期发展趋势［J］. 材料工程. 2004，9：9-13.
［4］ 杜龙. X-core夹层复合材料力学性能研究［D］. 西北工业大学，2007.